国家出版基金项目
NATIONAL PUBLICATION FOUNDATION

高超声速出版工程
（第二期）

超声速阵列式等离子体冲击流动控制

吴 云 著

科学出版社

北 京

内 容 简 介

本书介绍超声速阵列式等离子体冲击流动控制研究成果,包括表面电弧等离子体激励、等离子体合成射流激励两种典型的阵列式等离子体冲击激励方式,以及边界层、激波/边界层干扰、凹腔剪切层三种典型的流动对象,阐述等离子体冲击激励特性、阵列式等离子体冲击激励方法、阵列式等离子体冲击激励强制边界层转捩、阵列式等离子体冲击激励控制激波/边界层干扰、凹腔阵列式等离子体冲击流动控制等内容。

本书可作为航空航天相关专业科研人员和工程技术人员的参考书,也可作为从事主动流动控制、等离子体流动控制研究的教师和研究生的参考书。

图书在版编目(CIP)数据

超声速阵列式等离子体冲击流动控制 / 吴云著.

北京:科学出版社,2025.5. -- ISBN 978-7-03-081918-5

Ⅰ. O53

中国国家版本馆 CIP 数据核字第 20252QU022 号

责任编辑:徐杨峰 霍明亮 / 责任校对:谭宏宇
责任印制:黄晓鸣 / 封面设计:殷 靓

科 学 出 版 社 出版

北京东黄城根北街 16 号
邮政编码:100717
http://www.sciencep.com

南京展望文化发展有限公司排版
苏州市越洋印刷有限公司印刷
科学出版社发行 各地新华书店经销

*

2025 年 5 月第 一 版   开本:B5(720×1000)
2025 年 5 月第一次印刷   印张:17 3/4
字数:306 000

定价:**150.00 元**

(如有印装质量问题,我社负责调换)

高超声速出版工程（第二期）
专家委员会

高超声速出版工程(第二期)·高超声速推进与动力系列

编写委员会

主 编

侯 晓 谭永华

副主编

孙明波 吴 云 武志文

编 委

(按姓名汉语拼音排序)

白菡尘	鲍 文	常军涛	陈立红	范学军
侯 晓	李光熙	刘佩进	刘小勇	石保禄
司徒明	孙明波	谭慧俊	谭永华	唐井峰
滕宏辉	王 健	王健平	吴 云	武志文
邢建文	徐 旭	章思龙	郑日恒	

丛书序

飞得更快一直是人类飞行发展的主旋律。

1903 年 12 月 17 日,莱特兄弟发明的飞机腾空而起,虽然飞得摇摇晃晃,犹如蹒跚学步的婴儿,但拉开了人类翱翔天空的华丽大幕;1949 年 2 月 24 日,Bumper-WAC 从美国新墨西哥州白沙发射场发射升空,上面级飞行马赫数超过5,实现人类历史上第一次高超声速飞行。从学会飞行,到跨入高超声速,人类用了不到五十年,蹒跚学步的婴儿似乎长成了大人,但实际上,迄今人类还没有实现真正意义的商业高超声速飞行,我们还不得不忍受洲际旅行需要十多个小时甚至更长飞行时间的煎熬。试想一下,如果我们将来可以在两小时内抵达全球任意城市,这个世界将会变成什么样?这并不是遥不可及的梦!

今天,人类进入高超声速领域已经快 70 年了,无数科研人员为之奋斗了终生。从空气动力学、控制、材料、防隔热到动力、测控、系统集成等,在众多与高超声速飞行相关的学术和工程领域内,一代又一代科研和工程技术人员传承创新,为人类的进步努力奋斗,共同致力于达成人类飞得更快这一目标。量变导致质变,仿佛是天亮前的那一瞬,又好像是蝶即将破茧而出,几代人的奋斗把高超声速推到了嬗变前的临界点上,相信高超声速飞行的商业应用已为期不远!

高超声速飞行的应用和普及必将颠覆人类现在的生活方式,极大地拓展人类文明,并有力地促进人类社会、经济、科技和文化的发展。这一伟大的事业,需要更多的同行者和参与者!

书是人类进步的阶梯。

实现可靠的长时间高超声速飞行堪称人类在求知探索的路上最为艰苦卓绝的一次前行,将披荆斩棘走过的路夯实、巩固成阶梯,以便于后来者跟进、攀登,意义深远。

以一套丛书,将高超声速基础研究和工程技术方面取得的阶段性成果和宝贵经验固化下来,建立基础研究与高超声速技术应用之间的桥梁,为广大研究人员和工程技术人员提供一套科学、系统、全面的高超声速技术参考书,可以起到为人类文明探索、前进构建阶梯的作用。

2016 年,科学出版社就精心策划并着手启动了"高超声速出版工程"这一非常符合时宜的事业。我们围绕"高超声速"这一主题,邀请国内优势高校和主要科研院所,组织国内各领域知名专家,结合基础研究的学术成果和工程研究实践,系统梳理和总结,共同编写了"高超声速出版工程"丛书,丛书突出高超声速特色,体现学科交叉融合,确保丛书具有系统性、前瞻性、原创性、专业性、学术性、实用性和创新性。

这套丛书记载和传承了我国半个多世纪尤其是近十几年高超声速技术发展的科技成果,凝结了航天航空领域众多专家学者的智慧,既可供相关专业人员学习和参考,又可作为案头工具书。期望本套丛书能够为高超声速领域的人才培养、工程研制和基础研究提供有益的指导和帮助,更期望本套丛书能够吸引更多的新生力量关注高超声速技术的发展,并投身于这一领域,为我国高超声速事业的蓬勃发展做出力所能及的贡献。

是为序!

2017 年 10 月

序

　　等离子体流动控制是基于等离子体激励的新型主动流动控制技术,也是航空领域的学术前沿。美国航空航天学会曾将以等离子体激励为代表的主动流动控制技术列为航空航天十大前沿技术的第五项。国际上围绕超声速等离子体流动控制开展了大量研究,美国、俄罗斯(苏联)、欧盟设立了多项研究计划,取得了很多进展,但是依然面临很多技术难点,需要通过系统深入的基础研究,揭示机理、创新方法、提升效果。我国在国家自然科学基金、装备预研等多个计划中支持了超声速等离子体流动控制研究。等离子体流动控制也是航空动力系统与等离子体技术全国重点实验室的一个重要研究方向。

　　吴云教授带领一支由年轻教师和学生组成的研究团队,探索提出了超声速阵列式等离子体冲击流动控制的创新思路,取得了重要进展,进而总结并形成了《超声速阵列式等离子体冲击流动控制》这本著作。他们研究揭示了表面电弧等离子体激励、等离子体合成射流激励的模型与特性,提出了阵列式等离子体激励方法的原理并进行了建模与参数优化,进一步分别研究了阵列式等离子体冲击激励强制边界层转捩、控制激波/边界层干扰、控制超声速凹腔流动的效果与机理。

　　超声速等离子体流动控制涉及等离子体动力学、空气动力学、电气工程等多个学科,还有大量的学术与技术问题没有解决,需要学术界和工业界同行的共同努力。该书的出版将为我国超声速等离子体流动控制基础研究与技术攻关提供重要的参考资料,期待能够得到读者的肯定与支持。

李应红

2024 年 12 月

前　言

等离子体流动控制是等离子体动力学与空气动力学领域的交叉前沿,在国际上得到了高度重视和广泛研究。未来先进高速飞行器的发展对于流动控制有着重要需求。等离子体激励具有响应快、频带宽等优势,在高速流动控制方面具有潜在的广泛应用前景。揭示机理、创新方法、提升效果是高速等离子体流动控制基础研究的重要内涵。

近十多年来,作者所在的团队面向重大需求,立足自主创新,提出了超声速阵列式等离子体冲击流动控制的学术思路,开展了较为深入的基础研究。作者对团队的研究成果进行总结并撰写成书,希望能为高速等离子体流动控制的研究发展助力。

本书共7章,第1章主要介绍超声速等离子体流动控制的需求、研究现状和本书框架;第2章主要阐述研究中采用的实验测试、数值模拟与数据处理方法;第3章主要阐述表面电弧等离子体激励、等离子体合成射流激励的模型与特性;第4章主要阐述阵列式等离子体激励方法的原理、设计、模型与参数优化;第5章主要阐述阵列式等离子体冲击激励强制边界层转捩的效果与机理;第6章主要阐述阵列式等离子体冲击激励控制激波/边界层干扰的效果与机理;第7章主要阐述阵列式等离子体冲击激励控制超声速凹腔流动的效果与机理。全书的统稿工作由吴云完成。

本书的研究工作得到了国家杰出青年科学基金、国家优秀青年科学基金、装备预研等项目的支持,得到了李应红院士的大力指导,得到了李军教授、宋慧敏教授、贾敏副教授、金迪副教授、崔巍副教授、宗豪华副研究员、王健工程师、孙权讲师、甘甜讲师、朱益飞讲师、苏志讲师、魏彪讲师等同事的大力帮助,并得到了多个兄弟单位同仁的大力支持。杨鹤森、孔亚康、罗彦浩、张东盛等研究生也为本书中的研究成果和本书的出版付出了大量心血。杨鹤森、孔亚康为本书的校对和修改做了大量工作。本书中的部分内容入选了美国航空航天学会全球等离子体动力学领域重要进展综述,张志波博士获得了航空宇航科学与技术学科全国优秀博士学位论文、全军优秀博士学位论文、陕西省优秀博士学位论文,唐孟潇获得了吴仲华优秀研究生奖,感谢学术界同行的肯定和鼓励。

高速等离子体流动控制正处于蓬勃发展之中,也充满了挑战,本书的内容仅仅体现了作者团队的学术思路与研究成果。鉴于作者水平有限,书中难免存在不足之处,恳请读者批评指正。

作　者
2024 年 8 月

高超声速出版工程

目 录

丛书序

序

前言

第1章 研究背景与现状

第2章 实验测试、数值模拟与数据处理方法

第 3 章　等离子体冲击激励模型与特性

第 4 章　阵列式等离子体激励方法的设计与优化

第5章　阵列式等离子体冲击激励强制边界层转捩

第7章　阵列式等离子体冲击激励控制超声速凹腔流动

第1章

研究背景与现状

本章主要论述超声速等离子体流动控制的研究背景,典型的等离子体激励方法与特性,超声速气流边界层、激波/边界层的干扰及凹腔流动等离子体激励调控的研究现状与发展趋势。

1.1　研究背景

未来超声速/高超声速飞行器及其动力系统的发展对先进主动流动控制技术有着重要的需求。主动流动控制能够有效地调控边界层、激波、剪切层等典型流动结构,对解决减阻、降热、掺混、降噪等关键气动问题具有重要的作用,有望作为未来飞行器/发动机气动设计中的一个新手段。边界层转捩调控、激波/边界层干扰调控一直是国际上高速空气动力学领域的研究热点,以超燃冲压发动机为典型应用背景的超声速凹腔流动控制近年来也得到了国际上的高度关注。在涡流发生器、离散粗糙元等被动流动控制技术持续得到大量研究的同时,分布式抽吸、射流旋涡发生器、等离子体激励等主动流动控制技术逐渐成为研究热点,高强度、宽频带、阵列式是超声速主动流动控制激励手段的重要发展趋势。

等离子体是固体、液体、气体之外的物质第四态,包含大量与电子成对出现的离子,其运动在电磁场力的支配下表现出显著的集体性行为,并且空气电离时会产生温度升高和压力升高。等离子体激励是等离子体在电磁场力作用下运动或气体放电产生的压力、温度、物性变化对气流施加的一种可控扰动。等离子体流动控制是基于等离子体激励的新概念主动流动控制技术,其主要特点是没有运动部件、响应时间短、激励频带宽[1]。2009 年,以等离子体激励为代表的主动流动控制技术被美国航空航天学会(American Institute of Aeronautics and Astronautics，AIAA）列为 10 项航空航天前沿技术的第五项。

俄罗斯（苏联）在超声速/高超声速等离子体流动控制研究方面具有长期的研究历程和独特的学术思想。早期的工作受到飞行器再入时的等离子体黑障现象启发，主要进行高超声速等离子体隐身与减阻研究，获得了大量研究结果。俄罗斯提出了 AJAX 高超声速飞行器的概念，综合采用等离子体、磁流体进行流动控制与燃烧控制，引起了国际上的广泛关注[2]。苏联解体后，由于资助不足，相关研究工作有所减少。美国的等离子体流动控制研究早期主要受到俄罗斯 AJAX 项目的启发，与俄罗斯合作进行了弱电离气体等项目的研究，并在阿诺德工程发展中心的弹道靶风洞中进行了大量实验，复现了俄罗斯高超声速等离子体减阻的实验结果。随后 Shang 等[3]和 Bletzinger 等[4]对等离子体减弱激波强度的现象进行了深入的研究，得出了等离子体热效应占主导的结论。1998 年以后，研究重点转向介质阻挡放电（dielectric barrier discharge，DBD）、表面电弧放电（surface arc discharge，SAD）和等离子体合成射流激励器（plasma synthetic jet actuator，PSJA）。2011 年，美国国防高级研究计划局（Defense Advanced Research Projects Agency，DARPA）和普林斯顿大学联合召开了等离子体在能源技术、流动控制和材料处理中的应用专题研讨会。2009～2013 年，北大西洋公约组织（简称北约）实施了利用等离子体提升军用飞行器性能的研究计划，对直流、交流、电弧、射频、微波等多种形式的等离子体气动激励方式开展深入研究。我国的超声速/高超声速等离子体流动控制研究早期与隐身结合很紧密，侧重于高超声速减阻。近年来，在等离子体激励减弱激波强度、调控边界层转捩、控制激波/边界层干扰方面开展了大量研究。

俄罗斯（苏联）科学家观测到等离子体环境下钝体前激波脱体距离增大的现象，认为等离子体在高超声速减阻领域具有重要的应用前景。随后国际上开展了大量的高速等离子体减阻研究，激励形式主要为大能量的连续式放电，包括直流、交流、微波及射频等[5-8]，取得了一定的流动控制效果，总结出激励器诱导热效应是实现减阻效果主要机制的结论[9]。为了降低功耗，激励方式开始向脉冲式转变，文献[10]～[17]提出了脉冲直流、脉冲微波及脉冲激光等放电形式。但研究很难获得减阻效果和放电功耗之间的平衡，等离子体激励激波减阻面临很多技术挑战。近年来，国际上超声速等离子体流动控制研究的发展趋势是从宏观的等离子体激波减阻研究，逐渐转向超声速气流边界层、激波/边界层干扰、凹腔等局域典型流动的等离子体激励调控，以介质阻挡放电、表面电弧放电和等离子体合成射流激励为重点，创新激励方式、揭示调控机理、提升调控效果。

1.2　等离子体激励

等离子体激励方式创新是等离子体流动控制技术发展的关键。根据等离子体和气体电离特性,可将等离子体气动激励的物理原理归纳为三个方面[18]:一是动力效应,即在流场中电离形成的等离子体或加入的等离子体在电磁场力作用下定向运动,通过离子与中性气体分子之间的动量输运诱导中性气体分子运动,形成等离子体气动激励,对流场边界施加扰动,从而改变流场的结构和形态;二是"冲击效应",即流场中的部分空气或外加气体电离时产生局部温度升高和压力升高(甚至产生冲击波),形成等离子体气动激励,对流场局部施加扰动,从而改变流场的结构和形态;三是"物性改变",即在流场中的等离子体改变气流的物性、黏性和热传导等特性,从而改变流场特性。典型的等离子体激励方式包括:介质阻挡放电等离子体激励、表面电弧放电等离子体激励、等离子体合成射流激励、微波放电等离子体激励、激光等离子体激励等。目前国际上超声速等离子体流动控制研究的重点是表面电弧放电等离子体激励、等离子体合成射流激励。

虽然表面电弧放电等离子体激励和等离子体合成射流激励在超声速流动控制领域取得了较好的控制效果,但仍存在明显的不足,控制效果呈现出间歇性特征,无法实现持续稳定的有效控制。最近,基于多通道放电技术的突破[19],阵列式等离子体激励开始用于激波/边界层干扰(shock wave/boundary layer interaction, SWBLI)的流动控制研究,给有效地提升流动控制效果带来新的希望。多个激励器同时工作被认为是解决上述问题的有效方法,但一开始单电源驱动多路激励器的技术并不发达,只能利用多个电源分别驱动多个激励器工作,电源系统较为复杂。近年来,随着单电源驱动技术的突破,最多实现了单个电源同时驱动 31 路激励器工作[20-22],使阵列式等离子体激励方式成为可能,并逐渐用于流动控制的研究当中。综上所述,等离子体激励器的发展呈现出从连续到脉冲、从单路到多路的发展趋势,不断地向实际工程化应用靠拢,展现出很强的研究价值和应用潜力。

1.2.1　表面电弧等离子体激励

图 1.1 为表面电弧放电等离子体气动激励器的结构示意图,由两个金属电极和绝缘介质组成。电极以嵌入方式安装至绝缘介质内并连接驱动电源的正负

两极。当电极极间电压达到击穿条件时,两个电极间形成表面电弧放电。放电瞬间的能量沉积可使局部温度高达 3 000 K,同时诱导出冲击波和热气团结构,进而在冲击波、热气团向下游发展演化的过程中实现对流动对象的调控。这种激励方式的特点是电极结构简单,流场与激励器本身不会限制激励频率和强度的提升。因此,电弧放电等离子体激励主要应用于超声速和高超声速环境下激波和边界层及两者干扰的控制。

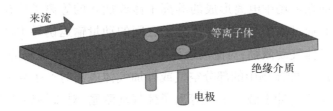

图 1.1　表面电弧放电等离子体气动激励器的结构示意图

早期俄罗斯学者的研究多采用直流电弧放电,他们发现在超声速气流中,直流电弧放电会由静止大气条件下的小范围表面放电转化为大范围表面放电,等离子体弧柱被限制在近壁面并在来流作用下向下游拉伸,放电通道长度逐渐增加。但由于电源功率限制,电弧长度存在一定的临界值[23],即会被间歇性吹断,形成一种准直流电弧等离子体激励。俄罗斯科学家围绕准直流电弧等离子体激励减弱激波强度开展了大量的研究,其典型机理是通过等离子体沉积能量形成局部高温热阻塞,诱导产生了斜激波。但是控制效果多依赖于大能量的供给,功耗和电源体积、重量都较大,能量转化效率只有 5%～10%。为了解决功耗的问题,脉冲电弧等离子体激励应运而生。

与直流电弧等离子体激励不同,在激励器电极两端施加调制的脉冲高压,击穿空气后形成脉冲电弧等离子体激励,加热局部空气,产生冲击波和局部热气团,从而对流场结构施加控制。Webb 等[24]发现尽管功率输入较小,高频脉冲电弧放电的热效应仍然可以促使边界层改性,弱小的扰动可以在边界层中被放大。Gaitonde[25]通过数值模拟手段验证了 Webb 等的结论,发现扰动诱导的流向涡结构在向下游传递过程逐渐变大。

脉冲电弧等离子体激励经历了从微秒到纳秒,从单路到阵列的技术路径。Knight[26]证实了微秒脉冲电弧等离子体激励具有削弱圆柱体前脱体弓形激波强度的能力。孙权等[27]揭示了微秒脉冲电弧等离子体激励在压缩斜坡 SWBLI 方面的控制效果。但由于主要采用单路激励,有效流动控制范围都较为有限。近年来,随着单电源驱动技术的突破,阵列式等离子体激励开始被广泛地采用。Gan 等[28]采用微秒脉冲电弧等离子体激励阵列实现了对压缩拐角诱导激波强度的明显削弱,激波脚处激波在高温热气团经过时,出现短暂消失现象。Tang 等[29, 30]为了提升有效流动控制时长,采用流向阵列式纳秒脉冲电弧等离子体激励,大幅度地提升了有效流动控制时长。

1.2.2　等离子体合成射流激励

传统的介质阻挡等离子体激励器诱导气流速度低,限制了其在高速流动中的应用。2003 年,约翰斯·霍普金斯大学应用物理实验室(Johns Hopkins University Applied Physics Laboratory, JHU/APL)提出一种利用火花放电迅速加热腔内气体进而形成射流的激励器,名为火花射流激励器或等离子体合成射流激励器[31, 32]。等离子体合成射流激励器能够产生三大效应:一是能够产生明显的冲击波,对流动产生冲击效应;二是可以产生脉冲高速射流,发挥类似射流型涡流发生器的作用;三是产生的射流温度高,可以通过局部加热发挥作用。因此,等离子体合成射流激励被认为是一种极具潜力的高速主动流动控制方案。

等离子体合成射流激励器基本结构包含腔体、电极、射流出口。如图 1.2 所示,工作过程可细分为能量沉积、射流喷出、吸气恢复三个子过程。能量沉积过程:当电极两端外接电压达到击穿条件时,电极间空气击穿形成火花放电,电源通过放电通道注入能量,使腔内气体温度升高,压力增大。射流喷出过程:腔内气体受热膨胀后压力高于外界大气,受压差驱动,腔内气体喷出,形成高速射流。吸气恢复过程:受惯性作用,射流段结束后腔内气体压力低于外界大气;同时,腔体壁面热传导也会使腔内气体温度降低,压力减小,此时,外界大气回填,激励器状态恢复,为下一个工作过程做好准备。

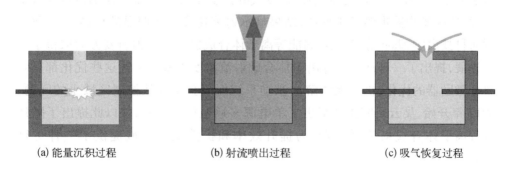

| (a) 能量沉积过程 | (b) 射流喷出过程 | (c) 吸气恢复过程 |

图 1.2　PSJA 三个工作过程示意图

等离子体合成射流激励器放电产生在射流腔体中,解决了电弧放电在流场中容易被气流熄灭的问题,激励更加稳定、可控。同时,由于在放电瞬间可以沉积较高的能量,因此,激励器产生的射流速度高,强度大。等离子体合成射流激励器属于脉冲式电激励系统,因此,该类激励器具有同介质阻挡放电激励器相似的频带宽、响应快的优点。

作为一种新型的等离子体流动控制激励器,早期主要通过实验测试和唯象仿真手段对激励器的速度、频率、时间响应、效率等激励特性开展广泛的研究。JHU/APL 开展的纹影实验表明射流喷射最大距离达 0.03 m,仿真结果表明最高速度可达 1 500 m/s[32]。得克萨斯大学奥斯汀分校研究团队通过纹影测试表明激励系统存在饱和频率,但频率高达 5 kHz[33]。Jin 等[34]开展的纹影结果表明放电 28 μs 后已经能观察到明显的射流结构。该团队基于等离子体合成射流工作过程对系统效率进行了详细的分析,指出激励系统效率应该是放电效率、非均匀加热效率和机械能转化效率的乘积,其中机械能转化效率是整个效率中的薄弱环节,通常都不超过 1%[35]。法国图卢兹大学利用光谱诊断方法计算了激励器放电过程中弧心温度,结果高达 15 000 K[36]。

这些结果说明等离子体合成射流激励器具有控制高速流动的潜力,但效率不足、控制区域小的不足也不断被研究人员所认识,为此研究人员对等离子体激励系统进行了持续优化。2010 年,JHU/APL 提出触发式的三电极 PSJA,使放电可控[37]。但随后研究表明这一设计还有利于提高电效率,因而被广泛地采用[38,39]。2012 年,JHU/APL 提出多射流孔激励器方案,以提高激励器吸气性能及射流的影响区域[40]。2013 年,JHU/APL 将触发电极与正极的功能组合,简化了三电极激励器,并且宣称能够使电极间距更大[41]。2014 年,JHU/APL 在原有激励器基础上引入气体通路,通过外接气源强制注入气体,加强激励器吸气恢复过程,提高激励器重频工作特性,结果显示射流速度得到明显的提高[38]。我国国防科技大学 Zhou 等[39]也在高能等离子体合成射流激励器研发方面取得了重要进展,提出了一种冲压型等离子体合成射流激励方式。上述这些优化都是对单个激励器的优化,仍然无法解决激励系统射流孔小导致控制区域小的问题。2017 年开始,吴云研究团队提出了单电源多通道放电方法,并以此提出了阵列式等离子体合成射流激励器,为提升效率和扩大流动区域提供了一种可行方案[20-22,29,42-44]。

1.3　超声速气流边界层等离子体激励调控

Corke 团队通过介质阻挡放电等离子体激励产生粗糙元,在马赫数为 3.5 的来流条件下有效地推迟了圆锥边界层横流转捩的起始位置,其机制是激励诱导的反向旋转涡结构抑制了边界层内高次谐波能量的增长[45]。随后 Corke 团队在马赫数为 6.0 的静音风洞中进行了介质阻挡放电等离子体激励调控高超声速横流诱导边界层转捩的实验研究,通过不同的等离子体激励器结构参数可以实现推迟或加速转捩的效果[46],实验系统如图 1.3 所示。

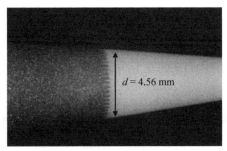

(a) 与锥尖一体加工的DBD激励器

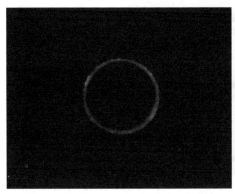

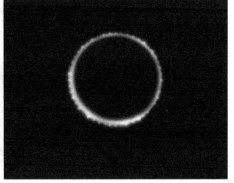

(b) 波数m=32的激励器,用于加速转捩　　　　(c) 波数m=48的激励器,用于推迟转捩

图 1.3　用于高超声速边界层横流转捩的 DBD 等离子体激励器

李存标团队进行了介质阻挡放电等离子体激励促进高超声速气流边界层转捩的实验研究[47],在马赫数为 6.0 的条件下将 105 kHz 的等离子体激励引入平板边界层,显著地激发了第二模态波,同时第一模态的幅值也得到了显著增强,边界层

转捩位置显著提前,并结合多种测试手段揭示了流动控制机理,结果如图 1.4 所示。

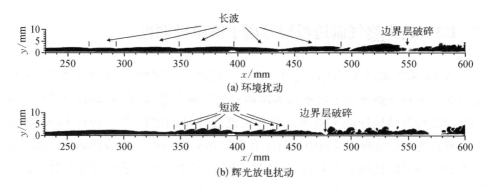

图 1.4　高超声速边界层自然转捩的精细流场显示

吴云团队使用纳米粒子平面激光散射(nanoparticle planar laser scattering, NPLS)技术捕捉了阵列式电弧等离子体激励强制超声速平板边界层转捩的精细结构,激励诱导的热气团演化而来的发卡涡是转捩提前的关键[44],结果如图 1.5 所示。

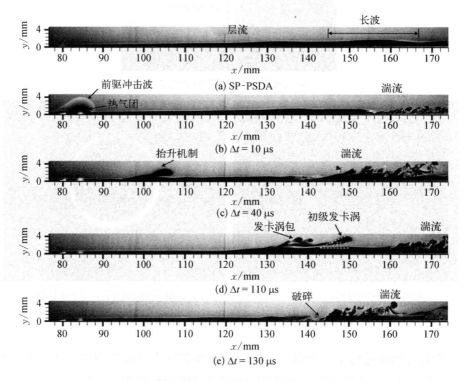

图 1.5　等离子体激励下超声速平板边界层的时空演化过程

(a)为基准;(b)~(e)为激励,等离子体激励阵列位于 $x = 80$ mm

1.4　激波/边界层干扰等离子体激励调控

SWBLI 等离子体激励调控发展初期主要采用表面准直流放电等离子体激励。俄罗斯学者 Leonov 等通过实验揭示了单路准直流电弧等离子体激励对进气道入口 SWBLI 的调控能力,发现激波位置出现明显的前移[48-50]。典型的实验结果如图 1.6 所示,等离子体激励将第一道斜激波位置从进气道内推至唇口区域,将第二道斜激波弱化为压缩波,进而验证了该类激励器在进气道流动控制中的显著效果。同时也发现,当主流速度较高时,电弧会被吹至下游,引起放电不稳定。

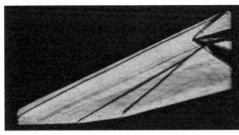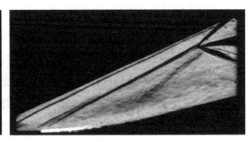

(a) 未施加等离子体激励　　　　　　　　　　　　　(b) 施加等离子体激励

图 1.6　准直流表面电弧放电对于激波位置的调控

近年来,随着人们对 SWBLI 现象物理本质的深入了解,以及大量新型脉冲式等离子体激励器的发展,研究学者发现脉冲式等离子体激励器在调控这种激波强度相对较弱且具有很强非定常特性的物理现象上具有更大的优势。SWBLI 等离子体流动控制的关注点也开始向脉冲式等离子体激励器转移,包括 SAD、PSJA 及 DBD。

Webb 等[24]在较小的输入功率下,开展了单路 SAD 诱导斜激波向上游移动的实验。结果表明来流速度为 2.3 倍声速时,SAD 可以使反射激波和干扰区向上游移动一个边界层厚度,分析认为激励产生的热效应是主要的控制机理。Wang 等[51]开展了 PSJA 控制 SWBLI 的风洞实验,验证了 PSJA 可有效地控制分离激波的低频不稳定运动。当激励频率为 2 kHz 时,压力脉动减小约 30%。Im 等[52]进行了 DBD 等离子体激励控制超声速进气道不启动的实验,发现 DBD 激励能使电极附近的边界层变薄,从而抑制了 SWBLI 诱导的流动分离,推迟了进气道不启动现象。Atkinson 等[53]研究了磁流体等离子体控制 SWBLI 的控制效果，发现近壁面等离子体在磁场加速下，可有效地抑制 SWBLI 诱导的流动分离，稳态激励可将分离区长度减小 75%，显著地降低了分离区的低频湍动能分量和下游的总湍动能。

另外，在不同的脉冲激励形式中，研究人员都发现了激励诱导冲击波结构能使 SWBLI 流场中激波结构发生变形的现象。例如，Zheng 等[54]揭示了 NS – DBD 诱导的冲击波结构使斜激波结构变形的能力；Sun 等[55]揭示了纳秒 SAD 使压缩拐角斜激波结构发生变形的能力。Huang 等[56]就这一现象开展了详细的研究，在马赫数为 2.0 的超声速来流条件下，通过纹影显示技术捕获了 PSJA 诱导的前驱冲击波与拐角诱导斜激波之间的相互作用过程。结果表明，当前驱冲击波与斜激波相交时，会诱导出典型的马赫杆结构，激波强度被有效地削弱。

尽管不同类型的脉冲式等离子体激励器各自在 SWBLI 流动控制领域都取得了一定的控制效果[48, 49, 57, 58]，但仍存在两个主要问题：① 目前 SWBLI 的控制多以单路激励器的控制效果验证为主，有效控制范围较窄，需要进一步拓宽控制范围；② 对 SWBLI 的有效控制时长较短，大多为微秒量级，需要改进控制方法，以获得持续的控制效果。多个激励器同时工作被认为是解决上述问题的有效方法，但一开始单电源驱动多路激励器的技术并不发达，只能利用多个电源分别驱动多个激励器工作，电源系统较为复杂。近年来，单电源驱动技术的突破使阵列式等离子体激励方式成为可能，并逐渐被用于 SWBLI 的流动控制研究。

在准直流激励方面，Elliott 等[59]尝试了阵列式准直流放电对进气道内斜 SWBLI 的调控。图 1.7 展示了高速来流下三路阵列式准直流等离子体放电图像，可以发现，在无激波冲击下阵列式放电较为稳定，在有激波冲击下阵列式放电产生扭曲。纹影成像表明，三路阵列式准直流等离子体激励对斜坡诱导的激波串结构产生了明显的影响。如图 1.8 所示，上壁面的激波串结构整体前移，第

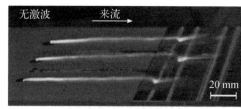

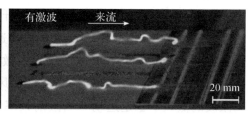

(a) 无激波冲击　　　　　　　　　　　(b) 有激波冲击

图 1.7　高速来流下三路阵列式准直流等离子体放电图像

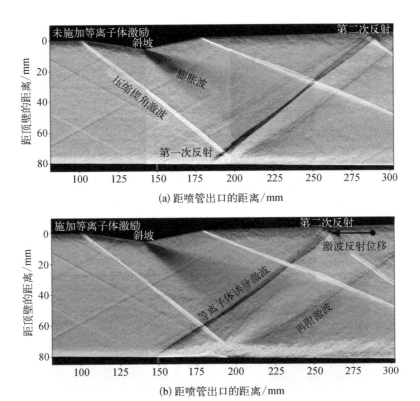

(a) 距喷管出口的距离/mm

(b) 距喷管出口的距离/mm

图 1.8　Elliott 等采用的阵列式准直流放电对进气道内斜 SWBLI 的调控

二次激波反射点前移至 $x = 260$ mm；下壁面在施加激励位置产生新的斜激波，导致其后的反射激波强度明显减弱。

在脉冲激励方面，Bianchi 等[60]开展了展向三路脉冲电弧放电控制压缩拐角 SWBLI 的实验研究，实现了对斜激波前流场的整体加速。Liu 等[61]通过展向 SAD 阵列开展了激波减阻实验，将激波强度降低了 0.35%。Tang 等[29]提出了流向阵列式等离子体激励的创新方式，发现流向阵列式脉冲火花放电（pulsed spark discharge，PSD）对于控制压缩拐角 SWBLI 低频不稳定性，减弱分离激波强度[30]，减小分离区面积[62]具有显著的效果，并将有效流动控制时长从微秒量级提升至毫秒量级。在此基础上，Luo 等[63]采用流向阵列式表面电弧改善了入射 SWBLI 分离激波的低频不稳定性。Wang 等[64]使用流向脉冲表面电弧阵列诱导产生等离子体激励，使在马赫数为 6.0 条件下的压缩拐角 SWBLI 分离区大幅度减小，同时降低了斜坡上的压力。

1.5　超声速凹腔流动等离子体激励调控

Houpt 等[65]采用两种准直流电弧等离子体激励布局来调控超声速凹腔流动。一种是将电极阵列布置于凹腔一侧的上游壁面处,如图 1.9 所示,高压阳极和凹腔底部之间在电压驱动下形成的高温与高湍流度的等离子体层对流场形成有效的调控。具体的是,通过诱导产生的斜激波使凹腔内流场的压力增加 10%,并使凹腔下游斜坡处的压力减小 25%。另一种是将电极阵列布置于凹腔对侧上游壁面处,等离子体激励诱导产生的斜激波入射到剪切层并产生干扰,这会使凹腔内静压升高,有利于燃料掺混。

图 1.9　准直流电弧等离子体激励调控超声速凹腔流动

Yugulis 等[66]将表面电弧等离子体激励沿展向布置于矩形凹腔前缘,抑制了高亚声速来流下主导 Rossiter 模式附近频率的宽带压力振荡和速度脉动,并研究了二维(激励器同步工作)和三维(相邻激励器反相位工作)对流场调控的差异。如图 1.10 所示,研究发现三维调控下,剪切层更加对称,有助于降低腔底阻力。随后将电弧等离子体激励引入马赫数为 2.24 的凹腔流动控制,通过激励激发剪切层 K-H 不稳定性,抑制了凹腔流动的自然共振。

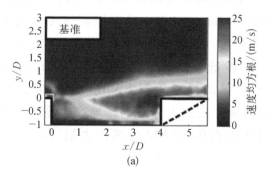

(a)

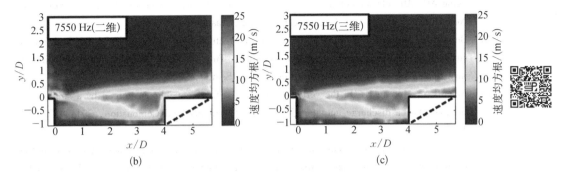

图 1.10　表面电弧等离子体激励调控凹腔剪切层速度脉动

参考文献

[1] 吴云,李应红. 等离子体流动控制研究进展与展望[J]. 航空学报, 2015, 36(2): 381 -
405.

[2] Starikovskiy A, Aleksandrov N. Nonequilibrium Plasma Aerodynamics[M]. Rijeka: INTECH
Open Access Publisher, 2011.

[3] Shang J S, Surzhikov S T, Kimmel R, et al. Mechanisms of plasma actuators for hypersonic
flow control[J]. Progress in Aerospace Sciences, 2005, 41(8): 642 - 668.

[4] Bletzinger P, Ganguly B N, van Wie D, et al. Plasmas in high speed aerodynamics[J].
Journal of Physics D: Applied Physics, 2005, 38(4): R33 - R57.

[5] Shin J. Characteristics of high speed electro-thermal jet activated by pulsed DC discharge[J].
Chinese Journal of Aeronautics, 2010, 23(5): 518 - 522.

[6] Narayanaswamy V, Raja L L, Clemens N T. Characterization of a high-frequency pulsed-
plasma jet actuator for supersonic flow control[J]. AIAA Journal, 2010, 48(2): 297 - 305.

[7] Cybyk B, Wilkerson J, Simon D. Enabling high-fidelity modeling of a high-speed flow control
actuator array[C]. 14th AIAA/AHI Space Planes and Hypersonic Systems and Technologies
Conference, Canberra, 2006.

[8] Wang L, Xia Z X, Luo Z B, et al. Three-electrode plasma synthetic jet actuator for high-
speed flow control[J]. AIAA Journal, 2014, 52(4): 879 - 882.

[9] Patel M P, Sowle Z H, Corke T C, et al. Autonomous sensing and control of wing stall using
a smart plasma slat[J]. Journal of Aircraft, 2007, 44(2): 516 - 527.

[10] Lombardi A J, Bowles P O, Corke T C. Closed-loop dynamic stall control using a plasma
actuator[J]. AIAA Journal, 2013, 51(5): 1130 - 1141.

[11] Patel M P, Ng T T, Vasudevan S, et al. Scaling effects of an aerodynamic plasma actuator
[J]. Journal of Aircraft, 2008, 45(1): 223 - 236.

[12] Williams T J, Jemcov A, Corke T C. DBD plasma actuator design for optimal flow control
[C]. 52nd Aerospace Sciences Meeting, National Harbor, 2014.

[13] Kelley C, Bowles P, Cooney J, et al. High Mach number leading-edge flow separation control

using AC DBD plasma actuators[C]. 50th AIAA Aerospace Sciences Meeting including the New Horizons Forum and Aerospace Exposition, Nashville, 2011.

[14] Benard N, Braud P, Jolibois J, et al. Airflow reattachment along a NACA 0015 airfoil by surfaces dielectric barrier discharge actuator: Time-resolved particle image velocimetry investigation[C]. 4th Flow Control Conference, Seattle, 2008.

[15] Benard N, Moreau E. On the vortex dynamic of airflow reattachment forced by a single non-thermal plasma discharge actuator[J]. Flow, Turbulence and Combustion, 2011, 87(1): 1-31.

[16] Little J, Nishihara M, Adamovich I, et al. High-lift airfoil trailing edge separation control using a single dielectric barrier discharge plasma actuator[J]. Experiments in Fluids, 2010, 48(3): 521-537.

[17] Kolbakir C, Liu Y, Hu H, et al. An experimental investigation on the thermal effects of NS-DBD and AC-DBD plasma actuators for aircraft icing mitigation[C]. 2018 AIAA Aerospace Sciences Meeting, Kissimmee, 2018.

[18] 李应红,吴云. 等离子体流动控制技术研究进展[J]. 空军工程大学学报(自然科学版), 2012, 13(3): 1-5.

[19] Gan T, Wu Y, Sun Z Z, et al. Shock wave boundary layer interaction controlled by surface arc plasma actuators[J]. Physics of Fluids, 2018, 30(5): 55107.

[20] Zhang Z B, Wu Y, Jia M, et al. The multichannel discharge plasma synthetic jet actuator [J]. Sensors and Actuators A: Physical, 2017, 253: 112-117.

[21] Zhang Z B, Wu Y, Sun Z Z, et al. Experimental research on multichannel discharge circuit and multi-electrode plasma synthetic jet actuator[J]. Journal of Physics D: Applied Physics, 2017, 50(16): 165205.

[22] Zhang Z B, Zhang X N, Wu Y, et al. Experimental research on the shock wave control based on one power supply driven plasma synthetic jet actuator array[J]. Acta Astronautica, 2020, 171: 359-368.

[23] Ogawa H. Experimental and analytical investigation of transonic shock-wave/boundary-layer interaction control with three-dimensional bumps [D]. Cambridge: University of Cambridge, 2007.

[24] Webb N, Clifford C, Samimy M. Control of oblique shock wave/boundary layer interactions using plasma actuators[J]. Experiments in Fluids, 2013, 54(6): 1545.

[25] Gaitonde D V. Analysis of plasma-based flow control mechanisms through large-eddy simulations[J]. Computers and Fluids, 2013, 85: 19-26.

[26] Knight D. Survey of aerodynamic drag reduction at high speed by energy deposition[J]. Journal of Propulsion and Power, 2008, 24(6): 1153-1167.

[27] 孙权,李应红,程邦勤,等. 高压脉冲直流等离子体电源的研制及其放电特性[J]. 高电压技术, 2012, 38(7): 1742-1748.

[28] Gan T, Jin D, Guo S G, et al. Influence of ambient pressure on the performance of an arc discharge plasma actuator[J]. Contributions to Plasma Physics, 2018, 58(4): 260-268.

[29] Tang M X, Wu Y, Guo S G, et al. Compression ramp shock wave/boundary layer interaction

control with high-frequency streamwise pulsed spark discharge array[J]. Physics of Fluids, 2020, 32(12): 121704.

[30] Tang M X, Wu Y, Guo S G, et al. Effect of the streamwise pulsed arc discharge array on shock wave/boundary layer interaction control [J]. Physics of Fluids, 2020, 32(7): 076104.

[31] Grossman K, Bohdan C, van Wie D. Sparkjet actuators for flow control[C]. 41st Aerospace Sciences Meeting and Exhibit, Reno, 2003: 57.

[32] Cybyk B, Grossman K, van Wie D. Computational assessment of the sparkjet flow control actuator[C]. 33rd AIAA Fluid Dynamics Conference and Exhibit, Orlando, 2003.

[33] Narayanaswamy V, Shin J, Clemens N, et al. Investigation of plasma-generated jets for supersonic flow control[C]. 46th AIAA Aerospace Sciences Meeting and Exhibit: American Institute of Aeronautics and Astronautics, New York, 2008.

[34] Jin D, Li Y H, Jia M, et al. Experimental characterization of the plasma synthetic jet actuator[J]. Plasma Science and Technology, 2013, 15(10): 1034 − 1040.

[35] Zong H H, Wu Y, Song H M, et al. Efficiency characteristic of plasma synthetic jet actuator driven by pulsed direct-current discharge[J]. AIAA Journal, 2016, 54(11): 3409 − 3420.

[36] Belinger A, Naudé N, Cambronne J P, et al. Plasma synthetic jet actuator: Electrical and optical analysis of the discharge[J]. Journal of Physics D: Applied Physics, 2014, 47(34): 345202.

[37] Haack S J, Taylor T, Emhoff J, et al. Development of an analytical sparkjet model[C]. 5th Flow Control Conference, Chicago, 2010.

[38] Emerick T, Ali M Y, Foster C, et al. Sparkjet characterizations in quiescent and supersonic flowfields[J]. Experiments in Fluids, 2014, 55(12): 1858.

[39] Zhou Y, Xia Z X, Luo Z B, et al. A novel ram-air plasma synthetic jet actuator for near space high-speed flow control[J]. Acta Astronautica, 2017, 133: 95 − 102.

[40] Emerick T, Ali M, Foster C, et al. Sparkjet actuator characterization in supersonic crossflow [C]. 6th AIAA Flow Control Conference, Reston, 2012.

[41] Popkin S H, Cybyk B, Land B, et al. Recent performance-based advances in sparkjet actuator design for supersonic flow applications[C]. 51st AIAA Aerospace Sciences Meeting including the New Horizons Forum and Aerospace Exposition, Reston, 2013.

[42] Tang M X, Wu Y, Guo S G, et al. Compression ramp shock wave/boundary layer interaction control with high-frequency streamwise pulsed spark discharge array[J]. Physics of Fluids, 2020, 32(12): 121704.

[43] Tang M X, Wu Y, Zong H H, et al. Experimental investigation on compression ramp shock wave/boundary layer interaction control using plasma actuator array[J]. Physics of Fluids, 2021, 33(6): 066101.

[44] Tang M X, Wu Y, Zong H H, et al. Experimental investigation of supersonic boundary-layer tripping with a spanwise pulsed spark discharge array[J]. Journal of Fluid Mechanics, 2022, 931: A16.

[45] Schuele C Y, Corke T C, Matlis E. Control of stationary cross-flow modes in a Mach 3.5

boundary layer using patterned passive and active roughness[J]. Journal of Fluid Mechanics, 2013, 718: 5 - 38.

[46] Yates H, Juliano T J, Matlis E H, et al. Plasma-actuated flow control of hypersonic crossflow-induced boundary-layer transition in a Mach-6 quiet tunnel [C]. 2018 AIAA Aerospace Sciences Meeting, Kissimmee, 2018: 1076.

[47] Zhang Y C, Li C B, Lee C B. Influence of glow discharge on evolution of disturbance in a hypersonic boundary layer: The effect of second mode[J]. Physics of Fluids, 2020, 32(7): 071702.

[48] Leonov S B, Yarantsev D A. Near-surface electrical discharge in supersonic airflow: Properties and flow control[J]. Journal of Propulsion and Power, 2008, 24(6): 1168 - 1181.

[49] Falempin F, Firsov A A, Yarantsev D A, et al. Plasma control of shock wave configuration in off-design mode of M = 2 inlet[J]. Experiments in Fluids, 2015, 56(3): 54.

[50] Leonov S, Yarantsev D, Falempin F. Flow control in a supersonic inlet model by electrical discharge[J]. Progress in Flight Physics, 2013, 3: 557 - 568.

[51] Wang J, Li Y H, Cheng B Q, et al. Effects of plasma aerodynamic actuation on oblique shock wave in a cold supersonic flow[J]. Journal of Physics D: Applied Physics, 2009, 42 (16): 165503.

[52] Im S, Do H, Cappelli M A. The manipulation of an unstarting supersonic flow by plasma actuator[J]. Journal of Physics D: Applied Physics, 2012, 45(48): 485202.

[53] Atkinson M D, Poggie J, Camberos J A. Control of separated flow in a reflected shock interaction using a magnetically-accelerated surface discharge[J]. Physics of Fluids, 2012, 24(12): 1517 - 1531.

[54] Zheng J G, Cui Y D, Li J, et al. A note on supersonic flow control with nanosecond plasma actuator[J]. Physics of Fluids, 2018, 30(4): 040907.

[55] Sun Q, Li Y H, Cheng B Q, et al. The characteristics of surface arc plasma and its control effect on supersonic flow[J]. Physics Letters A, 2014, 378(36): 2672 - 2682.

[56] Huang H X, Tan H J, Sun S, et al. Transient interaction between plasma jet and supersonic compression ramp flow[J]. Physics of Fluids, 2018, 30(4): 41703.

[57] Leonov S, Yarantsev D, Falempin F. Flow control in a supersonic inlet model by electrical discharge[J]. Progress in Flight Physics, 2013, 3: 557 - 568.

[58] Kinefuchi K, Starikovskiy A, Miles R. Control of shock wave-boundary layer interaction using nanosecond dielectric barrier discharge plasma actuators[C]. 52nd AIAA/SAE/ASEE Joint Propulsion Conference, Salt Lake City, 2016: 5070.

[59] Elliott S, Lax P, Leonov S B. Control of shock positions in a supersonic duct by plasma array [C]. AIAA SCITECH 2022 Forum, San Diego, 2022.

[60] Bianchi G, Saracoglu B H, Paniagua G, et al. Experimental analysis on the effects of DC arc discharges at various flow regimes[J]. Physics of Fluids, 2015, 27(3): 609 - 658.

[61] Liu F, Yan H, Zhan W J, et al. Effects of steady and pulsed discharge arcs on shock wave control in Mach 2.5 flow[J]. Aerospace Science and Technology, 2019, 93: 105330.

［62］ Tang M X, Wu Y, Wang H Y, et al. Characterization of transverse plasma jet and its effects on ramp induced separation［J］. Experimental Thermal and Fluid Science, 2018, 99: 584－594.

［63］ Luo Y H, Li J, Liang H, et al. Suppressing unsteady motion of shock wave by high-frequency plasma synthetic jet［J］. Chinese Journal of Aeronautics, 2021, 34(9): 60－71.

［64］ Wang H Y, Xie F, Li J, et al. Effectiveness of millisecond pulse discharge on hypersonic oblique shock wave［J］. Physics of Fluids, 2021, 33(11): 116104.

［65］ Houpt A, Leonov S, Ombrello T, et al. Flow control in supersonic-cavity-based airflow by quasi-direct-current electric discharge［J］. AIAA Journal, 2019, 57(7): 2881－2891.

［66］ Yugulis K, Hansford S, Gregory J W, et al. Control of high subsonic cavity flow using plasma actuators［J］. AIAA Journal, 2013, 52(7): 1542－1554.

第 2 章
实验测试、数值模拟与数据处理方法

本章主要介绍超声速风洞设备,三种流场测试手段[高速纹影测试、粒子图像测速(particle image velocimetry, PIV)和纳米粒子平面激光散射(nanoparticle planar laser scattering, NPLS)],两种流场模拟方法(直接数值模拟和大涡模拟),以及三种数据处理方法。为保证实验的操作可靠、结果准确,结合等离子体激励、电参数测试、超声速风洞运行及高速纹影和 PIV 工作,本章设计一套时序控制系统,对各设备系统的工作时序进行精确的控制。

2.1 实验设备与测试方法

2.1.1 风洞设备

1. 超声速自由射流风洞

图 2.1 为超声速自由射流式风洞示意图。该风洞为暂冲式吸气风洞,主要由整流段、拉瓦尔喷管、测试舱及真空罐四部分组成。风洞运行由环境大气与真空罐之间的压差驱动,真空罐容积为 120 m³,并通过扩压段与测试舱相连。实验中将真

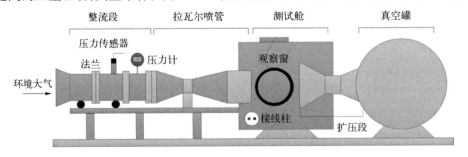

图 2.1 超声速自由射流式风洞示意图

空罐内压力抽至 6 kPa 以下,以保证风洞的正常启动。来流环境为当地大气环境。

在实验过程中,利用破膜装置来控制风洞的启动,并在拉瓦尔喷管入口上游安装多层细网筛,以去除气流杂质、减小湍流度、提高流场品质。喷管的出口直径为 300 mm,设计产生马赫数为 2.0 的超声速自由射流。圆柱形测试舱舱室的截面直径为 2 m,可以消除壁面反射对超声速自由射流的干扰。经测量,超声速自由来流速度为 514.1 m/s,单位雷诺数约为 1.17×10^7,其稳定运行时间为 2~3 s,其他流动参数如表 2.1 所示。在测试舱的两侧及顶部安装三个光学观察窗,用于实验时进行流场的光学观测;在测试舱底部固定楔形垂直支柱,用以安装实验模型,保证其放置于光学观察窗的中心位置;在测试舱侧壁预留导线接口,用以连接外部放电电路。

表 2.1　流 动 参 数

来流参数	P_0/kPa	T_0/K	P_s/kPa	T_s/K	马赫数	ρ/(kg/m³)	U_∞/(m/s)	Re
数值	95.6	296	12.22	164	2.0	0.259	514.1	1.17×10^7

2. 低湍流度风洞

图 2.2 给出了超声速低湍流度风洞的示意图。该风洞为压差驱动的直连式风洞,风洞主体部分由过渡段、稳定段、一体化喷管/实验段及扩压段四个部件组成,扩压段尾部与真空罐相连,并通过闸板阀进行隔挡。在实验调试阶段,闸板阀关闭,风洞内压力为环境大气压力;在实验测试阶段,闸板阀开启,风洞内压力与真空罐内压力平衡,达到低气压状态。为保证风洞正常启动,在实验测试阶段,真空罐内压力一般抽至 10 kPa 以下。真空罐罐体总体积约为 1 000 m³,最长可保证风洞 20 s 的稳定运行。

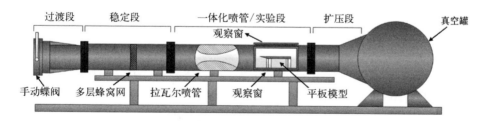

图 2.2　超声速低湍流度风洞的示意图

在实验测试阶段,先将闸板阀打开,然后通过过渡段入口处的手动蝶阀来控制风洞的启动。一旦手动蝶阀开启,在内外压差的驱动下,环境大气会迅速地进入风洞,依次经过过渡段、稳定段,随后在拉瓦尔喷管的加速作用下,于一体化喷管/实验段产生马赫数为 3.0 的超声速来流。为降低来流湍流度,提高流场品质,一方面在风洞的稳定段内部安装多层蜂窝网来加强整流;另一方面对喷管和实验段进行了一体化设计加工,以避免在两者的连接部位产生激波,引入额外扰动。该风洞喷管的型面设计采用任意型面设计方法[1],通过适当延长喷管长度以达到让其壁面边界层保持层流状态的要求。来流环境为当地大气环境。经测量,自由来流速度为 622.6 m/s,来流湍流度水平低于 1%[2],单位雷诺数为 7.49 × 10[6],完全满足低湍流度风洞的标准。风洞的来流参数如表 2.2 所示。

表 2.2 风洞的来流参数

来流参数	P_0/MPa	T_0/K	P_s/kPa	T_s/K	马赫数	ρ/(kg/m³)	U_∞/(m/s)	Re
数值	0.1	300	2.72	164	3.0	0.089	622.6	7.49 × 10⁶

风洞的实验段横截面尺寸为 200 mm × 200 mm,其四周安装了四个可拆卸的光学观察窗或盲板,长宽尺寸均为 400 mm × 200 mm。根据实验需求,在一体化喷管/实验段底部安装盲板,以用来固定所需要测试的平板模型,在盲板上预留导线出口,以引出导线,使激励器与外部放电电路连接。

2.1.2 测试系统

1. 高速纹影成像系统

高速纹影成像系统如图 2.3 所示,为 Z 型光路反射式纹影成像系统[3,4],将 Gloria 500 W 的氙灯作为光源,提供均匀且高强度的连续照明。从氙灯发射出来的强光经两个球面反射镜依次反射后,被垂直刀口切光,进入高速相机。当流场密度发生变化时,光线发生偏折,流场部分区域的成像光强会发生改变,从而显示出可压缩流场的特征结构。高速相机是 Phantom V2512 高速电荷耦合器件(charge-coupled device, CCD)相机,以 50 000 fps(1 fps = 3.048 × 10⁻¹ m/s)的速度记录图像。由拍摄频率可知,高速相机记录下的两幅连续图像之间的时间间隔仅为 20 μs,能够捕捉到高频等离子体激励诱导流场结构的时间演化。为尽可能地捕获流场的瞬时流动结构,将相机的曝光时间设置为 1 μs,以减少长曝光带来的时间平均效应。

2. NPLS 测试系统

NPLS 是一种新型的非接触式光学测量技术。其基本工作原理为:将跟随性良好的纳米级颗粒作为示踪粒子并跟随流体运动,通过高能脉冲激光器产生

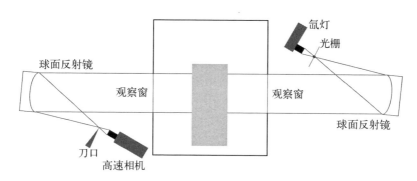

图 2.3　高速纹影成像系统

的片光照亮示踪粒子并使其发生瑞利散射,随后利用 CCD 相机记录下与局部粒子浓度成正比的散射光强度,从而显示出复杂流场的精细流动结构,并在一定程度上反映流场的密度变化[5]。

NPLS 测试系统示意图如图 2.4 所示,主要由 Nd：YAG 双腔脉冲激光器、IMPERX E11M5 高速 CCD 相机、TiO_2 纳米粒子发生器、同步控制器及位于计算机中的可编程计时单元(programmable timing unit,PTU)组成。其中,Nd：YAG 双腔脉冲激光器的脉冲激光波长为 532 mm,脉宽为 6 ns,所发出激光能量可调,最大脉冲能量为 520 mJ。在导光臂的作用下,该激光器所打出点光源被调制成薄片光束,并到达待测平面。激光的短脉宽特点使相机的曝光时间较短,有利于获得最小的时间平均效应,从而得到精细流场结构的瞬态特征。由于瑞利散射光强具有方向性特征,故该激光器设置了偏振调节功能,通过调节激光的偏振角度,使散射光最强方向被 IMPERX E11M5 高速 CCD 相机记录,进而使所捕获 NPLS 图像的信噪比最大;IMPERX E11M5 高速 CCD 相机的采样频率设置为

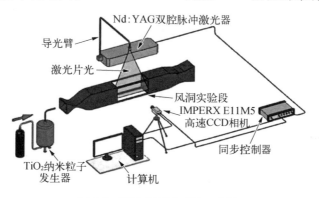

图 2.4　NPLS 测试系统示意图

2 kHz,内部传感器的总像素点为 1.068×10^7 个,具有较高的空间分辨率(4 000 像素×2 672 像素)。在相机前安装 SIGMA MACRO 105 mm 定焦镜头,以进一步对观测区进行放大,从而获得特定区域的特写视图;TiO$_2$ 纳米粒子发生器用于产生纳米级示踪粒子 TiO$_2$;同步控制器与 PTU 相连,用于调控 Nd:YAG 双腔脉冲激光器和 IMPERX E11M5 高速 CCD 相机的同步工作,实现对整个测量系统的时序控制。

在实验中通过改变 Nd:YAG 双腔脉冲激光和 IMPERX E11M5 高速 CCD 相机的相对位置,分别对平板模型两个正交平面内的特征流场结构进行了测试。图 2.5 为 NPLS 测量平面设置图,图中的两个正交的激光薄片,即激光阵面 A 和 B,分别用于照亮所测 x-y 平面和 x-z 平面内的示踪粒子。在激光阵面 A 和 B 中分别用蓝色与黄色矩形框标记出实际的待测区域,尺寸为 98 mm×65 mm 的视场 A(field of view A, FOV A)反映了平板边界层在 x-y 平面中的特征流动结构,尺寸为 131 mm×88 mm 的视场 B(field of view B, FOV B)反映了平板边界层在 x-z 平面中的特征流动结构,其最终空间分辨率分别为 24.4 μm/pixel 和 32.5 μm/pixel。在实验过程中,x-y 平面的展向位置和 x-z 平面的法向高度可调,以获得不同截面和不同高度的特征流动结构,揭示平板边界层流动的三维特征。

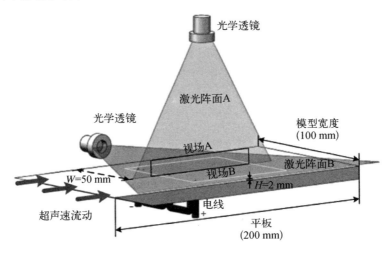

图 2.5　NPLS 测量平面设置图

2.1.3　粒子图像测速系统

粒子图像测速(particle image velocimetry, PIV)系统主要由 Grace VShot-450 Nd:YAG 双腔脉冲激光器、Imager Pro X PCO 相机(Practical Overall Camera)和可编程计时单元 PTU 三部分组成。在风洞试验段所布置的 PIV 测试系统示

意图如图 2.6 所示,其具体工作过程如下:放置于测试舱顶部的 Grace 激光器率先产生高能激光束,该光束通过由柱面透镜和球面透镜组合而成的片光镜头后被调制成厚度约为 1 mm 的薄片激光;薄片激光通过测试段顶部观察窗进入风洞测试舱,照亮跟随来流移动的示踪粒子,并被 PCO 相机捕获图像;通过后处理软件,对所捕获的双帧图像进行互相关计算,则可以获得流场的瞬时速度矢量场。

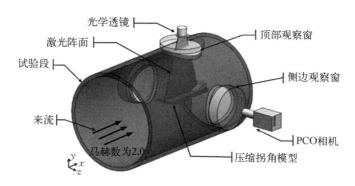

图 2.6　PIV 测试系统示意图

为了保证较好的粒子跟随性,采用直径约为 1 μm 的油颗粒作为示踪粒子,其良好的跟随性特征已在之前的工作中得到验证[6]。为了更好地反映流场对等离子体激励的响应特征,选择了激励器所在的展向中截面($x-y$, $z=0$)作为测量平面;为了解决 PIV 测试在长距离工作环境下分辨率不足的问题,本节选择测量平面中大小和位置不同的三个子区域进行压缩拐角激波/边界层干扰的速度场测试。PCO 相机的分辨率为 1 400 像素×600 像素。

双帧双腔激光器的脉冲间隔为 1 μs,脉冲宽度为 7 ns,激光器打光的最高频率为 10 Hz,峰值脉冲能量为 450 mJ。考虑到风洞运行时间较短,激光器频率较低,且等离子体激励响应时间较快的工况特点,本节设计一套时序控制系统,以实现 PIV 测试系统对快响应等离子体激励的锁相拍摄。图 2.7 为锁相 PIV 流场

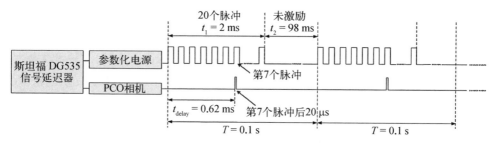

图 2.7　锁相 PIV 流场测试的时序控制图

测试的时序控制图。选用具有多通道延迟触发功能的斯坦福 DG535 作为触发装置,来调控参数化高压脉冲源和 PCO 相机之间的工作时序。在实验过程中,斯坦福 DG535 的输出信号为频率 10 Hz 的 5 V 晶体管-晶体管逻辑(transistor-transistor logic,TTL)信号,而参数化高压脉冲源与 PCO 相机的工作频率分别设置为 10 kHz 和 10 Hz。

纳秒脉冲电源由斯坦福 DG535 的通道 A 进行触发,触发信号不设延迟,直接触发电源工作。本节实验对放电脉冲数进行了设置,使电源在每次被斯坦福 DG535 触发后,仅以 10 kHz 的激励频率产生 20 个激励脉冲后就停止工作,即在斯坦福 DG535 的一个触发周期内($T = 0.1$ s),激励器阵列的工作时间 $t_1 \approx 2$ ms。在剩余 $t_2 = 98$ ms 内,激励器被强制关闭。这样的设置使流场有足够的时间来恢复到施加激励前的基准流场状态,使一次风洞实验可以获得近 20 张同一锁相时刻的瞬时二维速度场。

PCO 相机由斯坦福 DG535 的通道 B 进行触发,触发信号设置一个延迟时间 t_{delay}。例如, $t_{\text{delay}} = 0.62$ ms,则表明在施加等离子体激励 620 μs 后,PCO 相机才开始捕捉示踪粒子图像。所以,通过控制通道 B 的延迟时间 t_{delay},就可以获得压缩拐角 SWBLI 在不同锁相时刻的特征速度场。

为了避免等离子体激励器放电时所伴随的强电磁干扰破坏已设计好的工作时序,本节放弃了常规的同轴电缆信号传输方式,采用单向传输的光纤回波隔离器进行整个时序控制系统的信号传递,有效地隔绝了电磁干扰对数据采集的影响。对于所采集数据,利用 PIV 测试系统自带的 Davis 后处理软件进行互相关计算,采用了逐步减小查询单元尺寸的复杂自适应迭代算法。对于一个速度矢量单元,初始的查问窗口尺寸为 24 像素×24 像素,最终缩小到 12 像素×12 像素,相邻两个查问窗口的重叠率为 50%,保证了所得速度场的准确性。

2.2 数值模拟方法

本节通过介绍直接数值模拟(direct numerical simulation,DNS)方法和大涡模拟方法,详细研究等离子体激励调控激波边界层干扰和超声速凹腔剪切层的机理。

2.2.1 直接数值模拟方法

直接数值模拟是一种高精度的数值模拟工具,直接对三维纳维-斯托克斯方程进行求解,可以获得特征流场的全部时空信息,揭示流动控制的全部细节[7, 8]。这不仅能够全面地评估激波减阻与分离流抑制等 SWBLI 特征问题的流动控制效果,还能进一步深入地挖掘控制效果背后的机理,从而指导流动控制机制的形成。

　　DNS 数值模拟程序采用的是具有高时空分辨率的有限差分计算流体动力学 (computational fluid dynamics, CFD) 代码——OpenCFD - SC。OpenCFD - SC 是由中国科学院力学研究所的傅德薰等[8] 开发的高精度 DNS 程序,采用 MPI - Fortran 90 编程方法,运行速度快,求解精度高,已被广泛地应用于各种数值模拟的研究工作当中,例如,压缩拐角激波/边界层干扰[9, 10]、入射激波/边界层干扰[11] 及高超声速边界层转捩[12]。其基本控制方程采用曲线坐标系下的可压缩 N - S 方程,具体表达式如下:

$$\frac{\partial U}{\partial t} + \frac{\partial (E_c + E_v)}{\partial \xi} + \frac{\partial (F_c + F_v)}{\partial \eta} + \frac{\partial (G_c + G_v)}{\partial \zeta} = S_p(\xi, \eta, \zeta, t)$$

$$(2.1)$$

式中,t 为物理时间;ξ、η 和 ζ 分别为坐标轴;U 为守恒通量,E_c、F_c 和 G_c 分别为 ξ、η 和 ζ 方向上的对流通量项;E_v、F_v 和 G_v 分别为相应的黏性通量。

　　式(2.1)右侧的 S_p 表示外加源项,通常设置为零。在当前的数值模拟中,非零源项被施加在计算域中的特定位置,以作为阵列式等离子体激励的模型。N - S 方程中各变量的具体表达式可以展开为

$$U = J^{-1}[\rho, \rho u, \rho v, \rho w, \rho E]^{\mathrm{T}}$$

$$(2.2)$$

$$E_c = J^{-1}\begin{bmatrix} \rho \tilde{u} \\ \rho u \tilde{u} + \xi_x p \\ \rho v \tilde{u} + \xi_y p \\ \rho w \tilde{u} + \xi_z p \\ (\rho E + p)\tilde{u} - \xi_t p \end{bmatrix} \quad E_v = -J^{-1}\begin{bmatrix} 0 \\ \xi_x \tau_{xx} + \xi_y \tau_{xy} + \xi_z \tau_{xz} \\ \xi_x \tau_{yx} + \xi_y \tau_{yy} + \xi_z \tau_{yz} \\ \xi_x \tau_{zx} + \xi_y \tau_{zy} + \xi_z \tau_{zz} \\ \xi_x s_x + \xi_y s_y + \xi_z s_z \end{bmatrix}$$

$$(2.3)$$

$$\tilde{u} = \xi_t + \xi_x u + \xi_y v + \xi_z \omega$$

$$(2.4)$$

$$\begin{cases} s_x = u\tau_{xx} + v\tau_{yx} + w\tau_{zx} + \kappa \dfrac{\partial T}{\partial x} \\[2mm] s_y = u\tau_{xy} + v\tau_{yy} + w\tau_{zy} + \kappa \dfrac{\partial T}{\partial y} \\[2mm] s_z = u\tau_{xz} + v\tau_{yz} + w\tau_{zz} + \kappa \dfrac{\partial T}{\partial z} \end{cases}$$

$$(2.5)$$

$$\tau_{ij} = \mu(u_{i,j} + u_{j,i}) - \delta_{ij}\frac{2}{3}\mu\mathrm{div}(v) \tag{2.6}$$

式中,J^{-1} 为将笛卡儿坐标系转换为曲线坐标系的雅可比系数矩阵;δ_{ij} 为克罗内克函数;ρ、p 和 T 分别为流场的密度、压力和温度。

在数值模拟中,动力黏度 μ 可以通过萨瑟兰定律获得,自由来流被认为是热理想气体($\gamma = 1.4$),满足理想气体状态方程:$p = \rho T/(\gamma Ma^2)$。另外,其他两个方向的通量矢量的具体表达式,即 F_c 和 F_v、G_c 和 G_v,与 E_c 和 E_v 的形式一致,故在此没有重复给出。

为了使数值方法对小尺度物理量具有较高的分辨能力,采用了高阶精度的差分格式对三维可压缩 N‐S 方程进行求解。对于 N‐S 方程中的对流项,通过斯蒂格‐沃明(Steger-Warming)流通矢量分裂方法进行分裂,使用 7 阶精度的 WENO 格式进行离散求解;对于黏性项,则直接采用 6 阶精度的中心差分格式进行离散;对于时间导数项,采用的是具有 TVD 性质的三阶精度龙格‐库塔(Runge-Kutta)法(R‐K 法)。在数值计算中,流动参数均采用无穷远处的来流条件(U_∞,ρ_∞,p_∞)进行无量纲处理,长度尺度的归一化单位为 mm。

为了保证数值模拟结果的可靠性,开展了对 DNS 计算结果的验证分析。网格的展向分辨率决定了数值计算是否可以有效地分辨出流场的三维涡结构,为保证计算域在展向上的长度选取是合适的,通过自相关系数 $R_{\alpha\alpha}$ 对展向的网格分辨率进行了评估,$R_{\alpha\alpha}$ 的表达式定义如下[13]:

$$R_{\alpha\alpha}(r_z) = \sum_{k=1}^{N_z-k_r} \langle \alpha_k \alpha_{k+k_r} \rangle, k_r = 0,\ 1,\ \cdots,\ N_z - 1,\ r_z = k_r\Delta z \tag{2.7}$$

式中,k_r 为展向网格点数;Δz 为展向网格间距;α 为流场中特定参数的脉动值。

图 2.8 给出了两个不同流向位置和两个不同法向高度下的扰动速度分量 u、v 和 w 的自相关系数曲线,其中两个流向位置分别对应于计算域的转捩区($x = -40$ mm)和相互作用区($x = -10$ mm),而两个法向高度分别位于边界层内部($y^+ = 10$)和外部($y^+ = 196$)。所有的展向自相关系数曲线在 $2r_z/L_{\max} > 0.1$ 后都趋近于零,这说明流场参数在平板展向方向上呈现出充分的不相关性。表明展向所选的计算域长度合适,足以分辨出湍流的多尺度复杂流动特征。

图 2.9 给出了壁面平均摩擦阻力系数 C_f 沿流向的分布情况,实线代表当前的数值模拟结果。在流向位置 $x = -200$ mm 附近,壁面摩擦系数快速上升,这表

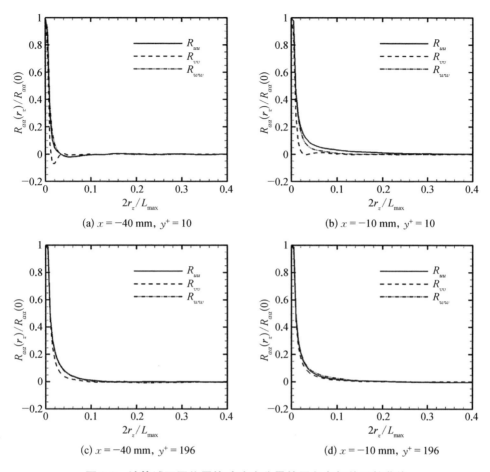

(a) $x = -40$ mm, $y^+ = 10$　　　(b) $x = -10$ mm, $y^+ = 10$

(c) $x = -40$ mm, $y^+ = 196$　　　(d) $x = -10$ mm, $y^+ = 196$

图 2.8　计算域不同位置扰动速度分量的展向自相关系数曲线

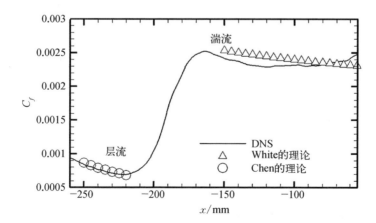

图 2.9　壁面平均摩擦阻力系数 C_f 沿流向的分布情况

明边界层开始从层流向湍流转捩。在 $-150\text{ mm} < x < -100\text{ mm}$ 的位置，C_f 值出现缓慢的下降趋势，表明边界层转捩过程已完成，达到了充分发展的湍流状态。图 2.9 中的圆圈符号表示 C_f 的层流理论值，其表达式定义如下：

$$C_f = 0.644\ 1/\sqrt{Re_x} \tag{2.8}$$

三角形符号表示 C_f 的湍流理论值，其表达式定义如下：

$$C_f = \frac{0.455}{S^2}\left[\ln\left(\frac{0.06}{S}Re_x\frac{\mu_\infty}{\mu_w}\sqrt{\frac{T_\infty}{T_w}}\right)\right]^{-2} \tag{2.9}$$

$$S = \frac{1}{\arcsin A}\sqrt{\frac{T_w}{T_\infty} - 1}\ A = \left(\frac{\gamma-1}{2}Ma_\infty^2\ \frac{T_\infty}{T_w}\right)^{1/2} \tag{2.10}$$

从图 2.9 中可以看出，无论是层流理论值，还是湍流理论值，DNS 所求数值解都吻合较好，这进一步验证了数值模拟结果的准确性。

为了模拟实际来流中的完全湍流，需对边界层施加周期性壁面吹吸扰动模型。图 2.10 给出了所施加吹吸扰动的壁面法向速度分量 v_{bs} 在 x - z 平面的二维速度云图，可以看出，为了产生对称的流向涡结构以触发边界层的旁路转捩，法向速度沿展向呈对称分布。另外，在计算域的下游出口边界和上边界，均采用简单无反射边界层条件以避免扰动波反射干扰流场计算；在计算域的展向，采用周期性边界条件；在壁面处，采用无滑移和等温壁边界条件，即 $u = v = w = 0$，壁面温度 $T_w = 300$ K。

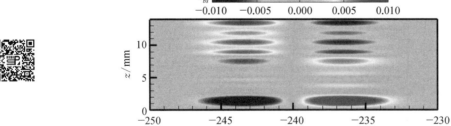
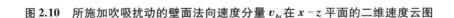

图 2.10　所施加吹吸扰动的壁面法向速度分量 v_{bs} 在 x - z 平面的二维速度云图

图 2.11 给出了在参考点 $x_r = -35$ mm 处，经范德里斯(van Driest)变换后的流向平均速度沿物面法向的分布情况。从图 2.11 中可以看出，数值模拟结果与不可压缩平板湍流边界层的壁面律基本吻合。在黏性底层中，速度剖面是物面

法向距离 y 的线性函数；在对数层中，速度剖面符合对数律关系式 $u^+ = 2.44 \times \lg(y^+) + 5.1$。这说明通过施加周期性壁面吹吸扰动，成功诱导产生了完全发展的平板湍流边界层，达到了与实验测试时一致的完全湍流的来流条件。

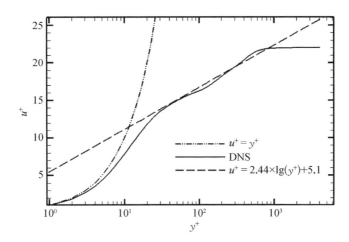

图 2.11　van Driest 变换后的流向平均速度剖面($x_r = -35$ mm)

2.2.2　大涡模拟方法

本节使用 ANSYS Fluent18.1 流体计算软件进行求解，将展向脉冲火花放电等离子体热源项模型编写为自定义方程(user-defined function, UDF)文件并添加到流场的计算中。将单个表面电弧激励器的放电模拟为半球形空间内的均匀放电，半径取决于实际激励器阴阳两极的放电间距。式(2.11)给出了模拟热功率密度函数 $Q(x, y, z, t)$：

$$Q(x, y, z, t) = \begin{cases} \dfrac{Q}{t_d V}, & ((x - x_0)^2 + (y - y_0)^2 + (z - z_0)^2 \leqslant r^2, 0 \leqslant t \leqslant t_d) \\ 0, & \text{其他} \end{cases}$$

$$(2.11)$$

式中，(x_0, y_0, z_0) 为单个激励器阴阳两极中心位置坐标；$t_d = 1$ μs 为放电的脉冲宽度；V 为半球形放电空间的体积；Q 由激励器阵列沉积到流场的单脉冲能量和等离子体激励的热转化效率[14]得到。为验证该热源模型能否较好地模拟电弧放电等离子体诱导产生冲击波这一气动特性，利用采样帧频为 50 kfps 的高速纹影系统来拍摄静态条件下的单次放电。本节对该模型在静态环境下进行仿真计算,并与实验结果进行对比。图 2.12 为静态流场仿真计算得到的不同时刻的数值纹影与实验纹影图对比。对比实验纹影图与仿真结果,可以看到热量沉积区域尺寸形状及冲击波形态与实验结果较为吻合。

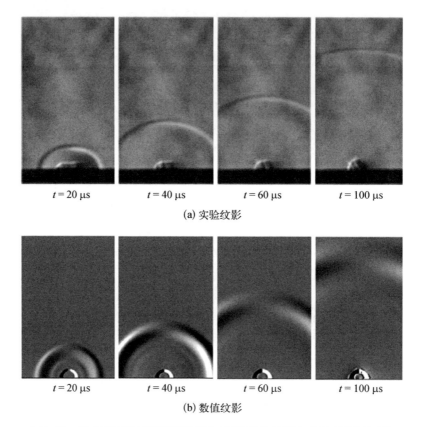

$t = 20\,\mu s$　　　　$t = 40\,\mu s$　　　　$t = 60\,\mu s$　　　　$t = 100\,\mu s$

(a) 实验纹影

$t = 20\,\mu s$　　　　$t = 40\,\mu s$　　　　$t = 60\,\mu s$　　　　$t = 100\,\mu s$

(b) 数值纹影

图 2.12　静态流场仿真得到的不同时刻的数值纹影与实验纹影图对比

白海涛和赖焕新[15]对比了 SM(Smagorinsky-Lilly model)、DSM(dynamic Smagorinsky-Lilly model)和壁面适应的局部涡黏(wall-adapted local eddy viscosity,WALE)模型三种大涡模拟(large eddy simulation)亚格子模型对凹腔流场的预测能力,结果表明,WALE 亚格子模型对凹腔流场和振荡的预测能力最佳,所以选用 WALE 亚格子模型进行 LES 计算。采用中心差分方法对空间导数进行离散,并使用二阶欧拉后向格式进行时间推进。入口设定压力远场边界条件并给定来流马赫数、静压和静温;将出口设置为压力出口并给定背压;展向侧壁为周期性对称边界条件;壁面为绝热、无滑移壁面。

首先开展基准流场的稳态计算,以残差降至 1×10^{-4} 以下为收敛标准并转入 LES 计算;计算时将马赫数为 2.0 的流场下流体微团流过凹腔的时间定义为物理时长,当稳态收敛结果转入 LES 计算时,先以 1×10^{-7} 的时间步长进行 20 倍的物理时长的计算,确保流场完全转入 LES 后大涡能够被准确可靠地解析出来;在此基础上选定需要进行时间平均的流场参数,对流场开展 10 倍物理时长的计算后,获得 LES 计算的基准时均流场。将上次 LES 计算的时刻作为添加等离子体激励热源项模型的初始时刻,并且为捕捉激励后流场的瞬时演化,我们使用自编写的 Journal 文件控制计算的时间步推进;同样地,为保证激励流场 LES 计算结果的可靠性,先进行 10 个激励周期的计算,结束后重新选定时均参数的时均范围,再计算 10 个激励周期,然后获得时均和瞬时激励流场;此外,为科学对比激励前后时均和瞬时流场的变化特征,在选定激励流场的时均参数并开展计算的同时,以同样的 Journal 时序控制程序进行基准流场的计算,然后再进行两者的对比分析。

2.3　数据处理方法

使用三种数据处理方法对高速纹影快照数据集进行分析,分别从流场脉动、频域和流场非定常结构的角度揭示激励前后的流场特性变化。

2.3.1　均方根和平均纹影强度分析

基于纹影快照,使用均方根(root mean square, RMS)纹影强度和平均纹影强度对不能通过原始瞬时纹影快照揭示的特征进行可视化。纹影强度代表气流中光折射率的变化,能够直接地反映流场中密度梯度的改变。在数学统计意义中,RMS 的大小代表数值的波动程度,那么在流场中就能反映流场不同结构的脉动水平。Combs 等[16]通过 RMS 纹影强度场(RMS schlieren intensity field, I_{RMS})揭示了垂直圆柱体前部区域由 SWBLI 导致的流场脉动。Sun 等[17]对 I_{RMS} 统计值的收敛性进行了分析,并通过 I_{RMS} 揭示了压缩拐角 SWBLI 在斜坡上产生的湍流峰值的位置。Sun 等[18]在研究跨声速 SWBLI 中发现垂直密度梯度的波动是 SWBLI 诱导的流场不稳定性的主导成分。Tang 等[19]使用 I_{RMS} 和平均纹影强度场(mean schlieren intensity field, I_{Mean})研究了 PSD 的不同激励频率对调控压缩拐角 SWBLI 的影响。本节通过对一定数量纹影快照序列的 RMS 计算,获得了等离子体激励前后流场无量纲 RMS 强度的变化,以此展示激励对于流场脉动的调控效果。$I(i,j)_{\text{Mean}}$ 和 $I(i,j)_{\text{RMS}}$ 的计算公式如下:

$$I(i,j)_{\text{Mean}} = \frac{1}{N}\sum_{n=1}^{N} I(i,j)_n \tag{2.12}$$

$$I(i,j)_{\text{RMS}} = \sqrt{\frac{1}{N}\sum_{n=1}^{N}\left[I(i,j)_n - I(i,j)_{\text{Mean}} \right]^2} \tag{2.13}$$

式中,(i,j) 为纹影快照沿流向和平板壁面法向的像素坐标;第 n 幅纹影快照中各个像素位置的灰度值组成 $I(i,j)_n$;N 为集合中图像总数。电源的放电频率与稳定放电时长存在矛盾,而且频率越高,电源严格按照设定频率放电的时长越短,同时观察发现在 20 kHz 放电频率下,在 $N=600$ 的快照集合内电源工作稳定。因此,为保证结果的一致性,在进行 I_{RMS} 计算和分析时统一选择 $N=600$。针对这一集合数量本节进行了收敛性分析,分析过程如下:

$$\varepsilon_{\text{RMS}}^n = \max(\mid I(i,j)_{n,\text{RMS}} - I(i,j)_{n-1,\text{RMS}} \mid),\ n=1,2,\cdots,N \tag{2.14}$$

2.3.2 频谱分析

流场可以从时域和频域两个方面去理解,前者是对流场的直观理解,后者是对不同频率的流动结构组成的流场的进一步认识。纹影快照序列从时域的角度反映了流场的瞬时结构特点及阵列式等离子体激励下的流场演化特征。获得流场的频率特征,需要对纹影图形进行快速傅里叶变换(fast Fourier transform, FFT),这个方法已被 Sun 等[18] 和 Tang 等[20] 验证。其基本原理是将连续纹影快照序列的某一像素点 (i,j) 的灰度值看作时域信号,并记为 $I(i,j)_n$,n 为快照序列。监测某一像素点灰度值 $I(i,j)_n$ 随时间的发展,并对其做 FFT 分析就能得到该像素点的频谱信息。对快照序列中每个像素点的 $I(i,j)_n$ 进行 FFT 后,就能得到超声速凹腔流场在指定频率下的流动结构。

2.3.3 本征正交分解分析

通过 FFT 分析可以获得流场中流动结构的频谱信息,频谱强度高的流动结构对流场的贡献度较高,而频谱强度低的且不具备明显结构特征的则对应流场中的随机湍流成分。本征正交分解(proper orthogonal decomposition, POD)作为一种主成分分析方法,根据对流场的贡献率将流场分解为不同的模态,可以滤去流场中的次要结构和噪声,获得主要流动结构。POD 分析方法已经被 Berry 等[21]、Feng 等[22]分别用于多矩形射流和等离子体流动控制机理分析研究中。基于纹影快照的本征正交分解(snapshot proper orthogonal decomposition, SPOD)的分析过程如下:将每张纹影快照的灰度值作为一个列向量 X,按时间序列 t_k 组成灰度值矩阵 G。式(2.15)给出了时间相关张量的计算过程:

$$T = G(X, t_k) G^{\mathrm{T}}(X, t_k) \tag{2.15}$$

对张量进行正交分解:

$$TC^{(n)} = \lambda^{(n)} C^{(n)}, \ n = 1, 2, \cdots, N \tag{2.16}$$

式中, N 为快照总数; $C^{(n)}$ 是由模态系数 c^n 组成的系数矩阵; $\lambda^{(n)}$ 是第 n 个特征值。将代表初始流场特征的灰度值矩阵 G 投影到相应的模态系数上就可以获得相互正交的各 POD 模态。

$$\phi^{(n)}(X) = \sum_{k=1}^{N} C^{(n)}(t_k) G(X, t_k), \ n = 1, 2, \cdots, N \tag{2.17}$$

特征值 $\lambda^{(n)}$ 代表了第 n 个模态对原始流场的贡献度,因此,第 k 个模态的能量贡献度 E_k 可由式(2.18)计算得到

$$E_k = \frac{\lambda^{(k)}}{\sum_{n=1}^{N} \lambda^{(n)}}, \ n = 1, 2, \cdots, N \tag{2.18}$$

将几个贡献度高的模态进行流场重构并与瞬时流场进行对比可以验证模态的主导地位。式(2.19)给出了利用 POD 模态重构流场的计算过程:

$$\hat{G}(X, t_k) = \sum_{n=1}^{N} C^{(n)}(t_k) \phi^{(n)}(X), \ n = 1, 2, \cdots, N \tag{2.19}$$

经过 SPOD 分解得到的模态具有如下特点:模态阶数越低,对流场的贡献率越高;贡献率高的模态代表了流场的主导结构;第一阶模态的贡献率最高(超过 98%),反映的是流场的稳态信息。因为我们关注的是流场的非定常特征,因此,这里将最高的第一阶模态定义为 Mode0,并将其剔除。剩下的模态就都反映了流场的非定常信息。

参考文献

[1] 赵玉新. 超声速混合层时空结构的实验研究[D]. 长沙:国防科学技术大学, 2008.

[2] 王登攀. 超声速壁面涡流发生器流场精细结构与动力学特性研究[D]. 长沙：国防科学技术大学，2012.

[3] 何刚. 三维后掠激波/湍流边界层干扰研究[D]. 长沙：国防科技大学，2018.

[4] 叶继飞，金燕，吴文堂，等. 纹影技术中光源的选择与设计方法[J]. 实验流体力学，2011，25(4)：94－98.

[5] Zhao Y X, Yi S H, Tian L F, et al. Supersonic flow imaging via nanoparticles[J]. Science in China Series E：Technological Sciences，2009，52(12)：3640－3648.

[6] Tang M X, Wu Y, Wang H Y, et al. Characterization of transverse plasma jet and its effects on ramp induced separation[J]. Experimental Thermal and Fluid Science，2018，99：584－594.

[7] Adams N A. Direct numerical simulation of turbulent compression ramp flow[J]. Theoretical and Computational Fluid Dynamics，1998，12(2)：109－129.

[8] 傅德薰，马延文，李新亮，等. 可压缩湍流直接数值模拟[M]. 北京：科学出版社，2010.

[9] 李新亮，傅德薰，马延文，等. 压缩折角激波-湍流边界层干扰直接数值模拟[J]. 中国科学：物理学力学天文学，2010，40(6)：791－799.

[10] Tong F L, Li X L, Duan Y H, et al. Direct numerical simulation of supersonic turbulent boundary layer subjected to a curved compression ramp[J]. Physics of Fluids，2017，29(12)：125101.

[11] Tong F L, Li X L, Yuan X X, et al. Incident shock wave and supersonic turbulent boundarylayer interactions near an expansion corner[J]. Computers and Fluids，2020，198：104385.

[12] Li X L, Fu D X, Ma Y W. Direct numerical simulation of hypersonic boundary layer transition over a blunt cone with a small angle of attack[J]. Physics of Fluids，2010，22(2)：025105.

[13] Pirozzoli S, Grasso F, Gatski T B. Direct numerical simulation and analysis of a spatially evolving supersonic turbulent boundary layer at $M = 2.25$[J]. Physics of Fluids，2004，16(3)：530－545.

[14] Zhao G Y, Li Y H, Liang H, et al. Phenomenological modeling of nanosecond pulsed surface dielectric barrier discharge plasma actuation for flow control[J]. Acta Physica Sinica，2015，64(1)：015101.

[15] 白海涛，赖焕新. 基于三种亚格子模型的空腔振荡流动计算[J]. 华东理工大学学报(自然科学版)，2016，42(1)：125－131.

[16] Combs C S, Schmisseur J D, Bathel B F, et al. Unsteady analysis of shock-wave/boundary-layer interaction experiments at Mach 4.2[J]. AIAA Journal，2019，57(11)：4715－4724.

[17] Sun Z Z, Gan T, Wu Y. Shock-wave/boundary-layer interactions at compression ramps studied by high-speed schlieren[J]. AIAA Journal，2019，58(4)：1681－1688.

[18] Sun Z Z, Miao X, Jagadeesh C. Experimental investigation of the transonic shock-wave/boundary-layer interaction over a shock-generation bump[J]. Physics of Fluids，2020，32(10)：106102.

[19] Tang M X, Wu Y, Guo S G, et al. Effect of the streamwise pulsed arc discharge array on shock wave/boundary layer interaction control[J]. Physics of Fluids，2020，32(7)：076104.

[20] Tang M X, Wu Y, Guo S G, et al. Compression ramp shock wave/boundary layer interaction

control with high-frequency streamwise pulsed spark discharge array[J]. Physics of Fluids, 2020, 32(12): 121704.

[21] Berry M G, Magstadt A S, Glauser M N. Application of POD on time-resolved schlieren in supersonic multi-stream rectangular jets[J]. Physics of Fluids, 2017, 29(2): 020706.

[22] Feng L M, Wang H Y, Chen Z, et al. Unsteadiness characterization of shock wave/turbulent boundary layer interaction controlled by high-frequency arc plasma energy deposition[J]. Physics of Fluids, 2021, 33(1): 015114.

第3章

等离子体冲击激励模型与特性

超声速等离子体流动控制对激励强度有很高的要求,长期以来,国际上主要采用的是准直流电弧放电等离子体激励,激励强度大,但也存在功耗大的突出问题。为此,本章提出高功率脉冲放电等离子体冲击激励方法,通过快速加热诱导冲击波,既能保证激励强度,又能降低平均功耗,并通过阵列式布局、高重复频率来提升超声速流动控制效果。表面电弧等离子体激励和等离子体合成射流激励是适用于超声速流动控制的典型等离子体冲击激励方法。本章从实验和模拟两个方面来论述表面电弧等离子体激励和等离子体合成射流激励的模型与特性。

3.1 等离子体冲击激励建模仿真

表面电弧等离子体冲击激励的本质是沿表面火花-电弧放电引发快速加热与流体响应的耦合过程,等离子体合成射流激励产生过程中的腔体加热也是由发生于两个针尖电极之间的火花-电弧放电主导的。通过电压电流与高速纹影测试,可以获得有限的冲击波与流场演化信息。火花-电弧等离子体激励数值模拟则可以根据输入电压和激励器结构参数来计算不同气压下的等离子体激励形态、能量沉积、冲击波强度等参数,为等离子体冲击激励机理分析和系统设计提供支撑。

3.1.1 火花-电弧等离子体激励模型与特性包线

等离子体冲击激励的典型构型包括表面放电和尖-尖放电两类,如图 3.1 所示。使用统一的数学方程对这两类放电进行建模和分析。

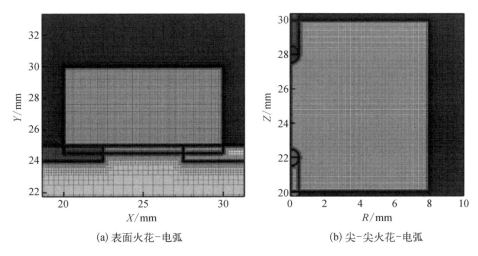

(a) 表面火花-电弧　　　　　　　　(b) 尖-尖火花-电弧

图 3.1　火花-电弧等离子体激励模型几何与网格 (基于 PASSKEy2 代码绘制)

1. 火花-电弧等离子体激励数值模型

采用并行等离子体多尺度模型软件 PASSKEy2 和等离子体反应动力学整体模型软件 ZDPlaskin,分别解析放电过程、流体动力学过程和火花-电弧放电中的细致反应机理。

PASSKEy2 通过求解电子、离子、主要激发态组分和电子能量的连续方程,获得火花-电弧时空演化过程:

$$\frac{\partial n_i}{\partial t} + \nabla \cdot \boldsymbol{\Gamma}_i = S_i + S_{\mathrm{ph}},\ i = 1,\ 2,\ \cdots,\ N_{\mathrm{total}} \tag{3.1}$$

$$\boldsymbol{\Gamma}_i = (q_i / \mid q_i \mid)\mu_i n_i \boldsymbol{E} - D_i \nabla n_i,\ i = 1,\ 2,\ \cdots,\ N_{\mathrm{ch}} \tag{3.2}$$

$$\frac{\partial}{\partial t}(n_e \varepsilon_m) + \nabla \cdot \boldsymbol{\Gamma}_\varepsilon = - \mid q_e \mid \cdot \boldsymbol{\Gamma}_e \cdot \boldsymbol{E} - P(\varepsilon_m) \tag{3.3}$$

$$\boldsymbol{\Gamma}_\varepsilon = -\mu_\varepsilon n_e \varepsilon_m \boldsymbol{E} - D_\varepsilon \nabla(n_e \varepsilon_m) \tag{3.4}$$

通过求解泊松方程获得等离子体电势和电场分布:

$$\nabla(\varepsilon_0 \varepsilon_r \nabla \Phi) = -\rho - \rho_c \delta_s \tag{3.5}$$

$$\boldsymbol{E} = -\nabla \Phi,\ \rho = \sum_{i=1}^{N_{\mathrm{ch}}} q_i n_i \tag{3.6}$$

$$\frac{\partial \rho_c}{\partial t} = \sum_{i=1}^{N_{ch}} q_i [-\nabla \cdot \boldsymbol{\Gamma}_i] \tag{3.7}$$

通过求解三个方程(亥姆霍兹方程)获得光电离特性:

$$S_{ph}(\boldsymbol{r}) = \sum_j S_{ph}^j(\boldsymbol{r}) \tag{3.8}$$

$$\nabla^2 S_{ph}^j(\boldsymbol{r}) - (\lambda_j p)^2 S_{ph}^j(\boldsymbol{r}) = -A_j p^2 \frac{p_q}{p + p_q} I(\boldsymbol{r}) \tag{3.9}$$

$$\frac{\Psi_0(\boldsymbol{r})}{p} = (p\boldsymbol{r}) \sum_j A_j e^{-\lambda_j p\boldsymbol{r}} \tag{3.10}$$

$$\frac{\Psi_0(\boldsymbol{r})}{p} = \frac{1}{4\pi} \frac{\omega}{\alpha_{eff}} \frac{\int_{\lambda_{min}}^{\lambda_{max}} \xi_\lambda (\mu_\lambda/p) \exp((-\mu_\lambda/p)p\boldsymbol{r}) I_\lambda^0 d\lambda}{\int_{\lambda_{min}}^{\lambda_{max}} I_\lambda^0 d\lambda} \tag{3.11}$$

在上述方程组中,n_i、q_i、$\boldsymbol{\Gamma}_i$、μ_i、D_i 分别表示组分 i 的数密度、电荷、通量、迁移率和扩散系数,反应源项 S_i 包括气相反应导致组分 i 的产生和损失,S_{ph} 是电子和正离子的光电离源项。电子输运系数 μ_e 和 D_e 及电子碰撞反应速率系数均可表示为约化电场或平均电子能量的函数,可通过 BOLSIG+ 计算得到;离子输运系数可查阅文献或使用 MOBION 软件包来设置。Φ 是电势,$\boldsymbol{E}$ 是电场,ε_0 与 ε_r 分别是真空中的介电常数和相对介电常数,ρ_c 是介质表面电荷,δ_s 是克罗内克 δ 函数(等离子体/介质交界面的 $\delta_s = 1$),N_{total} 与 N_{ch} 分别表示所有组分和带电组分的数目。

PASSKEy2 可耦合求解 N-S 方程:

$$\frac{\partial \boldsymbol{U}}{\partial t} + \frac{\partial (\boldsymbol{F} - \boldsymbol{F}_v)}{\partial x} + \frac{\partial (\boldsymbol{G} - \boldsymbol{G}_v)}{\partial y} = \boldsymbol{S} \tag{3.12}$$

式中,各个符号代表的意义如下:

$\boldsymbol{U} = [\rho, \rho u, \rho v, \rho E]^T$,代表流动变量;

$\boldsymbol{F} = [\rho u, \rho uu + p, \rho uv, (\rho E + p)u]^T$,$\boldsymbol{G} = [\rho v, \rho uv, \rho vv + p, (\rho E + p)v]^T$,分别代表 x、y 方向的对流(无黏)通量;

$\boldsymbol{F}_v = [0, \tau_{xx}, \tau_{xy}, k\frac{\partial T}{\partial x} + u\tau_{xx} + v\tau_{xy}]^T$,$\boldsymbol{G}_v = [0, \tau_{xy}, \tau_{yy}, k\frac{\partial T}{\partial x} + u\tau_{xy} + v\tau_{yy}]^T$,分别代表 x、y 方向的扩散(黏性)通量;

$S = [0, Q_{net}E_x, Q_{net}E_y, S_{heat}]^T$ 为作用在流动方程上的源项，质量守恒方程的源项为零，动量守恒方程的源项为由静电荷和电场产生的静电力，能量守恒方程的源项为由焦耳热或反应热所产生的体积热源。

气体放电通过改变气体加热、电场力和平均摩尔质量影响 N‑S 方程。

1）气体加热 Q_g

此处的气体加热仅指最终电场作用所产生的热源项，包括离子焦耳热、电子和重粒子的弹性碰撞热源，以及重粒子之间的非弹性碰撞热源。

离子焦耳热表达式为

$$Q_{IonJouleHeating} = \boldsymbol{j}_{ion} \cdot \boldsymbol{E} \tag{3.13}$$

$\boldsymbol{j}_{ion}$ 为离子电流密度，表达式为

$$\boldsymbol{j}_{ion} = \sum_{i=1}^{I_{ion}} [eZ_i(\mu_i n_i \boldsymbol{E} - D_i \nabla n_i)] \tag{3.14}$$

式中，e 是一个电子所带的电荷；Z_i 是离子的电荷数；μ_i 是离子的迁移率；n_i 是离子数密度；D_i 是离子的扩散系数，$i = 1, 2, \cdots, I_{ion}$ 代表所有离子组分。

电子和重粒子的弹性碰撞功率的表达式为

$$P_{elastic} = \sum_{i=1}^{I_{elastic}} \left[\frac{3m_e m_i}{(m_e + m_i)^2} n_e n_i k_{e-i} e(T_e - T_g) \right] \tag{3.15}$$

式中，m_e 与 m_i 分别为电子和重粒子的质量；n_e 与 n_i 分别为电子和重粒子的离子数密度；k_{e-i} 为电子和重粒子的弹性碰撞反应速率系数；e 为一个电子所带的电荷；T_e 与 T_g 分别为电子温度和气体温度；$i = 1, 2, \cdots, I_{elastic}$ 代表所有发生弹性碰撞的组分。电子和重粒子的弹性碰撞由电子动量向重粒子动量发生转移，故电子被减速，重粒子被加速，因此，$P_{elastic}$ 在电子能量守恒方程中为损失项，而在气体能量守恒方程中为增加项，该项在 BOLSIG+ 已被直接计算，在 PASSKEy2 中使用插值表的方式获得。

重粒子之间的反应（非弹性碰撞热源）造成的气体能量变化表达式为

$$P_{inelastic} = e \sum_{i=1}^{I_{gas}} \sum_h \Delta E_i^h r_i \tag{3.16}$$

PASSKEy2 将其归为和重粒子有关的放热/吸热反应的反应热之和。电子与重粒子的非弹性碰撞反应不在计算宏观气体能量变化的范围之内，因为电子碰撞反应的能量来源于电子焦耳热，并不会对宏观气体能量产生影响，在不同温度下总加热功率曲线几乎重合。宏观气体的温度上升来源于高能量的重粒子（处于激发

态或离子态)对基态粒子的能量传递,具体体现为反应中的热量释放。

2)电场力 $q_i n_i E$

由于 PASSKEy2 中的网格尺寸小于德拜长度,所以网格中的等离子体并不一定显电中性,此时需要考虑由网格中净电荷带来的电场力效应。

3)平均摩尔质量

由于电场作用,等离子体会产生对流、扩散及反应效应,进而造成组分密度的变化,此时组分的平均摩尔质量也随之改变,在每个时间步内,都会对每个网格中的平均摩尔质量进行更新,其表达式为

$$M_{avg} = \frac{\sum_i n_i \cdot M_i}{\sum_i n_i} \tag{3.17}$$

式中, n_i 为组分数密度; M_i 为组分的摩尔质量。

$$F_{Efield} = Charge_{net} \cdot E \tag{3.18}$$

式中, F_{Efield} 为电场力; $Charge_{net}$ 为净电荷; E 为电场。

在火花-电弧等离子体放电发生的很长的时间尺度上(约为毫秒),PASSKEy2 计算不仅代价较大,耗时极长,且采用简化动力学机理可能会丢失重要的信息。为了充分地捕捉火花-电弧等离子体放电过程中的具体化学过程,从而准确地掌握等离子体能量沉积特性,运用基于详细动力学机理的整体模型软件 ZDPlaskin,以 2D 模拟结果作为初始条件并开展建模。整体模型都建立在放电流注头部后是准中性等离子体这一假设之上,故输运效应较弱、化学反应接近均相状态。

动力学机理考虑如下中性、带电、激发态分子和原子: N_2, $N_2(v = 1 \sim 8)$, $N_2(A^3\Sigma_u^+)$, $N_2(B^3\Pi_g)$, $N_2(a'^1\Sigma_u^-)$, $N_2(C^3\Pi_u)$, N, $N(^2D)$, $N(^2P)$, N^+, N_2^+, N_3^+, N_4^+, O_2, $O_2(v = 1 \sim 4)$, $O_2(a^1\Delta_g)$, $O_2(b^1\Sigma_g^+)$, $O_2(A^3\Sigma_u^+)$, O, $O(^1D)$, $O(^1S)$, O_3, O^+, O_2^+, O_4^+, O^-, O_2^-, O_3^-, O_4^-, NO, NO^+, NO^-, $O_2^+N_2$, N_2O, NO_2, NO_3, N_2O_5, N_2O^+, NO_2^+, N_2O^-, NO_2^-, NO_3^-, e^-。 总之,包括 N_2 与 O_2 振动态在内的 55 种组分和约 700 个反应。

PASSKEy2 软件已针对经典表面放电、针板放电等基准模型开展了大量验证,详细验证情况可直接检索代码名称相关的文献或查阅代码网站(https://www.plasma-tech.net/parser/passkey/publications)。

2. 火花-电弧等离子体激励特征线

针对火花-电弧等离子体放电过程中的关键参数开展解析/半解析建模,推

导出火花-电弧等离子体激励特性包线公式,并通过数值模拟和实验测量确定部分参数取值,从而封闭解析模型。

1）等离子体体积 V

等离子体区域的直径 D:

$$D = k_1/p \tag{3.19}$$

式中,k_1 取决于电极结构和气体成分;p 为当地气压。气压和等离子体区域直径的关系式可以改写为关于中性组分浓度的关系式:

$$D = \frac{k_2}{n} = kT/p \tag{3.20}$$

式中,T 为气体温度。由此,可以得到放电区域的等离子体体积:

$$V = \frac{1}{4}\pi D^2 d = \frac{\pi k^2 T^2 d}{4p^2} \tag{3.21}$$

2）等离子体能量沉积 ε

定义单位长度沉积在电弧上的能量为 ε,单位为 J/m,ε 值可以用式(3.22)由实验测量得到的数据计算获得:

$$\varepsilon = \frac{\int U(t)I(t)\,\mathrm{d}t}{d} \tag{3.22}$$

式中,$U(t)$ 与 $I(t)$ 分别为测量得到的电压和电流时间演化数据;d 为火花-电弧等离子体通道的长度。

等离子体功率密度 W(单位为 $\mathrm{W/m^3}$)的大小决定了冲击效应是否会出现,其表达式可以写为

$$W = \frac{\varepsilon d}{VT_w} = \frac{4p^2\varepsilon}{\pi k^2 T^2 T_w} \sim f(p^2\varepsilon/(T^2 T_w)) \tag{3.23}$$

式中,T_w 是放电时间(即电压脉宽)。

3）比能量沉积 ω_{cr}

比能量沉积(specific energy deposition, SED)ω_{cr} 即能量密度,单位为 eV/mol。该值能够帮助判定放电是否处于化学平衡/非平衡状态。比沉积能量 ω 的计算公式为

$$\omega = \frac{\varepsilon d}{V} = \frac{4p^2\varepsilon}{\pi k^2 T^2}[\mathrm{J/m^3}] = \frac{4p\varepsilon k_B}{1.6\times 10^{-19}\pi k^2 T}[\mathrm{eV/mol}] \sim f(p\varepsilon) \tag{3.24}$$

比能量沉积公式是基于放电期间等离子体通道的气体没有发生膨胀这一假设推演的,该假设在放电持续时间 30 μs 以内是成立的。

等离子体功率密度 W 和比能量沉积 ω 是决定流动控制机理(冲击效应或加热效应)、放电状态(化学平衡/非平衡)的关键参数,为此,需要推导流动控制机理与等离子体放电平衡转捩的临界功率密度 W_{cr} 和临界比能量沉积 ω_{cr}。

首先考虑冲击效应。为了产生冲击波,必须在气体密度扰动发生的时间尺度以内,将足够的能量注入被电离的气体中。气体密度发生扰动的时间尺度可以用以下公式估算:

$$\left| \frac{1}{N} \frac{\partial N}{\partial t} \right| (\mathrm{s}^{-1}) \approx \frac{v}{l} + \frac{D}{l^2} \quad (3.25)$$

式中,v 为声速,$v = \sqrt{\gamma R T}$;l 为所研究区域的特征长度。等离子体冲击激励器的作用长度通常为 1~10 mm,取室温计算,可以得到气体密度扰动的时间尺度为 3~30 μs。

N-S 方程中的能量方程可以改写为

$$\frac{\partial (C_v k_B T)}{\partial t} = \boldsymbol{j} \boldsymbol{E} - \nabla \boldsymbol{v} (C_v k_B T) + \nabla \boldsymbol{\kappa} \nabla T \quad (3.26)$$

式中,κ 为热导率;$C_v = \dfrac{n k_B}{\gamma - 1}$,$\gamma = \dfrac{f + 2}{f}$($f = 3$)为自由度,$n$ 为气体的总物种数密度。于是 $C_v k_B T = \dfrac{3}{2} n k_B T$,式(3.26)可以估算为

$$\frac{\partial T}{\partial t} \approx \frac{1}{(3/2) n k_B} \left(\boldsymbol{j} \boldsymbol{E} - \frac{\kappa T}{l^2} \right) \sim \frac{P(\mathrm{W/cm}^3)}{p(\mathrm{Pa})} \quad (3.27)$$

式(3.27)说明,气体温升速度和气压成反比,例如,在高空低气压环境下,产生相同的温升速度需要的功率密度也会下降。产生冲击效应的最小功率可以写为

$$W_{cr} = k_s p \quad (3.28)$$

式中,k_s 为常数,具体数值需根据实验和数值模拟结果确定。根据式(3.23)和式(3.28),可将等离子体冲击激励效应条件 $W \geq W_{cr}$ 写为

$$\frac{\varepsilon}{T_w} \geq \frac{\pi k_s k^2}{4} \frac{T^2}{p} \quad (3.29)$$

由式(3.29)可知,为了实现等离子体冲击激励效应,需要确保能量沉积值(放电电压电流之积的积分)与电压脉宽之比大于特定值,且该值仅与气体静温和静压有关。

临界比能量沉积 ω_{cr} 决定了气体是否属于温度/化学平衡状态,由此可以帮助确定 CFD 计算中是否需要考虑真实气体效应(即气体可能会因为高度解离而发生热力学等特性上的重大变化)。氮气分子的键能为 9.79 eV/mol,氧气分子的键能为 5.16 eV/mol,假设空气中氮气/氧气完全解离换算出来的比能量沉积值为 8.86 eV/mol。实际上,伴随着气体解离,还会发生气体加热、分子电离等过程,实际临界比能量沉积值会更高。法国巴黎中央理工学院 Laux 团队通过尖-尖放电实验发现,将 2.5 mJ 能量注入 2 mm 长、半径为 100 μm 的等离子体区域,可以实现气体完全解离,对应的临界比能量沉积值为 10.15 eV/mol[1]。为此,通过实验和数值模拟结果,确定 ω_{cr} 取值。等离子体平衡的临界条件($\omega \geqslant \omega_{cr}$)可以改写为

$$\varepsilon \geqslant \frac{0.4 \times 10^{-19} \pi k^2}{k_B} \frac{T\omega_{cr}}{p} \tag{3.30}$$

由式(3.30)可知,火花-电弧等离子体达到热/化学平衡所需要的能量与气体密度成反比。这与习惯性认知相反,主要是低气压下等离子体体积增大导致所需达到平衡的区域变大。

将式(3.23)、式(3.24)、式(3.29)、式(3.30)结合,即可得到 T_w 与 ε 两个便于测量的变量,并将其作为横纵坐标,用来描述火花-电弧等离子体激励特性的特征线。根据式(3.23),可以得到

$$\lg W = 2\lg p + \lg \varepsilon - 2\lg k - 2\lg T - \lg T_w + 0.1 \tag{3.31}$$

根据式(3.29),可以得到第一条特征线——激波线:

$$\lg T_w \leqslant \lg \varepsilon + K_{shock} \tag{3.32}$$

$$\begin{aligned} K_{shock} &= \lg p - 2\lg k - 2\lg T - \lg k_s + 0.1 \\ &= \lg p - 2\lg T + const_0 \end{aligned} \tag{3.33}$$

根据式(3.30),可以得到第二条特征线——平衡线:

$$\begin{aligned} \lg \varepsilon &\geqslant 3.95 - \lg p + \lg T + 2\lg k + \lg \omega_{cr} \\ &= -\lg p + \lg T + const_1 \end{aligned} \tag{3.34}$$

式(3.31)~式(3.34)中,$const_0$、$const_1$、k、k_s和ω_{cr}等常数取决于放电形式(表面火花-电弧或尖-尖火花-电弧)、气体成分(本书仅讨论空气),需要通过详细的数值模拟并配合实验来确定。在3.1.2节,我们将为火花-电弧等离子体激励特性包线确定以上常数的取值,并绘制出火花-电弧等离子体激励特性包线。

3.1.2 等离子体冲击激励特性及其缩比规律

1. 放电形态与气压的关系

本节利用PASSKEy2计算了3~100 kPa、气温为300 K条件下的等离子体激励形态,从而获得等离子体弧柱的直径,用于确定3.1.1节中的k值。

图3.2、图3.3为12 kPa条件下,在6 kV激励电压驱动下的火花-电弧等离子体激励等离子体密度演化数值计算结果。表面火花-电弧和尖-尖火花-电弧放电均呈现了从流注发展到合并、阴极鞘层形成的过程。表面火花-电弧的直径(1.5 mm)稍低于尖-尖火花-电弧直径(2.4 mm)。

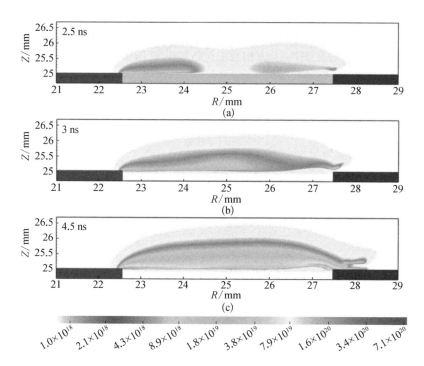

图3.2 表面火花-电弧等离子体激励击穿过程与弧柱形态

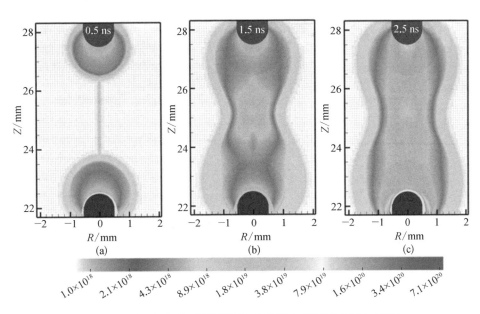

图 3.3 尖-尖火花-电弧等离子体激励击穿过程与弧柱形态

由于火花-电弧等离子体区域的直径随着位置变化而变化,统一选取放电通道正中央处的直径进行统计。在 3~100 kPa 参数范围内计算等离子体直径,计算结果如图 3.4、图 3.5 所示。在大气压条件下,将电子密度大于 $10^{18}\,\mathrm{m}^{-3}$ 的区域用灰度图绘制出来后,即可确定火花-电弧等离子体激励的区域直径并绘制出

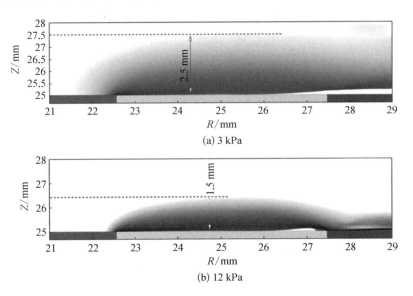

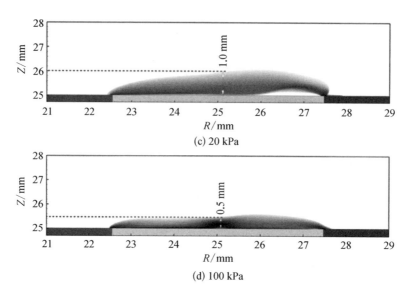

(c) 20 kPa

(d) 100 kPa

图 3.4　表面火花-电弧等离子体激励弧柱形态

来。对于其他气压,通过调节临界电子密度大小来确保电离度在各个气压下保持一致。

随着气压的增加,放电区域将从弥散辉光形态转为收缩的弧柱形态,鞘层区域也将逐渐缩小。将计算结果和实验结果同时绘制于图 3.6 中,并通过拟合 kT/p 曲线,获得 k 值。经过计算发现,无论施加电压大小,通道直径随着气压的增长而下降,在表面放电条件下,$k = 0.084$;在尖-尖放电条件下,$k = 0.117$。在一些特殊的电压波形(如超短纳秒脉冲)激励下,即使在大气压下,放电在传播阶段也可能会呈现扩散形态。但是在电极导通后,放电通道依然会收缩,并服从图 3.6 中呈现的规律。

2. 流体响应与气压的关系

在确定了不同气压下的激励区域直径后,就能够在流体动力学模型中确定加热区域大小。图 3.7 展示了在 20 kPa 气压、40 mJ 能量注入条件下,计算流体响应与纹影实验结果对照图,实验和计算结果均呈现出典型的激波结构。

气流中的任何微小扰动都可以造成一道以声速传播的扰动波,但是这种微弱的扰动波不会对主流流动造成影响。本书将具有"冲击效应"的扰动波定义为初始 10 μs 内传播速度超过声速的激波。本节通过参数化扫描注入能量和放电时间值,计算了能够实现冲击效应的 T_w 和 ε 参数组合,并以散点图形式绘制于图 3.8。

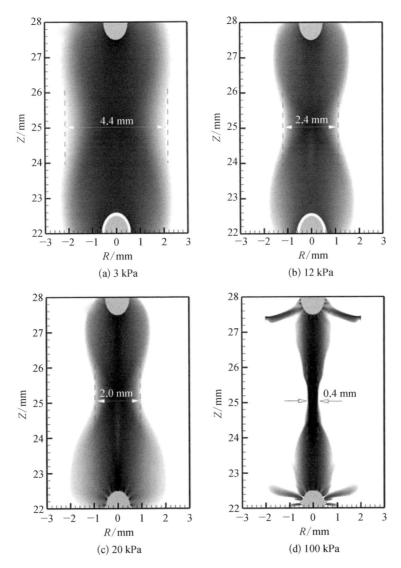

图 3.5 尖-尖火花-电弧等离子体激励弧柱形态

图 3.8 展示了等离子体功率密度与 T_w 和 ε 之间的函数关系。图 3.8 中绿色圆点标注了经计算发生冲击效应的 T_w 和 ε 组合,红色圆点为无冲击效应 T_w 和 ε 组合。红色实线、虚线均根据式(3.32)和式(3.33)绘制。可以发现,在空气表面火花-电弧激励对应 $\text{const}_0 = -2.35$,尖-尖火花-电弧激励对应 $\text{const}_0 = -2.64$ 的情况下,式(3.32)能够准确地捕捉冲击效应和纯热效应的边界。在确定 const_0 值的情况下,也能够根据式(3.33)得到式(3.28)中的 k_s 值,在空气表面火花-电弧等

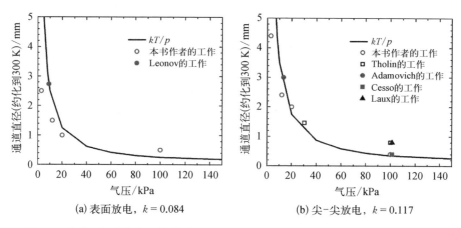

(a) 表面放电, $k = 0.084$ (b) 尖-尖放电, $k = 0.117$

图 3.6   火花-电弧等离子体激励通道直径与气压的关系(模拟结果与实验对比)

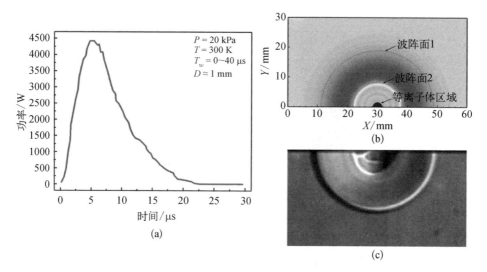

图 3.7   在典型功率输入及 20 kPa 气压下,实验拍摄的冲击波形态与计算等离子体形态对比

离子体激励条件下, $k_s = 39\,810.7$。数值计算还发现了解析推演未发现的新边界:在 $0.05\,\text{atm}$($1\,\text{atm} = 1.013\,25\times10^{5}$)条件下,存在一个能量沉积阈值($2.8\times10^{-3}\,\text{J/m}$),根据式(3.24)该能量阈值对应的比能量沉积 $\omega_{\text{crmin}} = 6.5\times10^{-4}\,\text{eV/mol}$ 。

3. 临界比能量沉积与火花电弧等离子体激励特性包线

本节使用等离子体反应动力学整体模型来计算当弧柱达到全电离时的临界比能量沉积 ω_{cr} 值。在不同气压下,等离子体区域主要组分浓度和比能量沉积的时间演化规律绘制于图 3.9 中。通过施加初始约化电场($500\,\text{Td}$, Td 为约化电场

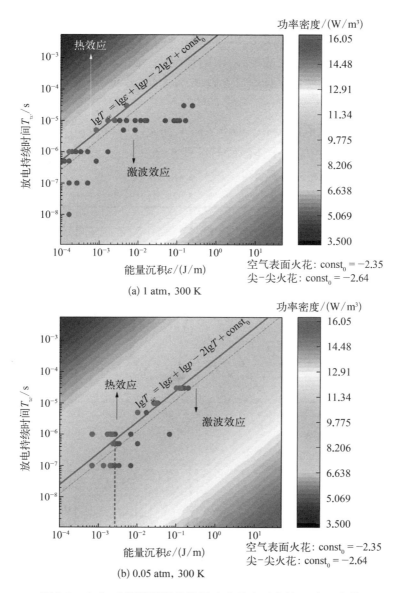

图 3.8　火花-电弧等离子体激励冲击效应对应的 T_w 和 ε 条件

常用单位，全称为 Townsend。1 Td = 10^{-17} V·cm^2），N_2 和 O_2 分子将在 0.2～2 ns 内快速解离，在所有的气压下，均观察到电子密度和比能量沉积的快速上升。

由于在该整体模型中，未考虑气体加热，因此，也没有考虑热效应导致的组分解离，在极高电离度下，模型准确率将大大下降。为此，保守起见，取 10%气体被电离时刻作为等离子体非平衡-平衡转捩时刻。在图 3.9 中可见,在所有的气压下,当电离度达到 10% 时的比能量沉积均为 (10 ± 1) eV/mol。由此得到临界比能量沉积值 $\omega_{cr} \approx 10$ eV/mol。在确定 ω_{cr} 值的情况下,可以得到式(3.34)中的 $const_1$ 值,在表面火花-电弧等离子体激励条件下为 2.80,在尖-尖火花-电弧等离子体激励条件下为 3.08。

在确定所有常数值($const_0$、$const_1$、k、k_s 和 ω_{cr})后,我们可以将各个气压-温度条件下的火花-电弧等离子体激励特征线绘制在一起,形成火花-电弧等离子体激励特性包线,如图 3.10 所示。

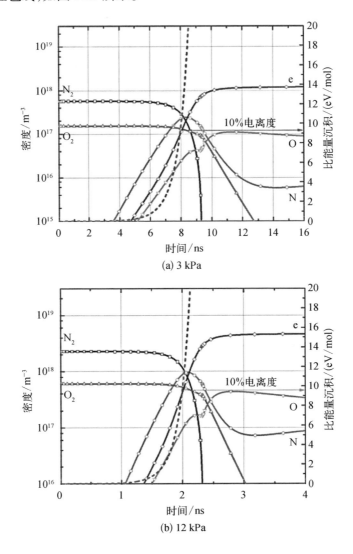

(a) 3 kPa

(b) 12 kPa

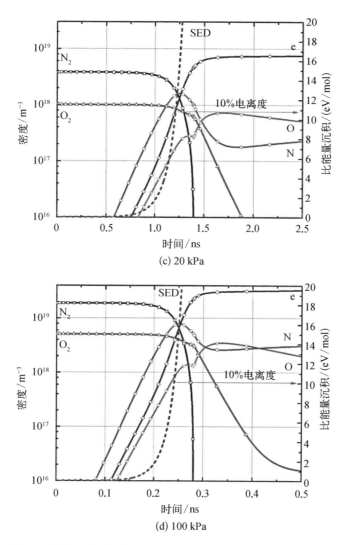

图 3.9 等离子体激励区域 N_2、O_2、N、O、电子和比能量沉积在不同气压条件下的演化规律

激波线(由实线和虚线尾端组成)是火花-电弧等离子体激励源产生激波效应和单纯热效应的边界。为了实现"冲击效应",需要确保等离子体激励源尽可能地处于激波线下方。随着飞行器高度增加、气压降低,激波线将会向下、向右侧移动,为此需要提升激励注入能量并减小电压脉宽。需要注意的是,激波线的虚线部分完全由数值模拟获得,尚未得到相应区域的实验数据验

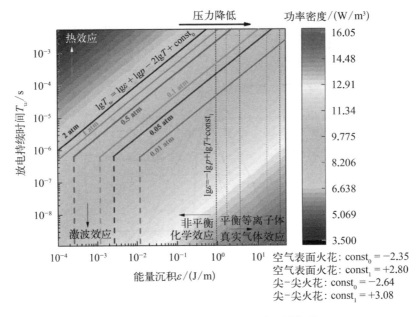

图 3.10　火花-电弧等离子体激励特性包线图

证或理论支撑,为此以 ω_{crmin} 对应的能量沉积值作为激波效应的最低能量沉积阈值。

平衡线(由细虚线垂直线组成)划分了不同气压条件下,化学平衡与非平衡等离子体的边界。该边界线可用于确定是否需要考虑真实气体效应。气压的增加会导致平衡线左移,而温度的增加会导致平衡线右移。

3.2　表面电弧等离子体激励特性实验

3.2.1　静止条件下的激励特性

1. 单个激励器

首先通过高速摄像和高速纹影研究了脉冲电弧放电等离子体激励的演化过程,如图 3.11 所示。图 3.11(a)是利用高速相机捕捉到的放电过程中电弧形态演化过程,当空气介质被极间高压击穿时,电极间会产生明亮的等离子体弧柱。

当 $t = 12.5\ \mu\mathrm{s}$ 时,在激励器电极间可以观察到清晰的电弧形态,但随后该形

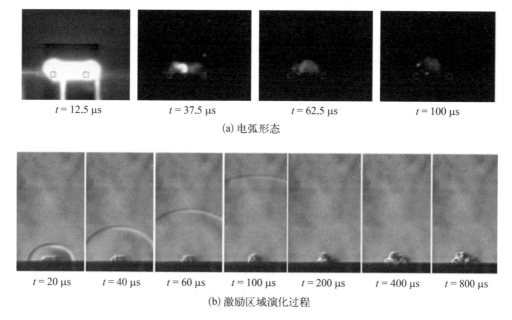

$t = 12.5\ \mu s$　　　　$t = 37.5\ \mu s$　　　　$t = 62.5\ \mu s$　　　　$t = 100\ \mu s$

(a) 电弧形态

$t = 20\ \mu s$　$t = 40\ \mu s$　$t = 60\ \mu s$　$t = 100\ \mu s$　$t = 200\ \mu s$　$t = 400\ \mu s$　$t = 800\ \mu s$

(b) 激励区域演化过程

图 3.11　单脉冲电弧放电过程

态迅速湮灭。当 $t = 100\ \mu s$ 时,放电过程基本完成,极间电弧消失。相比微秒量级的放电过程,激励区域流场特性的演化周期相对较长。电弧放电在短时间内释放了大量的热量,产生了两种特征结构:前驱冲击波和局部高温区。前驱冲击波是由局部温度突升、气体受热膨胀所产生的,速度较快,主要对流场产生冲击效应;局部高温区是由电弧加热当地空气产生的,携带大量的热量,持续时间较长,随着时间的演化向四周扩散,扰动面积大,主要对流场施加热效应。

图 3.12 为通过电压电流探针记录的电弧激励器在阵列式布局下的放电特性,图 3.12(a)反映了单次放电过程中,电压和电流随时间的演化规律,可以看到放电的峰值电压为 14 000 V,峰值电流为 70 A,放电的时间尺度大约为 0.3 μs。图 3.12(b)为通过电压和电流值计算出的放电功率 P 的波形图,沿时间 t 积分可以得到单次的放电能量(30 mJ)。

脉冲电弧放电的优势在于频率可控,可以实现高频激励,这对于超声速流动控制具有重要意义。图 3.13 给出了三种高频激励($f = 5$ kHz、10 kHz、20 kHz)的电弧放电纹影显示,每帧时间间隔为 100 μs。$t = 20\ \mu s$ 为脉冲电弧放电的第一个周期,上面所述的两种特征结构都被清晰地捕捉,前驱冲击波位于同一水平

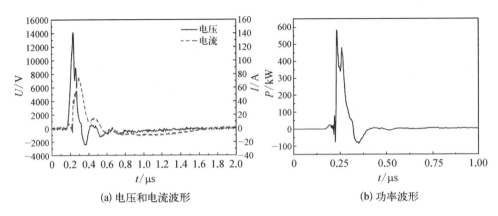

(a) 电压和电流波形   (b) 功率波形

图 3.12 单脉冲电弧放电过程

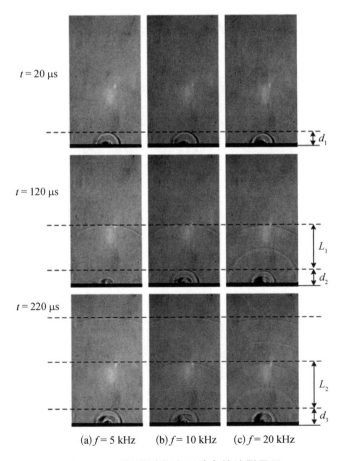

(a) $f = 5$ kHz   (b) $f = 10$ kHz   (c) $f = 20$ kHz

图 3.13 不同激励频率下放电的纹影显示

线上。当 $t = 120\ \mu s$ 时，$f = 10\ kHz$ 的高频激励开始第二次放电，$f = 20\ kHz$ 的高频激励开始第三次放电，第一次放电所产生的前驱冲击波仍在同一水平线上，说明在不同激励频率下，前驱冲击波向上传播的速度不变。当 $t = 220\ \mu s$ 时，单次激励所产生的前驱冲击波强度仍然相同。这说明激励频率的改变并不影响单次脉冲的冲击强度，在相同时间内，激励频率越高，流场得到的冲击次数越多，累积的作用效果越明显。

2. 阵列式激励器

为了强化脉冲电弧等离子体激励器对于流场的作用效果，本节提出阵列式激励器布局，以满足大面积流动控制的需要。

如图 3.14 所示，当激励频率为 10 kHz 时，五组激励器电极同时击穿所产生的前驱冲击波，形成前驱冲击波列，以相同的扩散速度向上传播，前驱冲击波相互干扰，形成复杂的波系。当 $t = 120\ \mu s$ 时，第一个放电周期内所产生的前驱冲

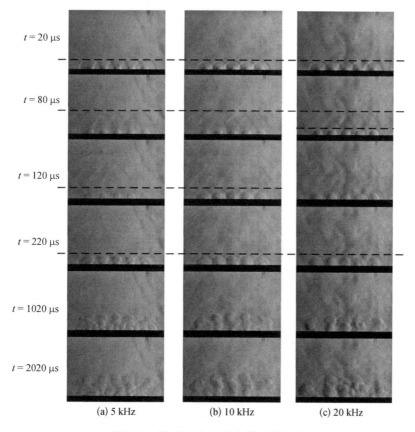

图 3.14　阵列式布局放电的纹影显示

击波在头部形成波阵面,相比单组激励器,冲击面积变大,但强度较弱。在局部高温区方面,阵列式布局中单个激励器的加热强度被削弱,但总体加热面积显著地增大。随着放电时间的延伸,局部高温区逐渐扩散,扰动面积变大。

本节进一步通过高速相机的拍摄帧频和前驱冲击波在不同瞬时截面的位置,可以计算出静止放电时不同时刻前驱冲击波的头部传播速度,如图 3.15 所示。当 $t = 20\ \mu s$,放电刚开始时,前驱冲击波的冲击速度可以达到 530 m/s,冲击效应最强。但随后前驱冲击波性能迅速下降,当 $t = 40\ \mu s$ 时,头部速度仅有 400 m/s,相比于 20 μs 前下降了 24.5%,是下降幅度最大的时间段,前驱冲击波的冲击强度也在这段时间内被极大地消耗。在 $t = 40\ \mu s$ 后,前驱冲击波的头部速度基本随着时间平稳下降,直至耗散。而在 $t = 20\ \mu s$ 前,前驱冲击波冲击效应更强,在放电的一瞬间会给边界层带来更大的扰动,促使边界层改性。但高强度的冲击效应有效时间很短,前驱冲击波的速度在短时间内会被迅速地耗散。

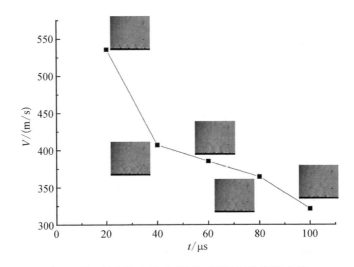

图 3.15 前驱冲击波头部速度随时间的变化曲线

3.2.2 超声速来流条件下激励特性

1. 单个激励器

为了进一步加深对于高频电弧放电激励特性的认识,本节进行超声速来流条件(马赫数为 2.0)下的流场特性演化研究。

图 3.16 分别给出了 $f = 5\ kHz$ 及 $f = 10\ kHz$ 激励频率下,单组激励器在三个

不同周期、相同相位的流场特性图。在以往的低频实验当中，脉冲间隔时间较长，第一次脉冲电弧随气流向下游演化直至耗散时，第二次放电还未触发。不论是冲击效应还是热效应，都出现很大的间断。高频激励则克服了这个缺陷，放电时间间隔为微秒量级，在 $f = 5$ kHz 情况下，在瞬时流场中可以同时捕捉到三次较强的前驱冲击波，前驱冲击波间衔接紧密，基本可以实现持续的冲击效应。在 $f = 10$ kHz 处的作用效果更加明显，瞬时截面可以同时捕捉到五次前驱冲击波，彼此之间相互衔接，已经形成了一道类似于弱压缩波的波阵面。同时注意到边界层的变化，可以明显地发现层流边界层在经过放电区域后开始转捩，湍流化现象明显。脉冲放电的高频冲击效应可以在一定程度上促进转捩发生，且频率越高，效果越好。

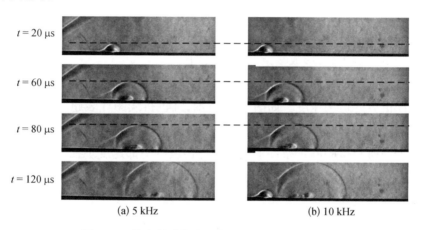

图 3.16　单个激励器来流条件下的流场特性演化

2. 阵列式激励器

本节进一步开展了阵列式激励器在超声速来流条件（马赫数为 2.0）下的激励特性研究。图 3.17 给出了第一个周期内的放电形态演化过程（20 ~ 200 μs）。在超声速来流的作用下，由电弧放电所形成的特征流场结构沿流向发展，当 $t = 20$ μs 时，特征结构之间彼此间距相等，互不干扰。但是前驱冲击波在随流场向下游传播的同时，也借由自身的冲击效应向四周扩散。导致当 $t = 60$ μs 时，前一个前驱冲击波的尾部和后一个前驱冲击波的头部相连，形成了一个整体的前驱冲击波列。随着向下游的传播，前驱冲击波列彼此接触的部分不断加大，相互整合。当 $t = 120$ μs 时，基本融为一体，形成一道与平板平行的前驱冲击波面。紧接着，第二次脉冲放电、第三次脉冲放电开始，与上面单组激励器演化规律相似，五组激励器会形成类似于弱斜激波的五道波阵面，当 $t = 200$ μs 时，五道波阵面

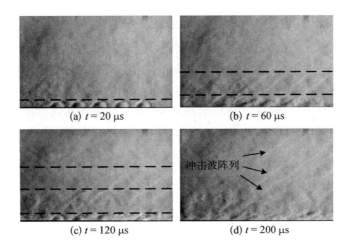

(a) $t = 20\ \mu s$ (b) $t = 60\ \mu s$

(c) $t = 120\ \mu s$ (d) $t = 200\ \mu s$

图 3.17　阵列式激励器来流条件下的流场特性演化

与前驱冲击波面相交,形成复杂的波系结构。

　　通过第三路脉冲的前驱冲击波传播情况,计算出在超声速来流作用下,阵列式前驱冲击波的运动速度。如图 3.18 所示,红色折线图代表超声速来流条件下前驱冲击波头部的速度随时间的变化过程,蓝色则代表其法向速度分量。黑色折线为上面所获得的静止条件下的前驱冲击波的头部速度。在超声速流场的影响下,前驱冲击波的头部传播速度总体上呈现出上升的趋势,当 $t = 20\ \mu s$ 时,可达到约 $650\ \text{m/s}$,相比于静止条件下的冲击速度增大了 23%。但沿法向的速度低于静止条件,法向冲击效应大幅度地减弱,下降了 34%,仅有 $350\ \text{m/s}$。可见在超

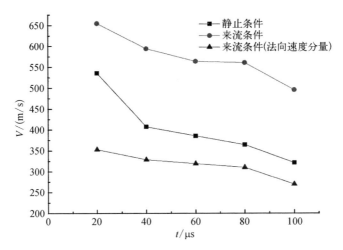

图 3.18　前驱冲击波头部速度随时间的变化曲线

声速流场的影响下,前驱冲击波向四周的传播速度会产生差异,沿流向加速,沿逆流向减速,导致前驱冲击波出现前端大、后端小的现象。

3.2.3　阵列式放电对边界层的影响

本节进一步重点关注了脉冲电弧式放电对边界层状态的影响,高频纳秒量级的放电过程会产生速度较高的前驱冲击波,给边界层施加连续不断的扰动。在持续的冲击作用下,边界层会和激励诱导的冲击波结构相互影响。

图 3.19 分别给出了 $f = 20$ kHz 时单路激励和阵列式激励下的边界层状态变化。在施加高频激励后,在放电区域下游边界层出现明显的湍流化现象,说明脉冲放电可以诱导边界层发生转捩。且通过对比发现,阵列式多点扰动相比于单组激励器的单点扰动,湍流化区域更大。这也表明阵列式布局下,诱发边界层转捩的位置比单组激励器更加靠前,高频阵列式电弧放电在促使边界层转捩上拥有很大的潜力。

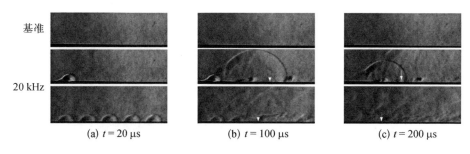

(a) $t = 20$ μs	(b) $t = 100$ μs	(c) $t = 200$ μs

图 3.19　脉冲电弧放电对边界层状态的影响

图 3.20 对比了阵列式脉冲放电在不同激励频率下对边界层转捩的影响程度。在两种放电频率下,都可以观察到边界层出现明显的湍流化现象。但高频激励($f = 20$ kHz)的湍流化区域更大,边界层开始转捩的位置更靠前。相比于 $f = 10$ kHz 时的边界层,$f = 20$ kHz 激励频率下的边界层随主流向下游发展得更厚,其湍流涡结构基本可见,边界层厚度已经达到 4 mm。所以总体而言,高频的脉冲放电在一定程度上拥有促进

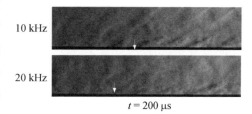

$t = 200$ μs

图 3.20　不同激励频率下的边界层状态

边界层转捩的能力。激励频率越高,单位时间的扰动次数越多,边界层越容易失稳。而且基于扩大激励作用区域而提出的阵列式布局形式,以牺牲单点高强度扰动换来了多点同时刻扰动,在诱发边界层转捩上拥有更大的优势。

3.2.4　等离子体冲击激励与流场作用 RMS 与 POD 分析

图 3.21 为单路激励和五路激励前后的灰度平均与 RMS 结果对比分析情况。基准的灰度平均结果很难观测到明显的扰动结构,而基准的 RMS 结果可以观测到边界层沿流向脉动逐渐增强。而引入等离子体冲击激励扰动后,边界层脉动水平明显增强,并且产生了明显的冲击波空间结构,特别是五路阵列式激励使得边界层脉动水平显著增强。

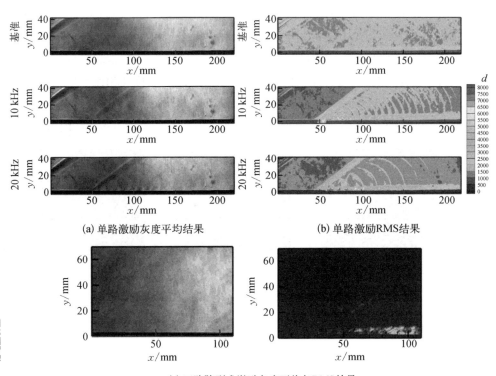

(c) 五路阵列式激励灰度平均与RMS结果

图 3.21　灰度平均与 RMS 结果对比分析情况

d 表示无量纲的强度或幅度

图 3.22 展示的是单路激励和五路激励前后的本征正交分解(proper orthogonal decomposition,POD)结果对比分析情况。POD 根据对流场贡献率将流场分解为不同的模态,可以滤去流场中的次要结构和噪声,获得主要流动结构。通过对比发现,激励引入后可以明显地观察到空间特征冲击波结构和边界层扰动特征结构,说明表面电弧等离子体冲击激励给流场注入了足够的扰动。

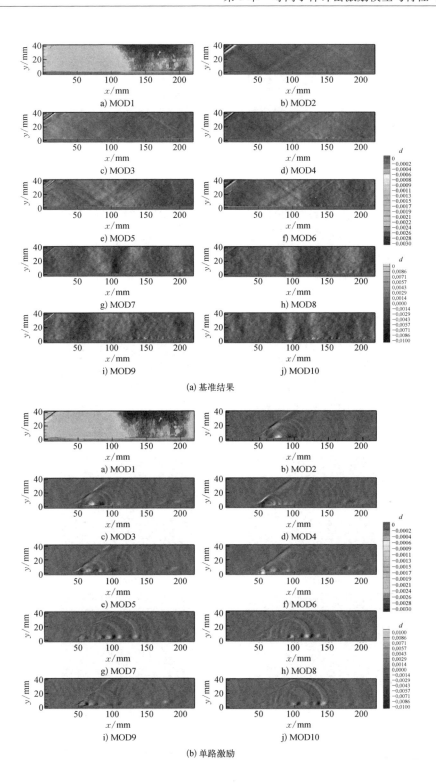

a) MOD1　　b) MOD2

c) MOD3　　d) MOD4

e) MOD5　　f) MOD6

g) MOD7　　h) MOD8

i) MOD9　　j) MOD10

(a) 基准结果

a) MOD1　　b) MOD2

c) MOD3　　d) MOD4

e) MOD5　　f) MOD6

g) MOD7　　h) MOD8

i) MOD9　　j) MOD10

(b) 单路激励

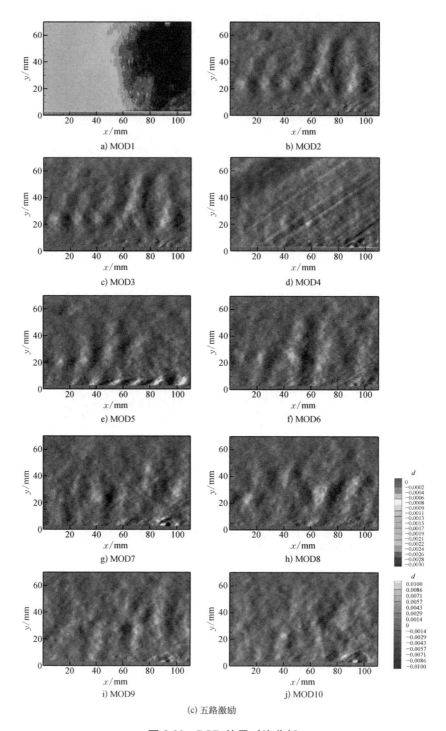

a) MOD1

b) MOD2

c) MOD3

d) MOD4

e) MOD5

f) MOD6

g) MOD7

h) MOD8

i) MOD9

j) MOD10

(c) 五路激励

图 3.22　POD 结果对比分析

3.3　等离子体合成射流激励特性实验

等离子体合成射流激励器既能产生明显的冲击波,对流动产生冲击效应,又能产生脉冲高速射流,具有发挥类似射流型涡流发生器作用的能力,同时射流温度较高,也能通过局部加热发挥作用,被认为是一种极具潜力的高速主动流动控制激励器。首先利用纹影测试量化激励器性能,研究电路主要参数对激励器性能的影响。然后根据磁流体理论,建立流体与放电相结合的仿真模型。基于该模型,细化研究电能转化过程,分析能量损失的主要途径。

3.3.1　实验研究方法

三电极结构等离子体合成射流激励器如图 3.23 所示。激励器深 10 mm,腔体直径为 8 mm,腔体体积为 503 mm³。出口喉道长 1 mm,出口直径为 1 mm。激励器驱动电路示意图如 3.24 所示。直流供电系统由可调高压直流电源提供,电压在 0~10 kV 连续可调,可输出正负极性电压,限流电阻为 1 MΩ。高压脉冲电源选用自制的纳秒脉冲电源。与放电电容储存能量相比,可以忽略纳秒脉冲电源单次输出能量。根据不同实验目的,图 3.24 中的可更换元件可以连接电阻、电感、磁开关、二极管等元件,用于研究回路参数对激励器性能的影响。

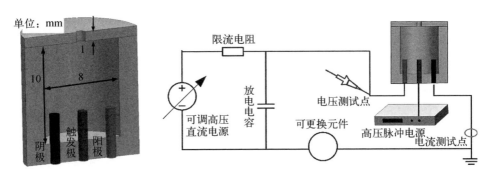

图 3.23　三电极结构等离子体
　　　　　合成射流激励器

图 3.24　激励器驱动电路示意图

1. 放电特性分析方法

高压脉冲输出高压,触发电容放电。图 3.25 为触发放电后,高压探头与电流探针测得的典型电流和电压波形。由图 3.25 可知,放电开始时,电压呈余弦式振荡衰减趋势，最终在 40 μs 时减小到 0。电流则呈正弦式振荡衰减趋势。这一变化特性与电学中常见的欠阻尼 *RLC* 电路波形一致。

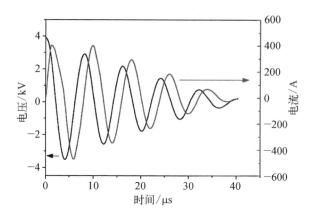

图 3.25　激励器工作时典型的电流电压波形

根据电学理论可知，放电过程中总的释放能量为电容储存能量，可根据 $Q = 0.5CU^2$ 进行计算，式中，C 为放电电容的电容值，U 为放电前电容两端的初始电压。而实际激励器所消耗的电能则可按式（3.35）进行计算。式中，U 指激励器两端测得的电压，I 为通过的电流。

$$Q_d = \int_0^T UI\mathrm{d}t \tag{3.35}$$

根据总的电容能量和激励器消耗的电能，可以根据式（3.36）计算得到放电效率：

$$\eta_d = Q_d/Q \tag{3.36}$$

由于放电过程为典型的欠阻尼 *RLC* 电路，因此，当假设等离子体通道电阻为定值时，放电回路中电流可表示为如下的解析式[2]。式中，参数 U_0 为电容两端的起始电压，C 为电容值，L 为回路电感，R 为总的电阻。U_0 可通过实验直接得到，C 为已知参数。L、R 则属于未知参数。

$$I(t) = U_0 \frac{\omega_0^2 C}{\omega_d} \mathrm{e}^{-\alpha t} \sin(\omega_d t) \tag{3.37}$$

$$\alpha = \frac{R}{2L}, \ \omega_0 = \sqrt{\frac{1}{LC}}, \ \omega_d = \sqrt{\omega_0^2 - \alpha^2}$$

由式(3.37)可知,电流波形的振荡频率由 ω_d 决定,其可以变化为如下形式:

$$\omega_d = \sqrt{\omega_0^2 - \alpha^2} = \sqrt{\frac{1}{LC} - \left(\frac{R}{2L}\right)^2} = \sqrt{\frac{4L - R^2C}{4L^2C}} \tag{3.38}$$

当电容、电感、电阻满足式(3.39)时,振荡频率可简化为式(3.40)。此时基于测试的电流和电压波形,利用频谱分析很容易得到波形的主频 f。而该主频与 ω_d 之间存在关系: $\omega_d = 2\pi f$。因此,利用主频 f 可以计算得到回路电感 L。当得到电感 L 后,依据式(3.37),利用数据回归分析方法得到总的电路电阻。总电阻减去测试导线与电容的等效电阻,则可以得到时均的等离子体通道电阻。

$$4L > > R^2C \tag{3.39}$$

$$\omega_d \approx \omega_0 = \frac{1}{LC} \tag{3.40}$$

当得到等离子体区域电阻后,在理想情况下整个放电回路只有电阻消耗能量,因此,放电效率也可以根据式(3.41)计算得到。

$$\eta_d = R_d / R \tag{3.41}$$

2. 射流的纹影检测方法

通过高速纹影系统可以有效地捕捉激励器产生的射流形态。通过纹影图像可以识别出射流流场的主要结构,定性直观地显示射流强度。当高压脉冲电源输出脉冲高压触发电容放电时,激励器腔内气体温度、压力增加,进而形成合成射流。在一个大气压条件下,放电结束 77 μs 后,射流流场典型结构如图 3.26 所示。该图中放电电容为 0.3 μF,初始放电电压为 3.5 kV,放电能量为 1.84 J。等离子体合成射流激励器与常规合成射流不同,在产生射流的同时,还能产生激波。图 3.26 中激波系最前面激波为放电迅速加热空气产生的第一道激波,很明显其对比度最强,侧面说明了其强度最强,一般称为前驱激波。而尾随前驱激波之后的多道激波为激波在腔内反射形成的,因此,能量存在损失,强度减弱。射流主体速度小于激波传播速度,一般位于激波后,形状类似于"蘑菇"。射流主体

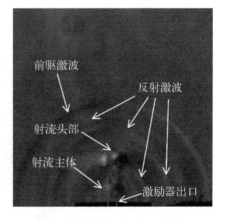

图 3.26　射流流场典型结构

最前端称为"射流头部",通过统计不同时刻位置可以估算射流的速度。由射流流场结构可知,等离子体合成射流可以产生射流,通过给边界层注入能量,吹除低能流体,产生类似"壁面射流"的控制效果,又可以产生激波,通过激波引起的压力扰动对激波/边界层干扰产生扰动,改变原有振动频率。激励器自身产生的流动结构是其产生控制作用的基础,是后续分析激励器作用机理的源头。

图 3.27 为射流流场在一个周期内的演化过程,由于纹影只能表征流场的密度梯度,因此,无法捕获激励器的吸气恢复阶段。放电 27 μs 后,激励器出口端已经可以分辨出明显的前驱激波,射流形态虽然比较模糊,但仍能辨别出涡环结构。并且,前驱激波与射流涡环结构已经有一定的距离差,说明激励器产生激波结构的速度快于射流结构。同时,纹影图像清晰地表明等离子体合成射流激励器具有快速响应能力。47 μs 时,前驱激波继续往前移动,同时激波后出现多道反射激波。反射激波的对比度明显地小于前驱激波,说明其强度较弱。在涡环

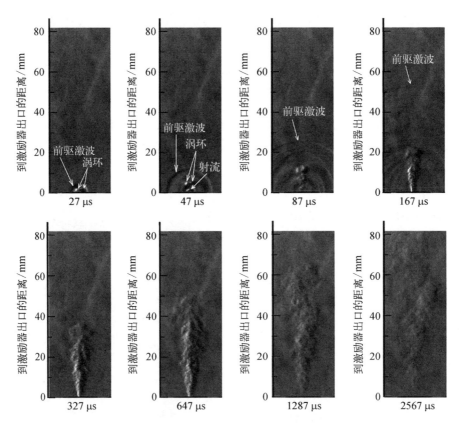

图 3.27　等离子体合成射流全周期流场演化过程

结构的后面,激励器出口开始出现射流结构,且射流结构与涡环存在一定的脱离。87 μs 时,涡环结构开始弱化,与射流主体混合为一体。射流与前驱激波的距离增大,说明两者速度存在较大的差值。167 μs 时,前驱激波已经不再明显,说明激波强度随激波的传播而下降。前驱激波后出现的反射激波数量增加,但强度都比较弱。射流主体继续向前移动,形态更加清晰。327 μs 时,激波已经完全远离视场,只剩下射流结构。647 μs 时,射流头部离激励器出口距离继续增加,且形态上变得更加粗壮,说明射流存在一定扩张角。但整体上射流主要往上拓展,往两侧扩展较小。1 287 μs 时,射流主体与背景对比度开始减弱,特别是激励器出口部分,射流与背景几乎融合,说明激励器喷射段已经接近结束。2 567 μs 时,射流主体与背景进一步融合,已经较难分辨射流区域。

3. 纹影图像量化方法

通过分析纹影图像可以得到激励器的部分性能表征参数,目前提取的参数主要有前驱激波速度、射流头部速度、射流影响区域面积。为提高参数提取的准确性,本节引入图像处理技术,通过图像识别自动定位,提取出所需信息。

前驱激波的关键参数是不同时刻的位置。图 3.28 为前驱激波位置提取方法示意图。首先将包含前驱激波的纹影图像与背景图像相减,去除背景中无关要素的影响,得到较为干净的射流流场结构图。然后利用图像边缘检测技术,得到图像轮廓。由于前驱激波传播速度最大,其与激励器出口距离也就最远。通过计算不同轮廓线与激励器出口距离,取出距离最大的轮廓线即为前驱激波的轮廓线。该轮廓线与激励器出口的距离为前驱激波在该时刻传播的距离,继而得到前驱激波速度。

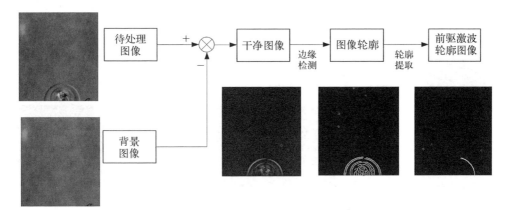

图 3.28　前驱激波位置提取方法示意图

前驱激波由放电迅速加热空气引起。根据冲击波理论,在传播初期,冲击波速度大于声速。随着冲击波的传播,冲击波的速度、压力都将下降,演化为声波直至消失。图 3.29 为从某次放电得到的纹影图像序列中得到的前驱激波位置与速度随时间变化曲线。该图很好地反映了前驱激波作为一种冲击波所具有的特性。40 μs 前,前驱激波运动速度大于声速,为冲击波传播前期。40 μs 后,随着激波的传播,前驱激波能量逐渐减弱,速度减小到声速,说明其已经从冲击波减弱为声波,这也说明了激波位置提取方法的准确性。

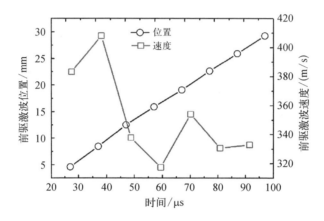

图 3.29　前驱激波位置与速度演化过程

图 3.30 为射流信息提取方法的示意图。与前驱激波提取相同,首先通过待处理图像减去背景图像得到较为干净的射流图像,然后通过边缘检测算法得到图像中的主要边缘轮廓。当图像中含有激波结构时,较为明显的激波会被检测到,如图中检测到的前驱激波。此时可根据激波的位置与射流位置的不同进行

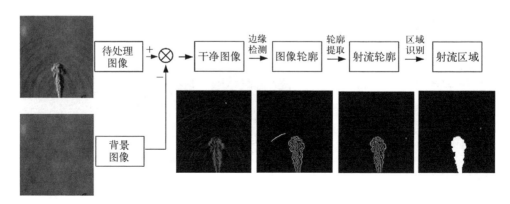

图 3.30　射流信息提取方法的示意图

识别,射流主要存在于图像的中间区域,而激波则远离图像对称轴区域。最后将只含有射流区域的轮廓识别出来,轮廓中间所包含的区域即为射流区域。当得到射流区域后,通过统计不同射流头部位置即可得到射流头部速度;可以直接得到射流所影响的区域面积。

图 3.31 为利用射流信息提取方法提取出的射流不同阶段的区域与原始纹影射流图像的对比图。由图 3.31 可知,该方法可较好地提取出射流主体区域。

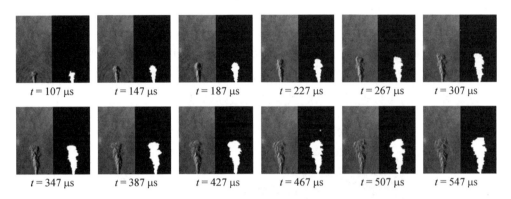

$t = 107\ \mu s$　　$t = 147\ \mu s$　　$t = 187\ \mu s$　　$t = 227\ \mu s$　　$t = 267\ \mu s$　　$t = 307\ \mu s$

$t = 347\ \mu s$　　$t = 387\ \mu s$　　$t = 427\ \mu s$　　$t = 467\ \mu s$　　$t = 507\ \mu s$　　$t = 547\ \mu s$

图 3.31　利用射流信息提取方法提取出的射流不同阶段的区域与原始纹影射流图像的对比图

基于识别的射流区域,即可得到射流头部位置与射流影响区域面积随时间的变化情况。图 3.32 为射流头部位置与射流影响区域面积随时间的变化情况。随着时间的增加,射流头部离射流出口距离不断增加,但增加速度减小,说明射流头部速度随时间呈逐渐减小的趋势。由于处理过程中存在一定

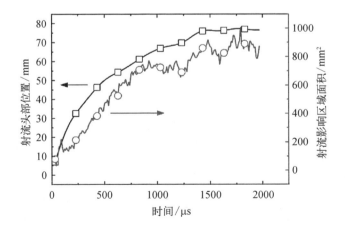

图 3.32　射流头部位置与射流影响区域面积随时间的变化情况

的误差,射流影响区域的面积随时间变化存在一定的波动,特别是 1 ms 之后。通过核查纹影图像,发现波动是由射流后期减弱、边界模糊导致的。通过比较这一射流影响区域与射流头部位置可以看出,两者在 1 ms 前都明显地增大,随后趋于平缓。

4. 激励强度检测方法

通过纹影图像只能获取射流的部分性能,无法量化输出射流的能量,为此本节设计另一种激励强度的检测方法。如图 3.33 所示,将一个小球置于激励器出口,当激励器工作时,小球受到激励作用而获得速度。通过高速相机拍摄下小球的运动轨迹,即可解算出小球在各位置时的速度,进而得到任意时刻小球所具有的能量,包括重力势能与动能。小球的能量与激励器产生射流的强度之间呈正相关关系,因此,可以通过小球能量来评估激励强度。

图 3.33   激励器激励强度检测方法

同样,利用图像处理技术来自动提取小球在不同时刻的位置。球体检测方法如图 3.34 所示,首先通过边缘检测算法识别出图像轮廓,然后基于霍夫变换检测小球轮廓,进而得到小球圆心所在位置。

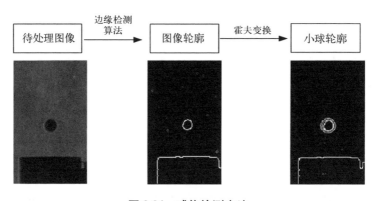

图 3.34   球体检测方法

图像检测必然会存在一定的误差,因此,对于检测得到球心位置还需进行后处理。由于小球运动可以理解为自由抛射落体运动,因此,其球心位置随时间变化关系满足一元二次关系。所以通过小球不同时间球心位置,拟合得到关系式进而得到所具有的总能量,包含动能与高度势能。图 3.35 为识别结果与拟合结果的比较图。由图 3.35 可知,二次函数能很好地描述球心的运动轨迹,也说明了识别算法的准确性。

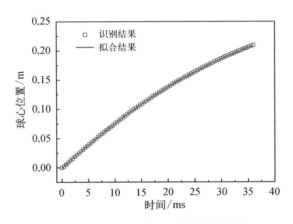

图 3.35　识别结果与拟合结果的比较图

3.3.2　激励器性能的变化规律

等离子体合成射流激励器是利用放电将电能转化为热能,最终产生射流的激励器。因此,放电回路参数对激励器性能有重要的影响。实验电路参数如表 3.1 所示。表中 R 指图 3.24 中限流电阻的阻值,0 表示直接导线连接;L 指整个回路的电感,通过分析所测电压、电流波形可知,当电感表现出非线性时,则呈现出磁开关特性。

表 3.1　实验电路参数

参数	Case 1	Case 2	Case 3	Case 4	Case 5	Case 6	Case 7	Case 8
R/Ω	0	1	2	0	0	0	0	0
$L/\mu\mathrm{H}$	11	11	11	66	磁开关	11	11	11
二极管	无	无	无	无	无	含	无	无

1. 电阻的影响

通过比较 Case 1、Case 2、Case 3 的结果,可以研究放电回路中限流电阻对激励器性能的影响,该额外电阻主要指导线电阻、放电电容的寄生电阻。图 3.36 为不同电阻下测试得到的电压、电流波形。由图 3.36 可知,随着回路电阻的增加,放电电流减小,波形的衰减系数增加,电容能量以更快速度释放。由于激励器电极间距一定,其时均的通道电阻相差较小。当回路中电阻增加时,更多的能量被外接电阻消耗,使得注入激励器的能量减小。根据测得的电压、电流波形计算得到的放电能量与放电效率如图 3.37 所示。由图可知,额外电阻对激励器注入能量有重要的影响。仅仅外接 1 Ω 电阻,放电能量即从初始的 0.87 J 减小到 0.41 J,放电效率由 54% 减小到 26%。

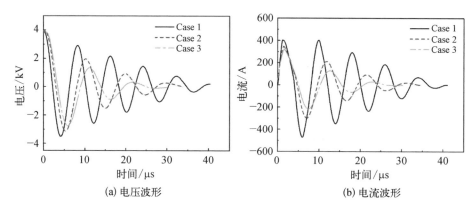

(a) 电压波形 (b) 电流波形

图 3.36 不同外接电阻下放电的电压、电流波形

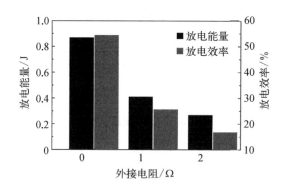

图 3.37 不同外接电阻下的放电能量与放电效率

典型时刻不同外接电阻下射流纹影图像如图 3.38 所示。随着外接电阻的增加,放电注入激励器的能量迅速减小。由图 3.38 可知,不仅射流强度显著地

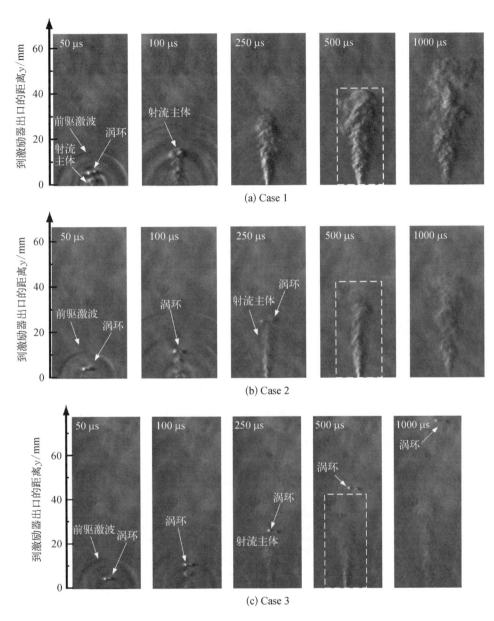

图 3.38　典型时刻不同外接电阻下射流纹影图像

减弱,射流的演化过程也表现出不同的特点。在 50 μs 时,三种情况下纹影图像都可以识别出明显的前驱激波。通过激波的明暗对比可知,三种情况下前驱激波的强度不同。随着外接电阻的增加,激波强度减弱。此时,三种情况下都能观察到典型的涡环结构。但当没有外接额外电阻时，在涡环后可看到较明显的射流主体结构，而当引入外接额外电阻后则只能观察到涡环。100 μs 时，Case 1 中涡环结构已经与射流结构完全融为一体，无法辨别。而 Case 2 和 Case 3 中仍可清晰地辨别出涡环。Case 2 涡环后已经出现射流主体结构。Case 3 中射流主体仍不明显，出现另一个涡环结构。250 μs 时，Case 1 中射流主体清晰可见。Case 2 中射流主体与涡环开始相遇，但仍未完全融合。Case 3 中涡环与射流主体还处于分离状态，但第二个涡结构已经与射流主体混合。500 μs 时，三种情况下只有 Case 3 中涡环仍能辨别。为比较射流强度，以 Case 1 中射流为基准，用白色线框表示射流影响的区域。从 Case 2、Case 3 中白色线框与射流区域的差别可知，随着外接电阻的增加，射流头部速度和影响区域都减小。但是与 Case 1 中射流头部位置相比，Case 3 中涡环更加远离激励器出口。到 1 000 μs 时，Case 3 中射流迅速减弱，纹影图中已经较难识别出射流的基本结构，但涡环结构仍很明显。Case 1 和 Case 2 中可清晰地识别出射流结构。

从这些纹影图中可知，激励器都会产生涡环结构。放电沉积能量越多，激励器产生射流越强，射流主体越早与涡环混合。当射流减弱到某一程度后，射流主体与涡环结构不会混合。这一过程说明涡环结构的速度大于射流头部速度。当两者混合后，涡环具有的能量与射流主体能量融合。当两者持续分离时，涡环一直保持自身能量，因此，其速度明显地大于射流主体速度。

基于纹影图像提取得到三种情况下的前驱激波速度如图 3.39 所示。由图可知，在三种情况下前驱激波速度相差不大，最后阶段都趋近于声速。可见，前期激波速度受外接电阻影响较小。图 3.40 为不同外接电阻下射流影响区域面积特性。由于 Case 3 中射流主体结构比较模糊，识别算法无法正确检测，这里只

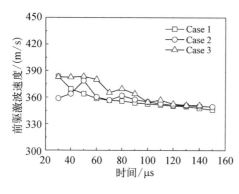

图 3.39　基于纹影图像提取得到三种情况下的前驱激波速度

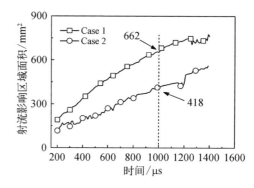

图 3.40　不同电阻下射流影响区域面积特性

给出 Case 1 与 Case 2 的情况。由图可知,外接电阻对射流影响区域有重要影响。1 ms 时,Case 2 中射流影响区域面积为 418 mm² ,为 Case 1 影响面积的 63%。图 3.41 为不同电阻下射流头部的位置与速度随时间的变化情况。由图可知,当外接 1 Ω 电阻时,射流速度降低。Case 1 中射流头部的峰值速度为 180 m/s,而 Case 2 中峰值速度仅为 121 m/s,减小幅度达 33%。

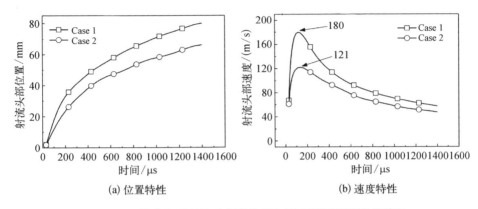

图 3.41　**不同电阻下射流头部的位置与速度随时间的变化情况**

图 3.42、图 3.43 为利用上方所述激励强度检测方法得到的不同电阻下不同直径小球的运动轨迹。综合上述纹影图像分析结果可知,Case 1 中射流强度最强,相同时间内小球上升位置也就越高。随着外接电阻阻值增加,射流强度减弱,小球所获得的能量也就越小。但是,随外接电阻的增加,小球能量的减弱程度逐渐减小。30 ms 时,三种不同情况下计算得到的球体能量如图 3.44 所示。由图可知,当外接 1 Ω 电阻时,球体能量下降幅度最大。

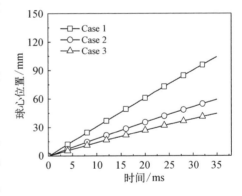

图 3.42　**不同电阻下直径为 4 mm 小球的运动轨迹**

4 mm 球体能量下降 68%,5 mm 球体能量下降 70%。

2. 电感的影响

为使改进的两电极激励器仍能工作于触发放电模式,放电电路必然会引入二极管、电感等元件。本节主要研究电感元件的影响,选用的电感元件都能应用于两电极触发式容性放电。

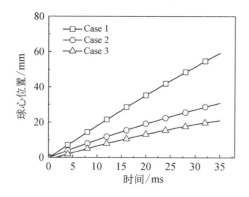

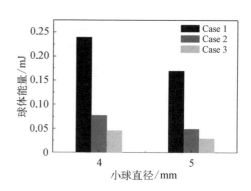

图 3.43　不同电阻下直径为 5 mm 小球的运动轨迹

图 3.44　30 ms 时，三种不同情况下计算得到的球体能量

图 3.45 为引入不同电感元件得到的放电电压、电流波形。当电感从 11 μH 增加到 66 μH 时，放电周期延长，放电电流减小，放电时间从 40 μs 增加到接近 200 μs。而当引入磁开关时，由于其非线性电感的作用，放电电流、电压表现出异于欠阻尼 *RLC* 放电的特点。当磁开关磁芯处于未饱和状态时，其电感值较大，磁开关相当于断开状态，此时电流几乎为零。当磁开关处于饱和状态时，磁芯的磁导率接近真空，磁开关电感较小。此时磁开关相当于闭合的开关，导致整个回路放电速度保持不变，放电电流的幅值与不引入磁开关时比较接近。磁开关闭合时间与放电电流有关，电流越小，磁开关导致的开关断开段越长。三种情况下计算得到的放电能量与放电效率如图 3.46 所示。由图可知，不管引入电感还是磁开关，放电能量都会有所减小，但减小幅度较小。

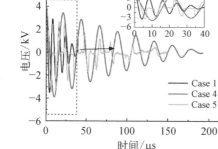

(a) 电压波形

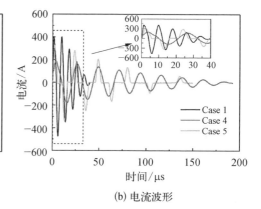

(b) 电流波形

图 3.45　引入不同电感元件得到的放电电压、电流波形

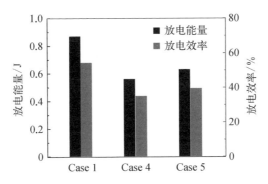

图 3.46　三种情况下计算得到的放电能量与放电效率

引入电感型元件时典型时刻射流的纹影图如图 3.47 所示。根据前面不同电阻下射流纹影图像的分析可知，涡环结构与射流主体的混合时刻可作为一个评估激励器产生射流强度的指标。在两种情况下，在 250 μs 时都还可以辨别出

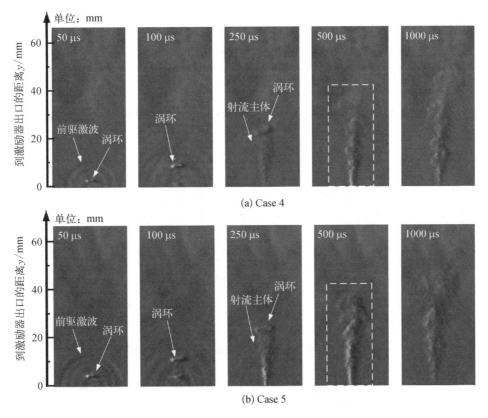

图 3.47　引入电感型元件时典型时刻射流的纹影图

涡环。特别是 Case 5 中,涡环的整个结构更是清晰可见,而不只是常规的对涡结构。比较 500 μs 时射流主体与白色框之间的相对大小,可以看出引入磁开关时,激励器产生射流的强度减小程度弱于引入电感的情况。

引入不同电感型元件后前驱激波速度与射流影响区域面积如图 3.48、图 3.49 所示。由图可知,电感型元件对激波速度影响较小,前驱激波初始速度大于声速,随后不断减小。不同电感型元件下射流影响区域面积有一定的不同。1 ms 时,Case 4、Case 5 中射流影响区域面积分别为 405 mm²、528 mm²。三种情况下射流头部位置特性与速度特性如图 3.50 所示。同样,引入电感元件时射流头部速度减小最多,达 26%。而引入磁开关时,只减小了 11%。

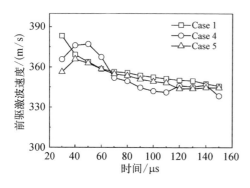

图 3.48　不同电感型元件下前驱激波速度　　图 3.49　不同电感型元件下射流影响区域面积

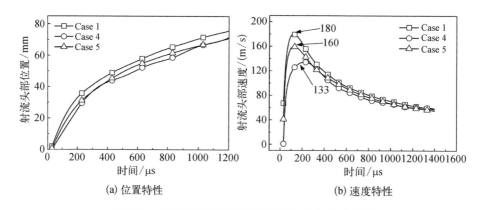

(a) 位置特性　　　　　　　　　　(b) 速度特性

图 3.50　三种情况下射流头部位置特性与速度特性

图 3.51、图 3.52 为不同电感型元件下不同直径小球的运动轨迹。该图表明引入磁开关与电感后,相同时刻小球上升的高度都会减小。其中,常规电感的影响程度更大。30 ms 时,三种不同情况下计算得到球体能量如图 3.53 所示。由

图可知,当外接 66 μH 电感时,球体能量下降最大。4 mm 球体能量下降 49%,
5 mm 球体能量下降 48%。而引入磁开关型电感时,4 mm 球体能量下降为 24%,
5 mm 球体能量下降 20%。

图 3.54 为二极管引起的电压波形改变。

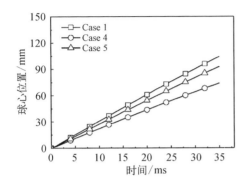

图 3.51　不同电感型元件下小球的
运动轨迹($d = 4$ mm)

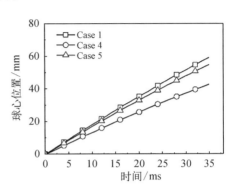

图 3.52　不同电感型元件下小球的
运动轨迹($d = 5$ mm)

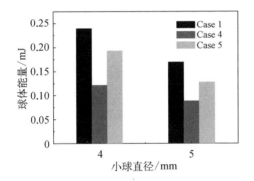

图 3.53　30 ms 时,三种不同情况下
计算得到球体能量

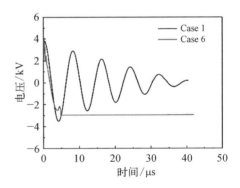

图 3.54　二极管引起的电压波形改变

3. 二极管的影响

图 3.55 为二极管引起的电流波形改变。由于二极管截断反向电流的作用,
放电变得不再完整。电流波形只出现正的半周期,而后迅速减小到 0。由于放
电迅速截止,引入二极管后放电能量会迅速地减小。如图 3.56 所示,二极管引
入后放电能量减小到只有 0.12 J,下降幅度达 81%。

图 3.57 为引入二极管后典型时刻的射流纹影图。由于放电能量过小,射流
主体变得很模糊,但其涡环结构还是比较明显的。500 μs 时纹影图中的白色框

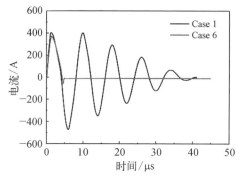

图 3.55　二极管引起的电流波形改变

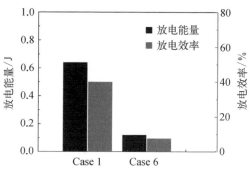

图 3.56　二极管引起的放电能量与
放电效率改变

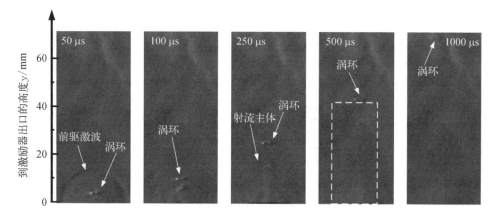

图 3.57　引入二极管后典型时刻的射流纹影图

区域为没有二极管时的射流主体区域。引入二极管后,原本出现强射流的区域已经难觅射流踪迹。但在白色框顶部位置,仍可观察到明显的涡环结构。1 000 μs时涡环继续向上方移动,说明其仍具有较强速度。由于此时纹影图像中射流强度太弱,已经无法有效地提取出射流主体头部位置、速度、射流影响区域面积等量化指标。此时只能利用检测激励器诱导射流对小球的作用来间接衡量射流强度。

图 3.58、图 3.59 为引入二极管后,不同直径小球运动轨迹变化的比较图。对于两种直径的小球,引入二极管后,射流给予小球的能量都有所减小。同一时刻,小球的高度都明显地降低。根据位置信息计算得到 30 ms 时刻小球能量如图 3.60所示。对于两种直径的小球,能量分别减小为 0.028 mJ 和 0.019 mJ,减小幅度分别为 88% 和 89%。

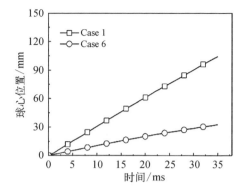

图 3.58　有无二极管时小球运动轨迹
（$d = 4$ mm）

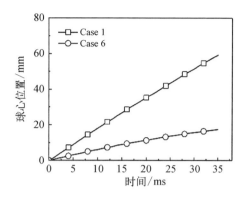

图 3.59　有无二极管时小球运动轨迹
（$d = 5$ mm）

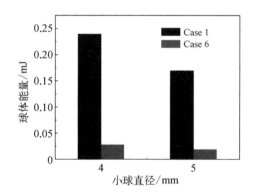

图 3.60　有无二极管时 30 ms 时刻小球能量

3.4　等离子体合成射流激励的磁流体-电弧耦合仿真

等离子体合成射流激励器是将电能转化为流体机械能的转化装置,在转化过程中必然伴随能量的损失。在放电过程中,回路中的导线电阻、电容寄生电阻通过电流时必然会发热,损失能量。这部分损失能量比较容易理解,通过实验能够检测。但除此之外,由于等离子体合成射流激励器的特殊性,在能量转化过程中还存在鞘层损失、辐射损失、热力学损失。这部分损失较难通过实验诊断,只能通过仿真研究来加深理解,进而指导驱动电路设计,实现大能量与高效率的统一。

3.4.1　磁流体-二阶电路耦合放电仿真模型

该仿真模型主要由磁流体模型和二阶微分电路组成,利用等离子体区域电压降及回路电流两个参数实现两个子模型的耦合求解。在火花放电过程中,等离子体区域电压降包含两个部分:鞘层压降和弧柱压降。在以前的仿真模型中,弧柱压降不能直接求解,而是利用回路电流及等离子体区域电阻间接计算。由于等离子体区域电阻通过积分方法求解,等离子体电导率常常假设只随径向半径改变,而与轴向位置无关。为提高仿真求解精度,本节针对弧柱压降采取直接求解电流连续性方程,避免了求解等离子体区域电阻引入的误差。同时,电流连续性方程易于离散求解,具有更好的几何适应性。

1. 仿真模型建立

1) 模型基本假设

(1) 电弧区域为轴对称结构。Freton 等[3]的研究结果表明将电弧仿真模型由二维拓展到三维时,模型求解精度并没有明显地增加。因此,本章仍采用二维模型进行求解。

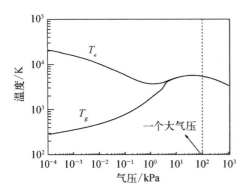

图 3.61 电子温度与重粒子温度随气压的变化

(2) 火花放电阶段,在等离子体区域内等离子体状态满足局部热平衡,因此,在该区域内温度参数可以用统一参数表示[4]。根据能量平衡方程,火花放电过程中电子温度与重粒子温度随气压的变化如图 3.61 所示。由图可知,当气压超过 10 kPa 时,等离子体与空气的温度一致。因此,大气压下火花放电满足局部热平衡状态。

(3) 等离子体辐射损失利用净辐射系数来模拟。这种方法简单,精度满足要求,已经被广泛地应用于热等离子体仿真研究[5, 6]。

(4) 等离子体属性参数可以根据气体压力和温度计算来求解,这种方法已经广泛地应用于电弧仿真[7-9]。

(5) 鞘层压降主要指阴极压降与阳极压降。根据 Zhou 和 Heberlein[10]的研究结果,阴极压降由放电电流决定。利用文献数据,可以得到拟合公式(3.42),拟合结果与文献结果如图 3.62 所示。阳极压降正比于阴极压降,根据 Hemmi 等[11]的

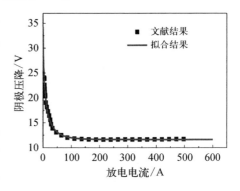

图 3.62 阴极压降与放电电流之间的关系

结果,比例系数确定为 0.3。因此,等离子体区域电压降是阴极压降、阳极压降、弧柱压降之和,计算式如(3.43)所示,式中 $u_{a,c}$ 指弧柱压降。

$$u_c = 22.64\exp(-0.273\mid I\mid^{0.5882}) + 11.62 \tag{3.42}$$

$$u_s = 1.3u_c + u_{a,c} \tag{3.43}$$

2）磁流体基本控制方程

基于上述假设,柱面坐标系下的输运方程可写成如下形式。

质量守恒方程:

$$\frac{\partial \rho}{\partial t} + \frac{\partial}{\partial x}(\rho v_x) + \frac{\partial}{\partial r}(\rho v_r) + \frac{\rho v_r}{r} = 0 \tag{3.44}$$

动量守恒方程:

$$
\begin{cases}
\dfrac{\partial}{\partial t}(\rho v_x) + \dfrac{1}{r}\dfrac{\partial}{\partial x}(r\rho v_x v_x) + \dfrac{1}{r}\dfrac{\partial}{\partial r}(r\rho v_x v_r) = -\dfrac{\partial p}{\partial x} + \dfrac{1}{r}\dfrac{\partial}{\partial x}\left[r\mu\left(2\dfrac{\partial v_x}{\partial x} - \dfrac{2}{3}(\nabla\cdot\boldsymbol{v})\right)\right] \\[2mm]
\quad + \dfrac{1}{r}\dfrac{\partial}{\partial r}\left[r\mu\left(2\dfrac{\partial v_x}{\partial r} + \dfrac{\partial v_r}{\partial x}\right)\right] + j_r B_\theta \\[2mm]
\dfrac{\partial}{\partial t}(\rho v_r) + \dfrac{1}{r}\dfrac{\partial}{\partial x}(r\rho v_r v_r) + \dfrac{1}{r}\dfrac{\partial}{\partial r}(r\rho v_r v_x) = -\dfrac{\partial p}{\partial r} + \dfrac{1}{r}\dfrac{\partial}{\partial x}\left[r\mu\left(\dfrac{\partial v_r}{\partial x} + \dfrac{\partial v_x}{\partial r}\right)\right] \\[2mm]
\quad + \dfrac{1}{r}\dfrac{\partial}{\partial r}\left[r\mu\left(2\dfrac{\partial v_r}{\partial x} - \dfrac{2}{3}(\nabla\cdot\boldsymbol{v})\right)\right] - 2\mu\dfrac{v_r}{r^2} + \dfrac{2}{3}\dfrac{\mu}{r}(\nabla\cdot\boldsymbol{v}) - j_x B_\theta \\[2mm]
\nabla\cdot\boldsymbol{v} = \dfrac{\partial v_x}{\partial x} + \dfrac{\partial v_r}{\partial r} + \dfrac{v_r}{r}
\end{cases}
\tag{3.45}
$$

能量守恒方程:

$$
\begin{aligned}
&\frac{\partial}{\partial t}(\rho E) + \frac{\partial}{\partial x}(u_x \rho h) + \frac{1}{r}\frac{\partial}{\partial r}(r u_r \rho h) = \frac{\partial}{\partial x}\left(\frac{k_{\text{eff}}}{C_p}\frac{\partial h}{\partial x}\right) + \frac{1}{r}\frac{\partial}{\partial r}\left(r\frac{k_{\text{eff}}}{C_p}\frac{\partial h}{\partial r}\right) \\[2mm]
&\quad + v_x\frac{\partial p}{\partial x} + v_r\frac{\partial p}{\partial r} + \mu\left\{2\left[\left(\frac{\partial v_r}{\partial r}\right)^2 + \left(\frac{v_r}{r}\right)^2 + \left(\frac{\partial v_x}{\partial x}\right)^2\right]\right. \\[2mm]
&\quad \left. + \left(\frac{\partial v_r}{\partial x} + \frac{\partial v_x}{\partial r}\right)^2 - \frac{2}{3}\left[\frac{1}{r}\frac{\partial(r v_r)}{\partial r} + \frac{\partial v_x}{\partial x}\right]^2\right\} \\[2mm]
&\quad + \frac{j_x^2 + j_r^2}{\sigma} - 4\pi\varepsilon_n + \frac{5}{2}\frac{k_B}{e}\left(\frac{j_x}{C_p}\frac{\partial h}{\partial x} + \frac{j_r}{C_p}\frac{\partial h}{\partial r}\right)
\end{aligned}
\tag{3.46}
$$

电流连续性方程：

$$\frac{\partial}{\partial x}\left(\sigma\ \frac{\partial V}{\partial x}\right) + \frac{1}{r}\ \frac{\partial}{\partial r}\left(r\sigma\ \frac{\partial V}{\partial r}\right) = 0 \tag{3.47}$$

矢势方程：

$$\begin{cases} \dfrac{\partial}{\partial x}\left(\dfrac{\partial A_x}{\partial x}\right) + \dfrac{1}{r}\ \dfrac{\partial}{\partial r}\left(r\ \dfrac{\partial A_x}{\partial r}\right) = -\mu_0 j_x \\[3mm] \dfrac{\partial}{\partial x}\left(\dfrac{\partial A_r}{\partial x}\right) + \dfrac{1}{r}\ \dfrac{\partial}{\partial r}\left(r\ \dfrac{\partial A_r}{\partial r}\right) = -\mu_0 j_r + \dfrac{A_r}{r^2} \end{cases} \tag{3.48}$$

在上述方程中，ρ 和 p 为密度与压力；v 为速度，v_x 和 v_r 为轴向速度、径向速度分量；E 指内能；h 代表焓；k_{eff} 为热传导系数；ε_n 为净辐射系数，Naghizadeh-Kashani 等[12]提供了一个标准大气压下的数据，其他气压下数值则通过乘以系数 P/P_{atm} 得到[13]；k_B 为玻尔兹曼常量；e 为基本电荷单元；σ 为电传导系数；B_θ 为磁场强度，计算方法如式（3.49）所示；电流密度则通过求解电势微分方程得到，计算式如（3.50）所示。

$$B_\theta = \frac{\partial A_r}{\partial x} - \frac{\partial A_x}{\partial r} \tag{3.49}$$

$$\begin{cases} j_x = -\sigma\ \dfrac{\partial V}{\partial x} \\[3mm] j_r = -\sigma\ \dfrac{\partial V}{\partial r} \end{cases} \tag{3.50}$$

为求解上述方程，必须包含气体状态方程，否则方程无法封闭求解。本节采用 D'Angola 等[14]提供的气体状态参数计算拟合式。根据拟合式，高温热平衡等离子体的状态参数由气体温度与压强决定，压力范围涵盖 0.01~100 个标准大气压，温度涵盖 50~60 000 K，因此，完全满足本节模型需求。这些参数计算结果如图 3.63 所示。

3）电路二阶微分方程

在较短的仿真时间步长内，通过等离子体区域的电压降可认为是常数，此时火花放电电路可看作典型的电阻-电感-电容回路，如图 3.64 所示。以放电电流及理想电容器两端电压为状态参数，描述放电的二阶微分方程写成式（3.51）。

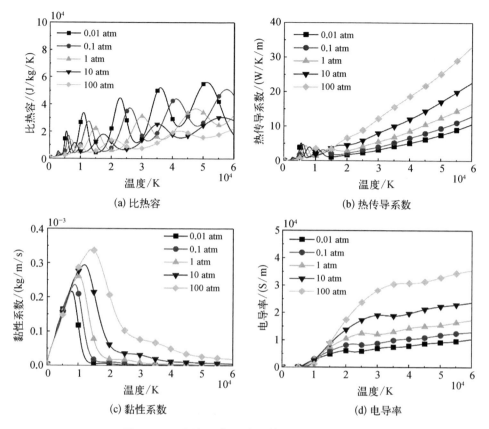

(a) 比热容

(b) 热传导系数

(c) 黏性系数

(d) 电导率

图 3.63　不同气压与温度下等离子体气体参数

$$\begin{cases} \dfrac{di(t)}{dt} = \dfrac{1}{L}\big[u(t) - Ri(t) - u_s(t)\big] \\[2mm] \dfrac{du(t)}{dt} = -\dfrac{1}{C}i(t) \end{cases}$$

$$(3.51)$$

图 3.64　简化的放电电路

在上述方程中，$u(t)$ 为电容器两端电压；R 为导线电阻及电容器等效寄生电阻；$u_s(t)$ 为等离子体区域电压降，由式(3.43)计算得到；C 为电容值；L 为导线电感。

2. 模型求解

1）求解方法

我们采用商用 CFD 软件 Fluent 求解上述模型。计算域网格由 ANSYS ICEM 构建，为提高求解精度网格我们采用结构网格，电极间距为 1 mm。图 3.65 为计算域示意图。由于电极半径远大于电极间距,因此,球形电极简化为平板形电极。考虑放电加热引起的强湍流特性,在计算中我们引入雷诺应力模型(Reynolds stress model, RSM)湍流模型。Zhou 等[15]研究表明该湍流模型计算结果优于其他湍流模型。电流连续性方程、矢势方程可通过 Fluent 软件提供的自定义标量求解器(user defined solver, UDS)计算求解[16, 17]。一些必要的求解参数,如磁场强度、电流密度则通过 UDF 求解[16, 17]。气体状态方程则通过修改 Fluent 中的真实气体模型来模拟[17]。考虑到气体的可压缩性,在计算中我们采用耦合求解模式,将隐式时间步长设置为 1 ns。为有效地捕获激波,离散格式选择二阶迎风格式。

图 3.65　计算域示意图

2) 边界条件

轴对称坐标系下边界条件如表 3.2 所示,表中 k 为电极材料的热传导系数;T 为电极内表面温度;T_0 为电极外表面温度,这里认为与外界环境温度一致,为 300 K;d 为电极厚度。

表 3.2　轴对称坐标系下边界条件

边界	P	v_x	v_r	T	V	A_x	A_r
AB	——	0	0	$q = -k(T-T_0)/d$	0 或 J_r	$\dfrac{\partial A_x}{\partial \boldsymbol{n}} = 0$	$\dfrac{\partial A_r}{\partial \boldsymbol{n}} = 0$
CD	——	0	0	$q = -k(T-T_0)/d$	J_r 或 0	$\dfrac{\partial A_x}{\partial \boldsymbol{n}} = 0$	$\dfrac{\partial A_r}{\partial \boldsymbol{n}} = 0$
AD	$\dfrac{\partial p}{\partial r} = 0$	$\dfrac{\partial v_x}{\partial r} = 0$	$\dfrac{\partial v_r}{\partial r} = 0$	$\dfrac{\partial T}{\partial r} = 0$	$\dfrac{\partial V}{\partial r} = 0$	$\dfrac{\partial A_x}{\partial r} = 0$	$\dfrac{\partial A_r}{\partial r} = 0$
BC	1 atm	——	——	300 K	$\dfrac{\partial V}{\partial \boldsymbol{n}} = 0$	0	0

根据电学原理,在无分支情况下,回路中电流处处相等。因此,阴极表面的电流密度 J_i 必须满足式(3.52),式中,A_i 为边界上面元面积。在轴对称的假设条

件下,这一条件可描述为式(3.53)所示形式,则电流密度的通用解析式如式(3.54)所示。系数 α_i 由式(3.55)计算得到,式中,σ_r 为与阴极相接触等离子体区域微元的电导率,r_a 为阴极斑半径,其值随电流大小改变。根据 Zhou 等的计算结果,阴极斑半径可根据拟合式(3.56)进行计算。拟合曲线与文献结果如图 3.66 所示,该图说明了拟合结果的准确性。

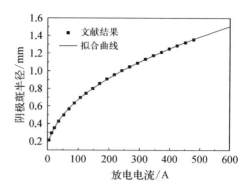

图 3.66　阴极斑半径随放电电流的变化情况

$$\sum_{i=1}^{n} J_i A_i = I \tag{3.52}$$

$$\int_0^r J_i 2\pi r \mathrm{d}r = 1 \tag{3.53}$$

$$J_i = \frac{I\alpha_i}{\int_0^{r_a} \alpha_i 2\pi r \mathrm{d}r} \tag{3.54}$$

$$\begin{cases} \alpha_i = \sigma_r \delta(r) \\ \delta(r) = \begin{cases} 1, & r \leqslant r_a \\ 0, & r > r_a \end{cases} \end{cases} \tag{3.55}$$

$$r_a = \begin{cases} 3.557 \times 10^{-5} I^{0.628} - 1.237 \times 10^{-6} I + 1.226 \times 10^{-4}, & I \geqslant 5\mathrm{A} \\ 2 \times 10^{-4}, & I < 5\mathrm{A} \end{cases} \tag{3.56}$$

3) 两方程求解方法

由于放电过程中阴极与阳极的物理过程不同,因此,电流连续性方程中两者对应的边界条件不同。对于火花放电而言,阳极的边界条件为零电势条件,而阴极的边界条件为电流密度条件。在传统的电弧矩仿真过程中,电极极性固定。但是对于本节所研究的电容放电过程,电极极性随电流方向改变而改变。因此,电极的边界条件需要根据电流方向自动地在零电势条件和电流密度条件之间切换。但是,商用 CFD 软件并没有提供此类功能。当仿真开始时,边界条件必须指定为第一类边界条件(给定待求变量的分布)或者为第二类边界条件(给定待求变量的梯度值)。为弥补这一不足,本节提出一种两方程求解方法来求解电流连续性方程。

目前,大多数商用 CFD 软件都提供相应接口来求解自定义守恒方程。在软件求解过程中,一个守恒方程利用一个自定义方程来求解。为求解边界条件可变的守恒方程,本节提出一种两方程求解方法。该方法的核心过程为将一个守恒方程分解为两个子方程。这两个子方程形式完全一样,只是边界条件类型不同。在求解过程中,只有一个子方程求解得到的解才是需要的解,而如何选择这一解则根据其他一些辅助条件来确定。

为求解阳极与阴极随电流方向改变这一过程,我们在 Fluent 软件中设置了两个自定义标量方程来描述电流连续性方程。而这两个自定义标量方程的边界条件正好相反,分别代表了正电流、负电流时对应的边界条件。在仿真计算过程中,这两个方程都进行计算,而真正的电势场求解结果则根据电流的正负来选择。

4)初始条件

气体击穿包含复杂的物理过程,此类放电模型难以模拟。因此,仿真过程从电极间隙击穿后开始,此时流场状态即计算初始条件。在本书中,等离子体通道的初始半径为 0.5 mm,等离子体区域温度为 8 000 K,将流场所有位置的速度设置为 0 m/s。由于击穿过程迅速,气体还未膨胀,因此,流场密度仍未改变,设置为 1.17 kg/m^3。而对应的压力则根据气体状态方程模型计算得到。

3. 模型验证

为验证所建模型的正确性,本节设计如图 3.67 所示实验系统。可调高压直流源(0~10 kV)通过限流电阻(10 MΩ)给电容充电。较大阻值的限流电阻可确保放电过程能量由电容储存能量提供,而与可调高压直流源无关。为提高实验精度,放电电极由两个不锈钢小球组成。球体直径为 25 mm,远大于放电电极间距。将两个小球固定于调整精度达 1 μm 的微动位移平台。电容两端电压通过高压探头(Tektronix, P6015)进行测量,电流则通过电流探针(Pearson, 6600)进行测量。示波器(Tektronix, DPO4014)用于显示和记录测试结果。在实验中电容为 2.2 nF,电感为 1.01 μH。通过阻抗分析仪(Agilent 4285A)测试,导线和等效的电容寄生电阻约为 0.84 Ω。

假设等离子体电阻在一个振荡周期内保持不变,则基于放电电流波形,每个周期内等离子体电阻可由式(3.57)计算。式(3.57)中,I 指第 m 个振荡周期内

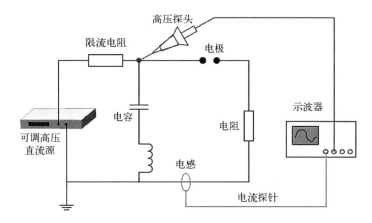

图 3.67　模型验证所设计实验系统

电流的最大值或最小值。基于所建模型求解得到的时变等离子体电阻、一个振荡周期内的平均电阻可根据式(3.58)计算得到。两种方法得到的一个振荡周期内的电阻及放电电流如图 3.68 所示,可见两者吻合性很好。

$$R_{\mathrm{arc}}(n) = -\ln\left(\frac{I_m(n)}{I_m(n-1)}\right) \cdot \frac{T}{L_t} - R_{\mathrm{wire}} \qquad (3.57)$$

$$R_i = \frac{\int_0^r i^2 R(t)\,\mathrm{d}t}{\int_0^r i^2\,\mathrm{d}t} \qquad (3.58)$$

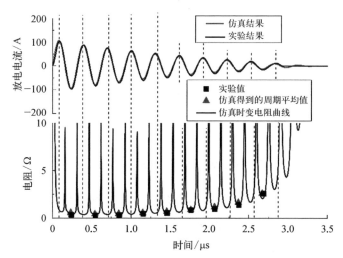

图 3.68　实验结果与仿真结果比较

在整个放电过程中,等离子体区域电阻变化剧烈。在放电初始时刻,等离子体电阻迅速降低。当电流过零时,等离子体电阻则迅速增加。在放电的后期,由于电流峰值减小,电阻增加速度提高,由此导致振荡过程加速截止。因此,本节所建模型能够准确地模拟放电过程中的典型现象。

3.4.2　能量损失分析

1. 鞘层损失

在仿真模型中,可实时求解鞘层压降与弧柱压降。当放电电容为 2.2 nF 时,计算得到的鞘层压降与弧柱压降随时间的变化情况如图 3.69 所示。0.5 μs 前,等离子体区域电阻较大导致弧柱区域电压较大,使得弧柱压降大于鞘层压降。但随着放电过程的继续,弧柱压降减小,而鞘层压降变化很小。由于通过这两个区域的电流完全相同,因此,鞘层区域与弧柱区域的能量功率正比于两个区域的电压降。此时,利用式(3.59)计算的鞘层损失系数为 41%。

$$\zeta = \frac{\int u_{\text{sheath}} i \mathrm{d}t}{\int (u_{\text{arc}} + u_{\text{sheath}}) i \mathrm{d}t} \tag{3.59}$$

如图 3.70 所示,鞘层损失系数随放电时间的延长而增加。

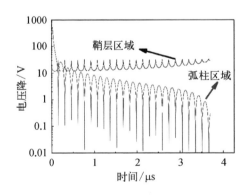
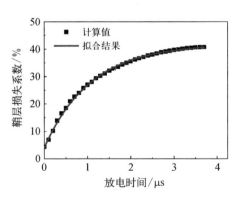

图 3.69　鞘层压降与弧柱压降随时间的变化情况　图 3.70　鞘层损失系数随放电时间变化情况

可根据式(3.59)计算得到鞘层损失系数随时间的变化特性。基于最小二乘法拟合,这种变化特性可拟合成式(3.60)。可见,如果放电时间能够有效地缩短,那么鞘层损失系数将呈指数减小的趋势。例如,当放电时间缩短到 0.1 μs 时,鞘层损失系数将降至 7%。

$$\zeta = -0.377\ 8\exp(-9.291 \times 10^5 \times t) + 0.418\ 2 \qquad (3.60)$$

如图 3.71 所示,当回路中电感、电容参数改变时,鞘层损失系数随之改变。随着电感、电容的增加,鞘层损失系数都会增大。由式(3.51)可知,电感对能量释放速度有重要的影响。当电感增加时,能量释放速度减小,放电时间延长,因此,导致鞘层损失系数增大。当电容增大时,储存能量增加,而放电速度保持不变,导致所需的放电时间增加。因此,鞘层损失系数也将增加。

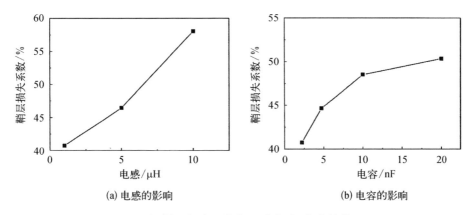

图 3.71　鞘层损失系数与回路电感、电容的关系

2. 辐射损失

根据普朗克定律,辐射功率正比于温度的 4 次方。因此,等离子体区域的辐射损失也是研究中需要关注的因素。图 3.72 描述了辐射功率与回路电容、电感的关系。与鞘层损失不同,辐射损失功率随电容的增加而增加,随电感的增加而减小。通过积分辐射损失功率可以得到总的辐射损失。通过与放电能量相除可得辐射损

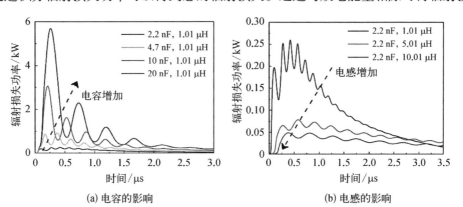

图 3.72　辐射损失功率与回路电容、电感的关系

失系数,计算式如(3.61)所示。计算所得结果如图 3.73 所示。当电容改变时,辐射损失系数变化较小。当电感增加时,辐射损失系数有所减小。但是,相比于鞘层能量损失系数,辐射损失系数要小得多。这一结果与 Dufour 等[18]的研究结果一致。

$$\eta_{\text{radiation}} = \frac{Q_{\text{radiation}}}{\int (u_{\text{arc}} + u_{\text{sheath}})i\,\mathrm{d}t} = \frac{\int P_{\text{radiation}}\,\mathrm{d}t}{\int (u_{\text{arc}} + u_{\text{sheath}})i\,\mathrm{d}t} \qquad (3.61)$$

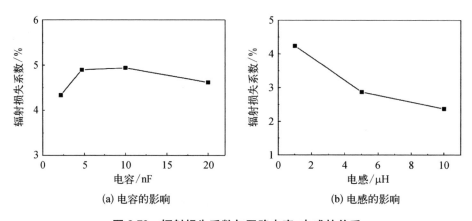

(a) 电容的影响　　　　　　　(b) 电感的影响

图 3.73　辐射损失系数与回路电容、电感的关系

3. 热力学损失

实际上放电过程也是加热过程。根据热力学理论,相比于定压加热,定容加热更能有效地增加气体机械能。多变指数可用于区分加热过程,计算方法如式(3.62)所示,式中下标 1 代表了仿真开始的初始状态,下标 2 代表仿真进行中的某一时刻。仿真初始压力、密度分别为 1 atm 和 1.17 kg/m³。由于欧姆加热由气体电导率决定,因此,本节定义加热区域为气体电导率大于 10 S/m 的区域。利用式(3.63)计算得到加热区域内气体平均压力、平均密度,式中,A 指代加热区域。计算得到多变指数随时间变化的曲线如图 3.74 所示。在能量释放过程中,多变指数迅速增加,100 ns 时已经增加到 0,随后几乎保持不变。这意味着,能量沉积过程从定容

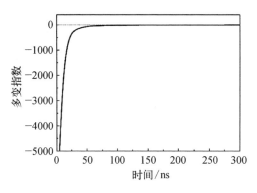

图 3.74　多变指数随时间变化的曲线

加热迅速向定压加热转化。

$$n = \frac{\lg(P_2/P_1)}{\lg(\rho_2/\rho_1)} \qquad (3.62)$$

$$\begin{cases} P = \dfrac{\iint\limits_A \delta(\sigma)P\mathrm{d}A}{\iint\limits_A \delta(\sigma)\,\mathrm{d}A} \\[4mm] \rho = \dfrac{\iint\limits_A \delta(\sigma)\rho\mathrm{d}A}{\iint\limits_A \delta(\sigma)\,\mathrm{d}A} \\[4mm] \delta(\sigma) = \begin{cases} 1, & \sigma \geqslant 10 \\ 0, & \sigma < 10 \end{cases} \end{cases} \qquad (3.63)$$

　　在放电过程中,加热区域只是电极间的一部分区域[19],它只占等离子体合成射流激励器腔体体积很小的一部分。因此,加热过程在一个开放空间中进行。然而,由于气体惯性的影响,当能量迅速释放时,气体还没有时间充足膨胀。图 3.75 依次显示了不同时刻对应的压力云图、密度云图及加热区域。当气体击穿过程发生时,弧柱中心区域压力明显地高于其他区域气体压力。100 ns 时,一道较强的压缩波已经形成。随着压缩波的移动,等离子体区域密度逐渐降低。这也意味着加热过程已经不能看作等容加热过程,已经开始向等压加热过程转化。此时,加热的大部分能量转化为气体内能而不是机械能。

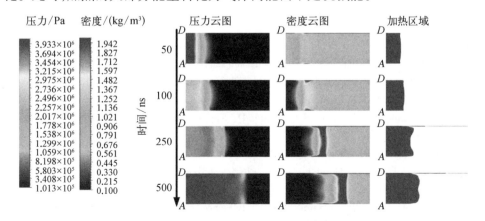

图 3.75　不同时刻对应的压力云图、密度云图及加热区域

参考文献

［ 1 ］ Minesi N. Thermal spark formation and plasma-assisted combustion by nanosecond repetitive discharges［D］. Berkeley：University of California，2020.

［ 2 ］ 李瀚荪. 电路分析基础［M］. 北京：高等教育出版社，2005.

［ 3 ］ Freton P，Gonzalez J J，Gleizes A. Comparison between a two- and a three-dimensional arc plasma configuration［J］. Journal of Physics D：Applied Physics，2000，33(19)：2442 – 2452.

［ 4 ］ Sary G，Dufour G，Rogier F，et al. Modeling and parametric study of a plasma synthetic jet for flow control［J］. AIAA Journal，2014，52(8)：1591 – 1603.

［ 5 ］ Zhou Q H，Li H，Liu F，et al. Effects of nozzle length and process parameters on highly constricted oxygen plasma cutting arc［J］. Plasma Chemistry and Plasma Processing，2008，28(6)：729 – 747.

［ 6 ］ Ekici O，Matthews R D，Ezekoye O A. Geometrical and electromagnetic effects on arc propagation in a railplug ignitor［J］. Journal of Physics D：Applied Physics，2007，40(24)：7707 – 7715.

［ 7 ］ Dufour G，Hardy P，Quint G，et al. Physics and models for plasma synthetic jets［J］. International Journal of Aerodynamics，2013，3(1/2/3)：44 – 70.

［ 8 ］ Sary G，Dufour G，Rogier F，et al. Modeling and parametric study of a plasma synthetic jet for flow control［J］. AIAA Journal，2014，52(8)：1591 – 1603.

［ 9 ］ Laurendeau F，Chedevergne F，Casalis G. Transient ejection phase modeling of a plasma synthetic jet actuator［J］. Physics of Fluids，2014，26(12)：125101.

［10］ Zhou X，Heberlein J. Analysis of the arc-cathode interaction of free-burning arcs［J］. Plasma Sources，Science and Technology，1994，3(4)：564 – 574.

［11］ Hemmi R，Yokomizu Y，Matsumura T. Anode-fall and cathode-fall voltages of air arc in atmosphere between silver electrodes［J］. Journal of Physics D：Applied Physics，2003，36(9)：1097 – 1106.

［12］ Naghizadeh-Kashani Y，Cressault Y，Gleizes A. Net emission coefficient of air thermal plasmas［J］. Journal of Physics D：Applied Physics，2002，35(22)：2925 – 2934.

［13］ Zhou Q H，Li H，Liu F，et al. Effects of nozzle length and process parameters on highly constricted oxygen plasma cutting arc［J］. Plasma Chemistry and Plasma Processing，2008，28(6)：729 – 747.

［14］ D'Angola A，Colonna G，Gorse C，et al. Thermodynamic and transport properties in equilibrium air plasmas in a wide pressure and temperature range［J］. The European Physical Journal D：Atomic，Molecular and Optical Physics，2008，46(1)：129 – 150.

［15］ Zhou Q H，Li H，Xu X，et al. Comparative study of turbulence models on highly constricted plasma cutting arc［J］. Journal of Physics D：Applied Physics，2009，42(1)：015210.

［16］ ANSYS Fluent User's Guide［Z］. ANSYS，Inc.，2013.

［17］ ANSYS Fluent UDF Manual［Z］. ANSYS，Inc.，2013.

［18］ Dufour G，Hardy P，Quint G，et al. Physics and models for plasma synthetic jets［J］. International Journal of Aerodynamics，2013，3(1/2/3)：44 – 70.

［19］ Belinger A，Hardy P，Gherardi N，et al. Influence of the spark discharge size on a plasma synthetic jet actuator［J］. IEEE Transactions on Plasma Science，2011，39(11)：2334 – 2335.

第 4 章

阵列式等离子体激励方法的设计与优化

实验表明,单路等离子体冲击激励对激波/边界层干扰的控制效果较为微弱。为此,本章提出基于阻抗调控的阵列式等离子体激励原理与方法,进行原理实验验证,建立阵列式等离子体激励的电路模型,并进行阵列式等离子体激励特性的实验和仿真研究。

4.1 单路等离子体冲击激励控制激波/边界层干扰的探索与问题

首先对单路等离子体冲击激励控制激波/边界层干扰的风洞实验效果进行探索。图 4.1 为单路脉冲电弧放电等离子体激励控制压缩拐角 SWBLI 的实验结果。实验来流参数总温为 296 K、总压为 101 kPa、马赫数为 2.0。定义第一张图像的时刻为 $0\Delta T$。相邻两幅纹影序列的时间间隔 $\Delta T = 40\ \mu s$(相机帧频为 25 kfps)。

在 $t = 0\Delta T$ 时刻,出现局部焦耳热效应,进而形成热气团。在 $t = 1\Delta T$ 时刻,可以清楚地看到球形冲击波,此时干扰区仍然没有发生变化,热气团从 $2\Delta T$ 开始通过干扰区,当热气团进入干扰区之后,分离激波根部附近出现了明显的变形,并且出现了明显的消波现象。在 $t = 2\Delta T$ 时刻,可以观察到分离激波向上游运动,运动距离远远超过了分离区的 4%。随后热气团继续向下游运动,由于和主流区存在剪切效应,热气团开始变得更加狭长,在大约 $3\Delta T$ 时刻,热气团开始和分离区相互作用,其内部结构也出现了明显的分化,出现了大量的湍流涡结构。与此同时,分离区的结构也遭到了破坏,出现了明显的压缩效应。这个过程一直持续到 $5\Delta T$。随后热气团沿着斜坡向上爬升,分离激波和分离区开始恢复到初始状态。

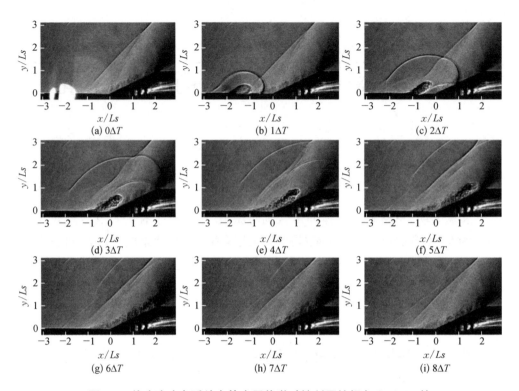

图 4.1　单路脉冲电弧放电等离子体激励控制压缩拐角 SWBLI 的
实验结果(500 Hz,第一次脉冲)

　　本节进一步对图 4.1 进行处理,得到了图像强度空间梯度场分布(图 4.2)。在与热气团发生相互作用之后,分离激波的变形也证实了原始纹影相同的激励扰动效果。施加激励后,当热气团通过分离激波时,分离激波的确受到了热气团的扰动作用,但热气团对分离激波作用的时间较短($2\Delta T \sim 6\Delta T$),控制时间约为 160 μs。在 $3\Delta T$ 时刻,可以观察到冲击波与压缩斜面交汇处发射出的反射激波。

　　将激波的演化进行单独提取(图 4.3)。可以看出单路激励对激波的扰动效应并不明显,分离激波形态没有发生变化,仅仅出现了轻微的波动。当热气团通过分离激波根部附近时,略微将分离激波"顶起"。分离激波很快就恢复到初始状态。

　　因此,在单路等离子体冲击激励对 SWBLI 的整个控制过程中,诱导产生的冲击波对流场的扰动效应较小,持续时间也较短。扰动主要是通过热气团与 SWBLI 的相互作用产生的。热气团的尺寸越大,作用效果越明显,作用时间也越长。发展阵列式等离子体冲击激励是提升流动控制效果的重要发展方向。

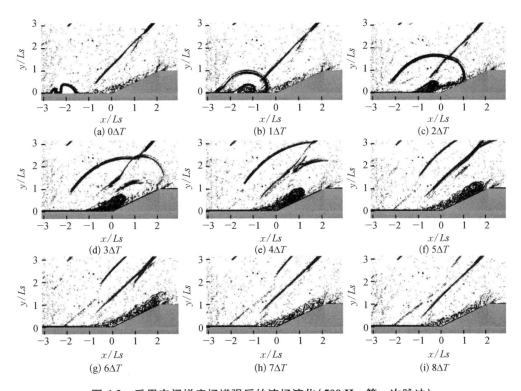

图 4.2　采用空间梯度场增强后的流场演化 (500 Hz，第一次脉冲)

图 4.3　单路脉冲电弧放电等离子体激励控制激波演化

4.2　基于阻抗调控的阵列式等离子体激励原理及验证

图 4.4 显示了等离子体放电通道的基本伏安特性曲线，不同段代表了不同的放电形式[1]。AB 段为非自持放电，BC 段为汤生放电，CD 段为前期辉光放电，DE 为正常辉光放电，EF 为反常辉光放电，G 点开始变为电弧放电[1, 2]。通

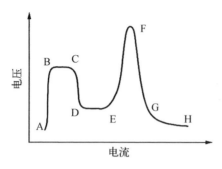

图 4.4　放电通道的伏安特性曲线[1]

常超声速等离子体流动控制所采用的表面电弧放电工作于 GH 段,因此,电流电压具有如下特性:当电流增大后,通道两端电压降低。这一特性正好与电阻相反,常称作负阻抗特性。

由于这个原因,电弧放电无法像介质阻挡放电一样并联工作,因此,以电弧放电作为原理的流动控制激励器也就无法并联工作。为实现多个激励器工作,只能使用多个独立高压电源供电[3]。图 4.5 为 2009 年法国 ONERA 实验中 6 个电源驱动 6 个激励器的实物图,虽实现了阵列式放电,但使用了多个高压电源。为了改变放电通道的负阻抗特性,2007 年美国俄亥俄州立大学 Utkin 等[4]在放电回路中串联大电阻,从而实现单电源驱动 4 个表面放电激励器,电路原理图如图 4.6 所示。由于电路中串联了 30 kΩ 电阻,故放电效率很低,大部分能量被电阻所消耗。本书所说的阵列式放电与上述不同,定义如下:使用一个高压电源,触发多个放电通道,进而实现阵列式等离子体放电,且整个放电回路中除导线电阻、电容寄生电阻外不引入电阻、电感等元件。为详细描述该技术的特点,本节先引入基本的容性放电规律。

图 4.5　多电源驱动阵列式等离子体激励器[3]

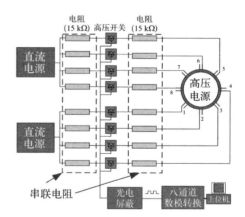

图 4.6　单电源驱动 4 个表面放电激励器的电路原理图[4]

4.2.1　阵列式放电技术关键点分析

常规容性放电结构、电流电压波形及电阻演化规律如图 4.7 所示。由图可知,电流为衰减的正弦波,电压则呈指数规律下降。图 4.7(a)为放电结构。图 4.7(b)中电压的下降意味着火花放电过程的开始,此时电阻减小,放电通道由正阻抗特性向负阻抗特性转变。因此,阵列式放电关键点之一是调控放电通道的阻抗特性,延缓放电回路向负阻抗转变的速度。分析火花放电的整个物理过程可知,必然存在空气击穿阶段。在这一阶段,电极之间的空气由绝缘体转化为导体,电阻值迅速降低,如图 4.7(c)所示。虽然击穿过程与放电过程在时间上紧密相连,难以严格区分,但这两个过程必然存在。

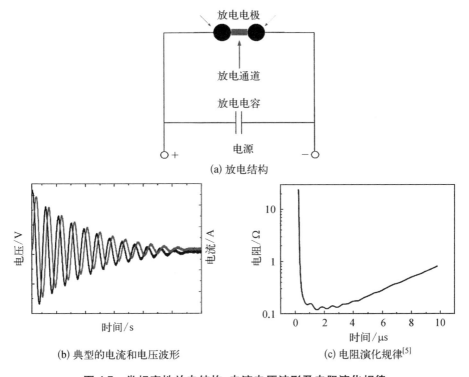

(a) 放电结构

(b) 典型的电流和电压波形

(c) 电阻演化规律[5]

图 4.7　常规容性放电结构、电流电压波形及电阻演化规律

根据帕邢定律可知,空气的击穿电压[6]为

$$V_b = \frac{Bpl}{\ln(Apl/\phi)} \tag{4.1}$$

式中,A、B、ϕ 为常数,因此,在固定气压下,当电极间距一定时,击穿电压是唯一确定的。这一击穿条件表明,只有电极两端电压达到一定阈值时,才会发生击穿。因此,阵列式放电的又一关键点是确保空气击穿前,电极持续加载高压。

4.2.2 阻抗主动调控方法

如 4.2.1 节所述,实现单电源驱动阵列式放电的关键是调控阻抗特性。为此,本节设计如图 4.8 所示的击穿过程分离电路。本节利用高压探头与电流探头对回路中电流进行测试,说明这一电路的特性。

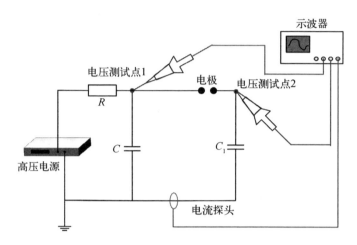

图 4.8   击穿过程分离电路示意图

当高压电源输入电压达到电极间隙的击穿电压时,触发击穿条件,形成火花放电。此时,测试所得电压电流波形如图 4.9 所示。此时电流电压的演化过程与图 4.7(b) 有明显的不同。当电极间隙击穿后,电流在不到 20 ns 时间内迅速增加到 8 A,然后降低到 0 A。电压测试点 1 电压(电压1)基本保持不变,也就表示电容储存能量没有被放电所释放。电压测试点 2 的电压(电压2)迅速升高,在 25 ns 时达到其峰值电压。并且,由于电容 C_2 两端电压与放电电容 C 两端电压基本一致,也就具

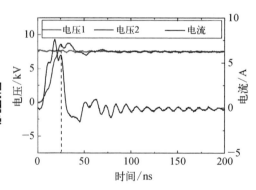

图 4.9   测试所得电压电流波形

有触发击穿的条件。以上分析表明,这一电路在实现空气击穿的同时,储能电容两端电压并没减小,说明整个回路阻抗仍呈现正阻抗特性。同时,将电容两端的高电压传递给下一级电容。

4.2.3　阵列式放电技术的原理电路

本节将图 4.8 中的放电环节进行抽象,可提取出如图 4.10 所示的单个放电模块。该模块具有如下特点。

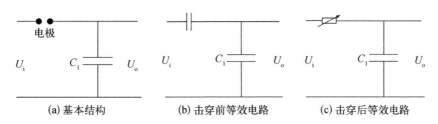

|(a) 基本结构|(b) 击穿前等效电路|(c) 击穿后等效电路|

图 4.10　单个放电模块

当电极间隙没有击穿时,电极间隙可视为电容值很小的电容。李鹏等[7]计算出火花开关时的间隙电容为 15.67 pF;赵承楠等[8]计算的间隙电容只有 4.34 pF。等离子体激励器使用电极直径一般在 1 mm 左右,则推测电容更小,假设为 1 pF。而放电模块中电容 C_1 为 100 pF。电容阻抗 $Z = 1/(fC)$,也就是电容越小,阻抗越大。所以输入的电压 U_i 主要由电极承受,引入电容 C_1 后并不会增加对输入电压的要求。

当电极间空气击穿后,电极间隙变为电阻,此时电路通过放电通道为电容 C_1 充电。由于电容 C_1 与主放电电容 C 电容值相差很大,所以当电容 C_1 电压增加到 C 两端电压时,电容 C 并没有损失太多能量。此时回路呈现出容性负载特性,而非负阻抗特性。

将上述的单个放电模块按图 4.11 所示进行连接,即构成基本的阵列式放电电路。该电路的设计工作过程如下:当放电电压达到电极 1 间隙所对应的击穿电压时,电极 1 的击穿条件满足,电极 1 间隙空气由绝缘体变为导体。电源通过放电通道给电容 C_1 充电,电容 C_1 两端电压升高。伴随着电容 C_1 两端电压的升高,电极 2 间隙两端电压也同步升高。当达到击穿条件时,电极 2 间隙的空气击

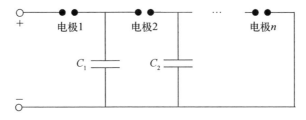

图 4.11　阵列式放电基本原理电路

穿。此后电容 C_2 两端电压开始上升。按照此工作模式,后续电极间隙将逐个击穿。当所有电极间隙击穿时,空气由绝缘体变为导体,形成放电回路,电源通过回路释放能量。此时,在整个放电回路中,除了放电形成的火花通道,只有连接的导线,并没有引入额外的电阻、电容,所以放电效率高。

实际过程中在电容 C_1、C_2 等电容储存能量还没有释放完全的情况下,放电通道可能存在由外部扰动导致提前熄灭的可能。此时,电容上存在残余电荷,使得下一次工作时,必须提高输入电压,否则电极无法达到相应的击穿条件。为此,本节对上述电路进行改进,引入卸荷电阻,相应的电路如图 4.12 所示。

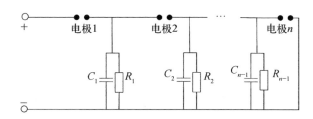

图 4.12　多路放电基本原理电路

卸荷电阻大小的选择与并联的电容值、单次放电时间、放电频率有关,应满足式(4.2)。式中 t_1 为单次放电时间,t_2 为两次放电之间的间隔时间,由放电频率 f 决定,$t_2 = 1/f$。在实验中 t_1 不超过 50 μs,t_2 大于 1 ms,而电容 C_1 为 100 pF,因此,卸荷电阻取 1 MΩ 可满足要求。

$$t_1 \ll R_1 C_1 \ll t_2 \tag{4.2}$$

为了验证设计的阵列式放电原理,本节设计 4 路放电实验系统,利用测试的电流、电压来揭示电路特性。

本节设计的 4 路放电实验电路如图 4.13 所示,0～20 kV 可调高压直流电源通过 10 MΩ 限流电阻 R_{lim} 给电容 C 充电。电极连接处与电源的地极通过 100 pF 电容(C_1、C_2、C_3)、1 MΩ 电阻(R_1、R_2、R_3)相连。为保证放电稳定和减弱尖端效应对放电的影响,由一对铜球组成电极。铜球固定在精度达 1 μm 的精密位移平台上,以保证电极间距准确。通过调节电极间距到 0 mm,可任意改变放电电极的数量。例如,当电极 4 间隙为 0 mm 时,放电电极则只剩下电极 1、电极 2、电极 3 三组,此时只可以形成 3 个放电通道。电流、电压测试与 4.2.4 节相同,测试点在图中标出。V_1、V_2、V_3 分别代表电压测试点 1、电压测试点 2 和电压测试点 3 的信号。

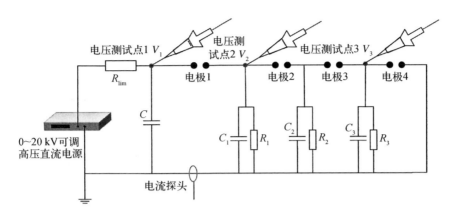

图 4.13　本节设计的 4 路放电实验电路

4.2.4　阵列式放电的电学特性

为揭示阵列式等离子体激励的放电特性,首先测试 3 路放电的电流电压波形。各电极间距分别设置为 2 mm、2 mm、2 mm 和 0 mm。电压测试点 1、电压测试点 2 电压和电流波形如图 4.14 所示。

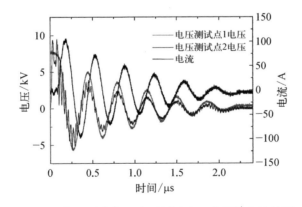

图 4.14　电压测试点 1、电压测试点 2 电压和电流波形

当输入电压达到电极 1 所对应的击穿电压(约为 7.7 kV)时,电极 1 间隙击穿。电极 1 间隙击穿引起电压 V_2 在不到 30 ns 时间内升高到 9.4 kV。当电极 2 两端电压达到某一阈值时,触发击穿,电压 V_2 开始降低。但在电极 3 没有击穿前,电压 V_2 并没有下降到 0,反而出现了第二次升高。由于电极 2 击穿后其电阻减小,电极两端电压压降较小,此时电压 V_2 与电容 C_2 两端电压可认为基本一致。

当电极 3 间隙被击穿后,一个完整的放电回路形成。电容 C 能量迅速释放,反映在图中的就是电流迅速升高至 100 A。

分析电流、电压波形可得出多路放电的工作过程。各个电极间隙并不是同时达到击穿条件而击穿,而是依次击穿。电路中增加的电容是该电路工作的关键点,它保证了触发条件的传递,实现了依次击穿。由于没有击穿前,电极自身电容极小,故可看作断开的开关。此时,随着各个电极间隙的击穿,整个电路动态改变,其演化过程如图 4.15 所示。

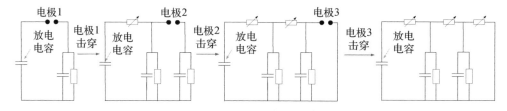

图 4.15　三路放电电路演化过程

为研究阵列式放电是否提高了对输入电压的要求。在不同间距、不同放电通道情况下,我们采集输入电压、峰值电流,结果如图 4.16 所示。此处输入电压指电极 1 击穿前电压测试点 1 对应的电压值。横坐标指单个间隙间距,而不是总的电极间隙。实验中除了电极 4 间距设为 0 mm,电极 1、2、3 间隙保持一致。

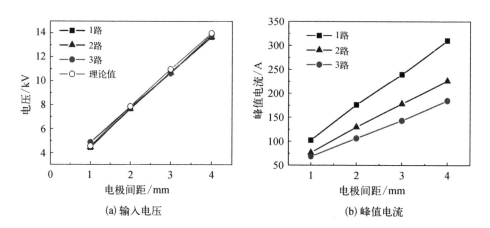

(a) 输入电压　　　　　　　　(b) 峰值电流

图 4.16　输入电压与峰值电流随电极间距、放电通道数目之间的关系

在大气压及均匀电场条件下,击穿电压与电极间隙满足以下式子[9]:

$$V_b = 2.436l + 6.72\sqrt{0.1l} \tag{4.3}$$

式中，l 为电极间距，单位为 mm。在图 4.16（a）中，实测值与理论值基本一致，击穿电压随电极间距的增加近似呈线性增加的趋势。当放电通道数目改变后，击穿电压只有微弱的改变。这说明，击穿电压只由电极间距决定而与放电通道数目无关。更准确一点，击穿电压只由第一个电极的间距决定。但是，当放电通道数目增加后，峰值电流却有很大的改变。随着放电通道数目的增加，峰值电流减小。在同样通道数目下，峰值电流随电极间距延长而增加的幅值也不相同。在 3 通道情况下，峰值电流增加得最为缓慢。由于整个回路没有改变，改变的只有通道间距，所以电流峰值的改变必然是由通道改变引起的。Persephonis 等[10]指出火花通道电感为 nH 量级，一般可以忽略。因此，峰值电流的改变主要是由火花放电通道电阻引起的。当放电通道数目增加后，虽然单个通道电极间距没有改变，但总的放电通道长度却成倍地增加。整个放电通道电阻也就相应地增大，导致峰值电流减小。且通道数目越多，单个电极间距越大，等离子体通道电阻增加的幅度也就越大，峰值电流减小就越显著。

相比于传统的单路放电，阵列式放电有一个明显的击穿过程。当电极间隙固定为 2 mm 时，不同放电通道数目下电压测试点 1 电压与电流波形如图 4.17所示。很明显，当激励器放电数量超过 1 后，在电压迅速下降前有一段时间内电压呈平缓变化趋势。与之对应，当电流迅速增大前也存在一段小幅振荡区。这一段时间即是所有电极间隙击穿、建立完整放电通道所需的时间，这里定义为击穿时间。对于 2 通道放电与 3 通道放电，该时间分别为 53 ns 和 108 ns。显然，放电通道数目的增加将导致击穿时间的延长。

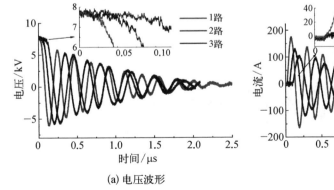
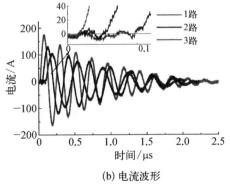

(a) 电压波形　　　　　　　　　(b) 电流波形

图 4.17　不同放电通道数目下电压测试点 1 电压与电流波形

4.2.5 放电电容对阵列式放电的影响

通过将电极 4 间隙从 0 mm 调整到 2 mm，放电通道数目从 3 路拓展到 4 路。同时，通过并联 2.2 nF 电容，主放电电容可增加到 3.2 nF，本节开展两种不同电容下放电电路的特性研究。

当放电电容只有 1 nF 时，前 3 个电极间隙都能顺利击穿，但电极 4 空气间隙并没有出现击穿现象。电压测试点 1 电压（V_1）、电压测试点 3 电压（V_3）和电流信号如图 4.18 所示。由于部分放电电容储存的能量用于击穿电极间隙和给并联电容充电，电压 V_1 在 200 ns 时间内从 13.8 kV 下降到 10.5 kV。图 4.18 中红色箭头标注的正是这一过程。对比图 4.19 中放电电容两端电压，我们可以推测，由于此时电容太小，储存的能量已经不足以维持电容上的高电压。

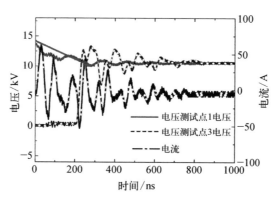

图 4.18 四路不完全放电电流电压波形

当放电电容增加到 3.2 nF 时，所有 4 个电极间隙都能顺利击穿。此时电压测试点 1 电压（V_1）、电压测试点 3 电压（V_3）和电流信号如图 4.19 所示。电极 4

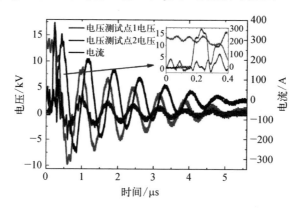

图 4.19 四路完全放电电流电压波形

间隙的击穿会引起电压 V_3 快速下降,电流迅速升高,此时间大约为 270 ns。在此之前,电压 V_1 虽然有所振荡,但在 240 ns 时仍然振荡上升到 14 kV,保证了电极 4 间隙的击穿条件。

上述两个实例表明,通过增加放电电容能够增加放电通道数目,也就能增加总的放电通道长度,从而增加等离子体通道电阻,提高能量利用率。

4.2.6　阵列式放电对放电效率的改进

当整个放电通道形成后,电容储存能量通过放电通道迅速释放。这一过程与传统的单路放电一致。此时,等离子体区域可简化为一固定电阻[11]。由于整个回路电阻小,电流电压都表现为振荡衰减特性,符合 *RLC* 串联电路的欠阻尼情况。因此,放电电流解析解为[12]

$$i_d(t) = A \cdot e^{-at} \cdot \sin(\omega t) \tag{4.4}$$

式中,参数 A、α 和 ω 由放电回路的电阻、电感、电容及放电电容两端初始电压决定。放电电容大小固定,根据测试波形可以得到电压。因此,回路电阻与电感可通过数据拟合得到。图 4.20 为实验数据与拟合数据对比图,可见两者具有很好的一致性,证明了该方法的可靠性与计算结果的正确性。

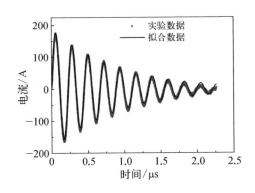

图 4.20　实验数据与拟合数据对比图

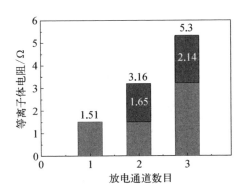

图 4.21　等离子体电阻与放电通道数目的关系

利用该方法,可以计算得到当电极间距为 2 mm 时,不同放电通道数目下阵列式等离子体激励的总电阻,结果如图 4.21 所示。当设置为 1 路放电时,等离子体通道电阻为 1.51 Ω;当设置为 2 路放电时,电阻增加到 3.16 Ω;3 路放电对应的等离子体通道电阻为 5.3 Ω。可见,随着放电通道数目的增加,整个通道电阻增大。并且,增加量还有所升高。正如前面所述,随着放电通道数目增加,放电电流下降。多种电弧电阻计算模型都表明,火花通道电阻与放电电流呈负相关特性[13-16]。因此,对于单个放电单元而言,在放电间距保持不变的情况下,随着放电通道数目的增加,电流减小,其自身的电阻也会增大。

基于等离子体电阻与整个放电回路电阻,可按式(4.5)计算放电效率 η。

$$\eta = \frac{R_{\text{plasma}}}{R_{\text{total}}} \tag{4.5}$$

放电效率与放电通道数目的关系如图 4.22 所示。随着放电通道数目的增加,放电效率也同步增加。单路的放电效率为 54%,而三路的放电效率增加到 80%,也就是放电效率增加了 48%。尽管与单路等离子体电阻相比,三路阵列式等离子体电阻增加了 135%。这种缓慢的效率增加主要是由回路中原有电阻较小引起的。回路中原有电阻主要包含导线电阻、放电电容寄生电阻等。图 4.23 显示了回路电阻与等离子体电阻对放电效率的影响特性。该图中每条曲线代表了一种固定回路电阻。由图 4.23 可知,当等离子体电阻增加时,初始阶段效率都能迅速地增加。但随着等离子体电阻的进一步增加,效率增加的速度越来越缓慢。回路电阻越小,这一平缓期越容易达到。在实验室条件下,回路电阻可尽量地减小,但实际工作过程中,这一电阻则相对较大。因此,阵列式等离子体激励在实际应用中更能有效地提高放电效率。

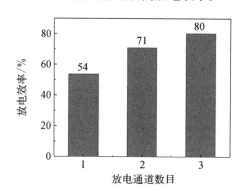

图 4.22 放电效率与放电通道数目的关系

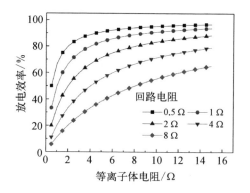

图 4.23 放电效率与等离子体电阻、回路电阻的关系

4.3 阵列式等离子体激励电路模型与参数优化

基于实验测试方法 4.2 节对阵列式放电技术进行了探索,表明了该方法能

有效地提高单电源驱动多激励器的能力,在不改变输入电压的情况下,通过增加放电通道数目延长了放电通道距离,改善了放电效率。但是,受到实验技术的局限性,已有结果并不能完全揭示阵列式放电技术的特点。并且,实验中高压测试属于接触式测量,对于实验电路具有一定的干扰,无法得到无干扰环境下的电路特性。再者,我们对于阵列式放电技术中使用的电子元件对放电通道数目的影响还不清楚,如何优化选择这些参数需要进一步研究。本节建立阵列式放电电路的分析优化模型,利用该模型研究电路的工作特性及参数的影响规律,最后利用所得规律对放电电路进行改进。

4.3.1　分析优化模型建立

不同通道数目的阵列式放电电路可统一描述为如图 4.24 所示的电路。图 4.24 中电极 n 代表第 n 号放电电极,C 为放电电容,L 为回路电感,R 为回路电阻,$R_{n,2}$ 为卸荷电阻,$C_{n,2}$ 为接力电容。由于电容 $C_{n,2}$ 的目的是将放电电容两端高压传递给下级放电电极,发挥接力作用,所以定义该类电容为接力电容。

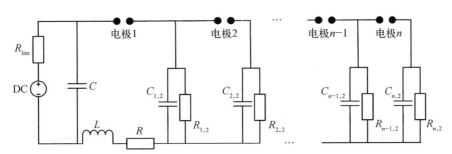

图 4.24　阵列式放电通用电路示意图

为建立多路放电的分析模型,本节引入如下假设:

(1) 电极间隙击穿前,电极视为电容值很小的电容;击穿后,电极视为可变电阻。在模型中,电容取值为 1 pF。可变电阻的阻值利用 Schavemaker 和 van der Sluis[17] 提出的改进型 Mayr 电弧仿真模型进行计算。

(2) 电极间隙的击穿电压具有一定的随机性,但分布规律满足正态分布。

(3) 击穿时延满足正态随机分布规律。分布的平均值基于 Martin[18] 总结的经验公式进行计算。

(4) 当某一电极没有击穿时,下一级电极必然没有击穿。电极自身等效电容很小,所有电极假设为断开的开关,通过电流忽略不计。

阵列式放电的整个过程可分解为以下三个主要步骤:电极击穿形成放电通道,电容通过放电释放能量,放电因等离子体通道熄灭而结束。针对这三个步骤,本节建立三个主要的子模型。第一个子模型用于判断电极间隙是否击穿,是否从容性负载转化为可变电阻负载。第二个子模型用于计算可变电阻的演化过程。第三个子模型用于判断放电通道是否熄灭,整个放电过程是否结束。

电极间隙击穿是一个复杂的过程,具有一定的随机特性。即使对于同样的条件,在某时刻电极间隙是否会发生击穿现象并不是很确定。为简化研究,本节采用如下的判断方法。

(1)电极间隙两端电压必须超过一定阈值,也就是常说的击穿电压。该电压满足正态分布,平均值根据式(4.3)进行计算[9]。

(2)电极间隙击穿前,两端电压超过击穿电压必须达到一定的时间,该时间称为击穿时延。同样,该时间也满足正态分布规律。分布的平均值根据经验公式(4.6)进行计算[18]。式中,ρ 为气体密度,单位为 g/cm^3,E 为平均的电场强度,单位为 kV/cm。

$$T_{\text{delay}} = 97\,800\,\frac{\rho^{2.44}}{E^{3.44}}\,(\text{s}) \tag{4.6}$$

(3)电极间隙击穿的特性可用可变电阻来描述。可变电阻的电导率利用 Schavemaker 和 van der Sluis[17]提出的改进型 Mayr 电弧仿真模型进行计算求解。Mayr 电弧仿真模型认为电弧通道为圆柱形,但圆柱的直径保持不变,并且电弧的耗散功率为固定值[19]。改进型 Mayr 电弧模型则对电弧耗散功率进行了修正,认为电弧电流会影响到耗散功率[20]。改进型 Mayr 电弧模型包含的微分方程如式(4.7)所示。式中,g 为电弧通道电导率;u 为电弧压降,即间隙两端电压;i 为电流;τ 为时间常数;P_0 为固定耗散功率,P_1 为随加热功率变化的耗散功率系数;e_0 为大电流情况下的弧压。

$$\frac{\mathrm{d}g}{\mathrm{d}t} = \frac{1}{\tau}\left(\frac{ui}{\max(P_0 + P_1 ui,\ e_0\,|\,i\,|)} - 1\right)g \tag{4.7}$$

击穿发生后,电弧电阻可以根据上面描述的电弧模型进行计算,其随电压、电流改变而变化。在第三个子模型中,主要根据电弧电阻阻值大小及其处于增加段还是下降段来判定放电通道能否维持,放电是否结束。该判定条件可表示为式(4.8)。式中,g_0 为设定的阈值。当同时满足这两个条件时,模型认为电弧熄灭,放电结束。

$$
\begin{cases}
g < g_0 \\
ui < \max(P_0 + P_1 ui,\, e_0 \mid i \mid)
\end{cases}
\tag{4.8}
$$

　　阵列式放电的实验研究表明,各个电极间隙逐个击穿。由假设可知,电极击穿前为电容,击穿后为可变电阻。描述这两者特性的微分方程完全不同。因此,整个模型的微分方程将随电极间隙的击穿而改变,整个过程难以用一个统一的微分方程组描述,只能采用分段建模的方法。

　　在电源为放电电容充电的过程中,当放电电容两端电压达到第一电极击穿条件时,击穿过程开始发生。由于采用限流电阻,在短时间内电源提供的能量可以忽略不计。此时可不予考虑整个电路中电源与限流电阻元件。电路呈一个零状态响应过程。放电电容两端的初始电压即为第一电极间隙所对应的击穿电压。模型从第一个电极击穿后开始求解,此时的电路图如图 4.25 所示。

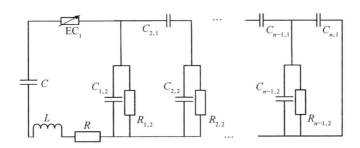

图 4.25　模型求解的初始电路图

　　前面假设已经指出,当某级电极间隙还没有击穿时,可以忽略通过下一级电极的电流,所以上述电路可简化为图 4.26(a)。与电极的等效电容 $C_{2,1}$ 相比,$C_{2,2}$ 电容值较大,阻抗较小,所以其分压少。在卸荷电阻为 1 MΩ 的情况下,通过卸荷电阻的电流更是微乎其微。因此,电路可进一步简化为图 4.26(b)。

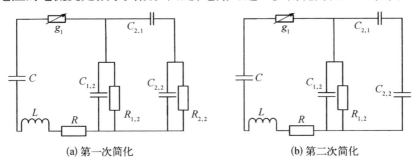

(a) 第一次简化　　　　　　　　　　　　(b) 第二次简化

图 4.26　模型求解的初始简化电路

由于不同放电间隙上所连接的接力电容的电容值 $C_{x,2}$、电极未击穿前的等效电容 $C_{x,1}$ 及卸荷电阻 $R_{x,2}$ 的数值相同,为表示方便,在建立方程描述该电路时都统一表示为 C_2、C_1 和 R_2。最终将电路图所对应的微分方程组简化为

$$\begin{cases} \dfrac{\mathrm{d}U}{\mathrm{d}t} = -\dfrac{1}{C_0}\left(\dfrac{U_0 - U}{R_{\mathrm{lim}}} - I_1\right) \\[3mm] \dfrac{\mathrm{d}I_1}{\mathrm{d}t} = \dfrac{1}{L}(U - I_1/g_1 - U_{1,2} - RI_1) \\[3mm] \dfrac{\mathrm{d}g_1}{\mathrm{d}t} = \dfrac{1}{\tau}\left(\dfrac{I_1^2/g_1}{\max(P_0 + P_1 I_1^2/g_1,\ e_0\,|\,I_1\,|)} - 1\right)g_1 \\[3mm] \dfrac{\mathrm{d}U_{1,2}}{\mathrm{d}t} = \dfrac{C_1 + C_2}{C_2^2 + 2C_1 C_2}\left((U - U_{1,2})g_i - \dfrac{U_{1,2}}{R_2}\right) \\[3mm] U_{2,2} = \dfrac{C_1}{C_1 + C_2}U_{1,2} \end{cases} \tag{4.9}$$

同样,当达到第二个电极间隙对应的击穿条件时,求解电路如图 4.27 所示。

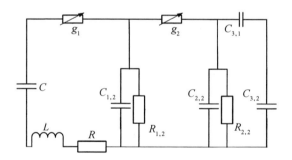

图 4.27　两通道击穿后的简化求解电路

此时的微分方程为

$$\begin{cases} \dfrac{\mathrm{d}U}{\mathrm{d}t} = -\dfrac{1}{C_0}\left(\dfrac{U_0 - U}{R_{\mathrm{lim}}} - I_1\right) \\[3mm] \dfrac{\mathrm{d}I_1}{\mathrm{d}t} = \dfrac{1}{L}(U - I_1/g_1 - U_{1,2} - RI_1) \\[3mm] \dfrac{\mathrm{d}g_1}{\mathrm{d}t} = \dfrac{1}{\tau}\left(\dfrac{I_1^2/g_1}{\max(P_0 + P_1 I_1^2/g_1,\ e_0\,|\,I_1\,|)} - 1\right)g_1 \end{cases}$$

$$
\begin{cases}
\dfrac{\mathrm{d}U_{1,2}}{\mathrm{d}t} = \dfrac{1}{C_2}\left(I_1 - \dfrac{U_{1,2}}{R_2} - (U_{1,2} - U_{2,2})g_2\right) \\[4mm]
\dfrac{\mathrm{d}g_2}{\mathrm{d}t} = \dfrac{1}{\tau}\left(\dfrac{(U_{1,2} - U_{2,2})^2 g_2}{\max\!\left(P_0 + P_1(U_{1,2} - U_{2,2})^2 g_2,\ e_0 \mid (U_{1,2} - U_{2,2})g_2 \mid\right)} - 1\right)g_2 \\[4mm]
\dfrac{\mathrm{d}U_{2,2}}{\mathrm{d}t} = \dfrac{C_1 + C_2}{C_2^2 + 2C_1 C_2}\left((U_{1,2} - U_{2,2})g_i - \dfrac{U_{2,2}}{R_2}\right) \\[4mm]
U_{3,2} = \dfrac{C_1}{C_1 + C_2}U_{2,2}
\end{cases}
\tag{4.10}
$$

此后,在第 $n-1$ 个电极没有击穿前,第 $i-1$ 个电极击穿后,所有的电路都可以统一为图 4.28 所示的形式。

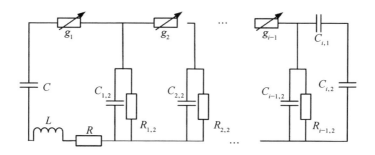

图 4.28　第 $i-1$ 个通道击穿后的简化求解电路

求解的方程统一为如下形式:

$$
\begin{cases}
\dfrac{\mathrm{d}U}{\mathrm{d}t} = -\dfrac{1}{C_0}\left(\dfrac{U_0 - U}{R_{\mathrm{lim}}} - I_1\right) \\[4mm]
\dfrac{\mathrm{d}I_1}{\mathrm{d}t} = \dfrac{1}{L}(U - I_1/g_1 - U_{1,2} - RI_1) \\[4mm]
\dfrac{\mathrm{d}g_1}{\mathrm{d}t} = \dfrac{1}{\tau}\left(\dfrac{I_1^2/g_1}{\max\!\left(P_0 + P_1 I_1^2/g_1,\ e_0 \mid I_1 \mid\right)} - 1\right)g_1 \\[4mm]
\dfrac{\mathrm{d}U_{1,2}}{\mathrm{d}t} = \dfrac{1}{C_2}\left(I_1 - \dfrac{U_{1,2}}{R_2} - (U_{1,2} - U_{2,2})g_2\right)
\end{cases}
$$

$$
\begin{cases}
\dfrac{\mathrm{d}g_2}{\mathrm{d}t} = \dfrac{1}{\tau}\left(\dfrac{(U_{1,2} - U_{2,2})^2 g_2}{\max(P_0 + P_1(U_{1,2} - U_{2,2})^2 g_2,\ e_0 \mid (U_{1,2} - U_{2,2})g_2 \mid)} - 1 \right) g_2 \\
\vdots \\
\dfrac{\mathrm{d}U_{k,2}}{\mathrm{d}t} = \dfrac{1}{C_2}\left((U_{k-1,2} - U_{k,2})g_k - \dfrac{U_{k,2}}{R_2} - (U_{k,2} - U_{k+1,2})g_{k+1} \right) \\
\dfrac{\mathrm{d}g_{k+1}}{\mathrm{d}t} = \dfrac{1}{\tau}\left(\dfrac{(U_{k,2} - U_{k+1,2})^2 g_{k+1}}{\max(P_0 + P_1(U_{k,2} - U_{k+1,2})^2 g_{k+1},\ e_0 \mid (U_{k,2} - U_{k+1,2})g_{k+1} \mid)} - 1 \right) g_{k+1} \\
\vdots \\
\dfrac{\mathrm{d}U_{i-1,2}}{\mathrm{d}t} = \dfrac{C_1 + C_2}{C_2^2 + 2C_1 C_2}\left((U_{i-2,2} - U_{i-1,2})g_i - \dfrac{U_{i-1,2}}{R_2} \right) \\
U_{i,2} = \dfrac{C_1}{C_1 + C_2}U_{i-1,2}
\end{cases}
$$

$$(4.11)$$

在第 $n-1$ 个电极击穿后,由于已经没有接力电容,此时简化的求解电路如图 4.29 所示。

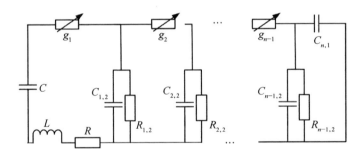

图 4.29　第 $n-1$ 个电极击穿后的简化求解电路

相应描述的微分方程也必须进行变化,此时的微分方程组如下:

$$
\begin{cases}
\dfrac{\mathrm{d}U}{\mathrm{d}t} = -\dfrac{1}{C_0}\left(\dfrac{U_0 - U}{R_{\lim}} - I_1 \right) \\
\dfrac{\mathrm{d}I_1}{\mathrm{d}t} = \dfrac{1}{L}(U - I_1/g_1 - U_{1,2} - RI_1) \\
\dfrac{\mathrm{d}g_1}{\mathrm{d}t} = \dfrac{1}{\tau}\left(\dfrac{I_1^2/g_1}{\max(P_0 + P_1 I_1^2/g_1,\ e_0 \mid I_1 \mid)} - 1 \right) g_1
\end{cases}
$$

$$
\begin{cases}
\dfrac{\mathrm{d}U_{1,2}}{\mathrm{d}t} = \dfrac{1}{C_2}\left(I_1 - \dfrac{U_{1,2}}{R_2} - (U_{1,2} - U_{2,2})g_2\right) \\[2mm]
\dfrac{\mathrm{d}g_2}{\mathrm{d}t} = \dfrac{1}{\tau}\left(\dfrac{(U_{1,2} - U_{2,2})^2 g_2}{\max(P_0 + P_1(U_{1,2} - U_{2,2})^2 g_2,\, e_0\mid (U_{1,2} - U_{2,2})g_2\mid)} - 1\right)g_2 \\[2mm]
\vdots \\[1mm]
\dfrac{\mathrm{d}U_{k,2}}{\mathrm{d}t} = \dfrac{1}{C_2}\left((U_{k-1,2} - U_{k,2})g_k - \dfrac{U_{k,2}}{R_2} - (U_{k,2} - U_{k+1,2})g_{k+1}\right) \\[2mm]
\dfrac{\mathrm{d}g_{k+1}}{\mathrm{d}t} = \dfrac{1}{\tau}\left(\dfrac{(U_{k,2} - U_{k+1,2})^2 g_{k+1}}{\max(P_0 + P_1(U_{k,2} - U_{k+1,2})^2 g_{k+1},\, e_0\mid (U_{k,2} - U_{k+1,2})g_{k+1}\mid)} - 1\right)g_{k+1} \\[2mm]
\vdots \\[1mm]
\dfrac{\mathrm{d}U_{n-1,2}}{\mathrm{d}t} = \dfrac{1}{C_1 + C_2}\left((U_{n-2,2} - U_{n-1,2})g_n - \dfrac{U_{n-1,2}}{R_2}\right)
\end{cases}
$$

$$(4.12)$$

当所有电极击穿后，电极间隙都转化为可变电阻描述，电路由击穿过程转化为放电过程，此时电路图如图 4.30 所示。

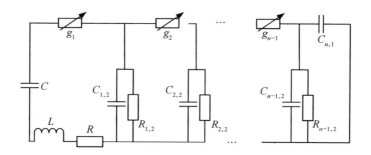

图 4.30 所有通道击穿后等效电路图

描述图 4.30 所示电路的微分方程组为

$$
\begin{cases}
\dfrac{\mathrm{d}U}{\mathrm{d}t} = -\dfrac{1}{C_0}\left(\dfrac{U_0 - U}{R_{\mathrm{lim}}} - I_1\right) \\[3mm]
\dfrac{\mathrm{d}I_1}{\mathrm{d}t} = \dfrac{1}{L}(U - I_1/g_1 - U_{1,2} - RI_1) \\[3mm]
\dfrac{\mathrm{d}g_1}{\mathrm{d}t} = \dfrac{1}{\tau}\left(\dfrac{I_1^2/g_1}{\max(P_0 + P_1 I_1^2/g_1,\, e_0\mid I_1\mid)} - 1\right)g_1
\end{cases}
$$

$$
\left\{
\begin{aligned}
\frac{\mathrm{d}U_{1,2}}{\mathrm{d}t} &= \frac{1}{C_2}\left(I_1 - \frac{U_{1,2}}{R_2} - (U_{1,2} - U_{2,2})g_2\right) \\
\frac{\mathrm{d}g_2}{\mathrm{d}t} &= \frac{1}{\tau}\left(\frac{(U_{1,2} - U_{2,2})^2 g_2}{\max(P_0 + P_1(U_{1,2} - U_{2,2})^2 g_2,\, e_0 \mid (U_{1,2} - U_{2,2})g_2 \mid)} - 1\right)g_2 \\
&\vdots \\
\frac{\mathrm{d}U_{k,2}}{\mathrm{d}t} &= \frac{1}{C_2}\left((U_{k-1,2} - U_{k,2})g_k - \frac{U_{k,2}}{R_2} - (U_{k,2} - U_{k+1,2})g_{k+1}\right) \\
\frac{\mathrm{d}g_{k+1}}{\mathrm{d}t} &= \frac{1}{\tau}\left(\frac{(U_{k,2} - U_{k+1,2})^2 g_{k+1}}{\max(P_0 + P_1(U_{k,2} - U_{k+1,2})^2 g_{k+1},\, e_0 \mid (U_{k,2} - U_{k+1,2})g_{k+1} \mid)} - 1\right)g_{k+1} \\
&\vdots \\
\frac{\mathrm{d}U_{n-1,2}}{\mathrm{d}t} &= \frac{1}{C_2}\left((U_{n-2,2} - U_{n-1,2})g_{n-1} - \frac{U_{n-1,2}}{R_2} - U_{n-1,2}g_n\right) \\
\frac{\mathrm{d}g_n}{\mathrm{d}t} &= \frac{1}{\tau}\left(\frac{U_{n-1,2}^2 g_n}{\max(P_0 + P_1 U_{n-1,2}^2 g_n,\, e_0 \mid U_{n-1,2}g_n \mid)} - 1\right)g_n
\end{aligned}
\right.
\tag{4.13}
$$

上述建立的子模型与各个阶段的控制方程是模型的各个功能模块,如何将各个模块相结合,使程序根据当前状态自主选择求解不同的方程,是仿真流程需解决的问题。模型求解流程图如图 4.31 所示。图中 A 表示模型的状态参数,即电路中各点电压、可变电阻的电阻值、各支路电流等。在整个仿真过程中,若某个电极通道满足了子模型 3 中的熄灭条件,则仿真结束,输出计算结果。如果所有设置的电极都达到击穿条件,那么将等效电容转化为可变电阻,则认为此时参数合适,多路放电电路工作正常。否则,认为设置的通道数量超过了电路的驱动极限,电路参数设计存在问题。

为验证仿真模型的准确性,本节设计 3 路放电实验,电路如图 4.32 所示。实验测试方法与 2.2.1 节相同。实验中放电电容 C 为 1 nF。通过放电电流拟合得到整个电路的电感为 1.63 μH,阻抗分析仪测得导线电阻与电容等效寄生电阻之和为 1.89 Ω。

实验中首先将电极 1、2、3 间隙调整为 1 mm、0 mm、0 mm,测试传统的单路放电波形。基于测得数据,我们通过最小二乘法拟合得到改进型 Mayr 电弧仿真模型在特定条件下的参数。结果如下:$\tau = 2.28 \times 10^{-8}$ s,$P_0 = 219$ W,$P_1 = 0.39$,$e_0 = 56.41$ V。实验结果与拟合结果如图 4.33 所示,除了第一个峰值电流,实验结果与拟合结果在其余阶段都能很好地符合,说明了结果的正确性。

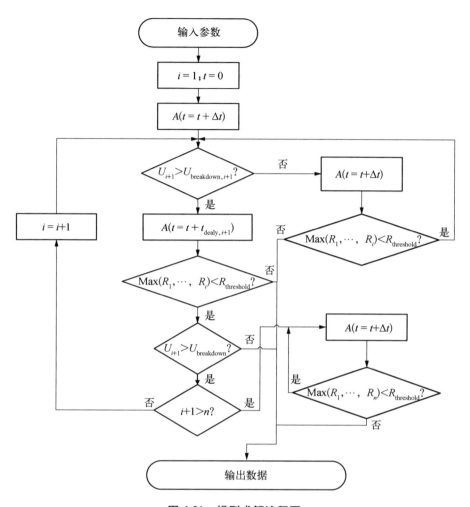

图 4.31　模型求解流程图

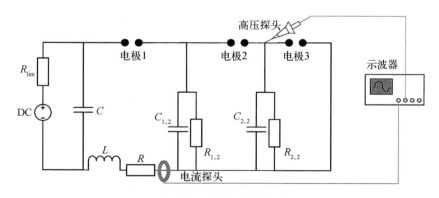

图 4.32　模型验证电路

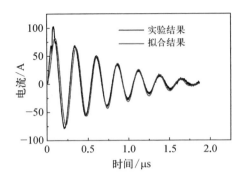

图 4.33　实验结果与拟合结果

　　本节基于仿真得到的电弧模型参数,输入仿真条件即可模拟多路放电电路特性。仿真与实验得到的三通道放电波形如图 4.34 所示,电流与电压波形都具有很好的一致性。当第一电极间隙击穿后,电极间隙由电容转化为电阻。电容 $C_{1,2}$ 开始充电,两端电压开始增加。此时电流开始有所增加,但由于完全放电还未开始,第一个峰值并不是很高。在 61 ns 时,第二个间隙击穿转化为电阻,电容 $C_{2,2}$ 两端电压上升。测得电压正好反映了这一过程。在 132 ns 时,所有通道击穿形成一个完整的放电回路。电流开始迅速增大,峰值电流达到 75 A。总体来看,模型能很好地模拟多路放电特性,准确预测击穿通道形成所需时间、放电整体时间、电流变化规律。

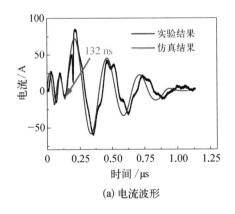

(a) 电流波形

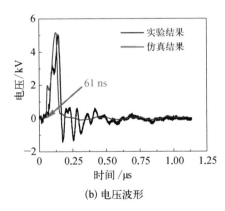

(b) 电压波形

图 4.34　模型仿真与实验结果比较

　　实验中受到高压探头数量限制,能获得的数据有限。并且电压测试属于接触性测量,对原有电路会造成一定影响。此处,通过模型仿真得到关键点处电压可清晰地获得该电路的工作过程。

在一个 5 通道放电仿真中,不同电容 C、$C_{1,2}$,$C_{2,2}$,$C_{3,2}$ 和 $C_{4,2}$ 两端电压波形如图 4.35 所示。由于模型从第一个间隙击穿后开始计算,因此,电容 $C_{1,2}$ 两端电压在开始时刻即迅速升高。尽管计算前设置第二个电极对应的击穿电压为 4 kV,但由于击穿时延作用,电容 $C_{1,2}$ 两端电压并没有在达到 4 kV 后开始降低。由于回路中电感的作用,其峰值电压甚至超过放电电容 C 两端的初始电压,达到 7.5 kV。由于与电极等效电容相比,接力电容 $C_{x,2}$ 相对较大。因此,在第二电极间隙没有击穿前,其所分担的压降很小。$U_{C_{1,2}}$ 与 $U_{C_{2,2}}$ 之差即为第二电极两端电压,所以尽管引入了接力电容与卸荷电阻,但达到击穿条件所需的输入电压并不需要额外增大。当第二电极间隙达到击穿条件击穿后,接力电容 $C_{2,2}$ 两端电压 $U_{C_{2,2}}$ 开始增加。仿真结果很好地说明了这一现象。在同样的模式下,后续电极间隙也将达到击穿条件而击穿。所以各接力电容两端电压出现依次迅速增加的情况。在 200 ns 时,所有电极间隙击穿形成完整的放电回路。如图 4.36 所示,此时进入火花放电阶段,电流迅速增加。各通道电阻演化规律如图 4.37 所示。击穿后,电阻都迅速下降。但在整个放电回路形成之前,电流并不是很大。当电流减小时,电阻增大,但没有达到熄灭条件。当最后一个放电通道形成后,电流迅速增大,电阻减小到只有 0.78 Ω。随后当电容能量释放完毕后,电流减小,电阻增加到设定的熄灭条件,整个放电过程结束。

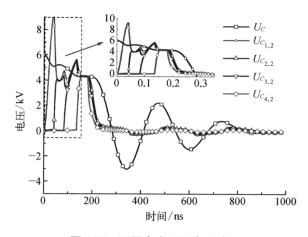

图 4.35　不同电容两端电压波形

当减小放电电容时,多路放电电路无法正常工作,对应的电容两端电压与放电电流波形如图 4.38 所示。由电压波形可知,当第三个电极击穿后,由于放电电容能量不足,此时电容 $C_{3,2}$ 两端电压升高但已无法达到第四个电极的击穿条

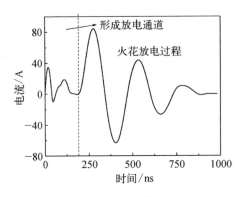

图 4.36　五通道放电电流波形

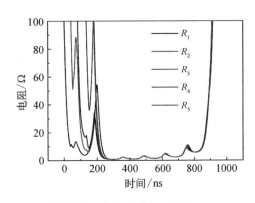

图 4.37　各通道电阻演化规律

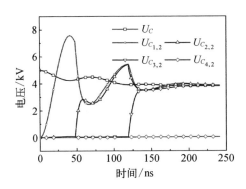

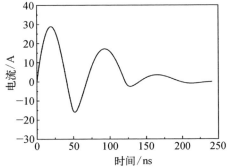

图 4.38　五通道放电电压与放电电流波形

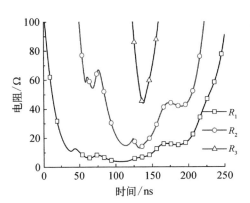

图 4.39　电极间隙电阻变化情况

件。击穿过程持续了约 120 ns 后结束。电极间隙电阻变化情况如图 4.39 所示。由于无法达到第四个电极间隙的击穿条件，回路中电流长时间处于较小值，使电阻迅速增加，最终达到熄灭条件。

从上述分析可知，为确保阵列式放电电路能正常工作，有两个关键点。一是第一个放电电极对应的击穿电压必须高于后续电极间隙对应的击穿电压，否则无法达到击穿条件。二是所有形成的放电通道必须能维持到所有放电电极间隙击穿。

4.3.2　参数影响规律

阵列式放电电路中影响放电通道数的元件参数如表 4.1 所示。如上所述，击穿电压及击穿时延并不固定，具有一定的随机性。因此，在指定初始条件下，仿真从单路起进行 100 次仿真计算。如果超过 90 次，阵列式放电电路工作正常，那么放电通道的数目增加。否则，此时的放电通道数则为指定初始条件下最大的稳定放电通道数目。

表 4.1　阵列式放电电路中影响放电通道数目的元件参数

参　　数	说　　　　明
U_1	放电电容初始电压，由第一电极间隙间距决定
U_2	除了第一电极，其余电极间隙对应的击穿电压
C_0	主放电电容的电容值
C_2	接力电容 $C_{1,2}$，$C_{2,2}$，$\cdots$，$C_{n-1,2}$ 的电容值
L	回路电感

1. 放电电容初始电压的影响

仿真中设置的初始条件如下：$U_1 = 10\,000$ V，$C_0 = 10$ nF，$C_2 = 0.2$ nF，$R_2 = 1$ MΩ，$L = 1.65$ μH。最大的稳定放电通道数目（maximum discharge channel number，MDCN）随放电电容两端初始电压 U_1 的变化情况如图 4.40 所示。由图可见，随着放电电容初始电压的增大，最大放电通道数目线性增加。

当放电电容两端初始电压 U_1 增加时，由于后续电极的间距没有改变，因此，

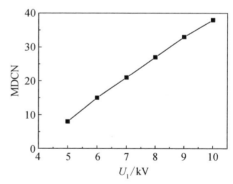

图 4.40　最大的稳定放电通道数目随放电电容两端初始电压 U_1 的变化情况

电极间空气的电场强度增加。式(4.6)已经表明时延随电场强度的增加而减小。此时，所有电极间隙达到击穿条件，击穿所需时间减小，仿真结果如图 4.41 所示。这种条件使放电通道更容易维持。并且，随初始电压的增加，在击穿过程中通过的电流也会增加，这使注入等离子体通道的能量增加，抑制了通道的熄灭。击穿过程中通过等离子体通道电流随 U_1 的变化情况如图 4.42 所示，随 U_1 的增加，电流确有增加的趋势。

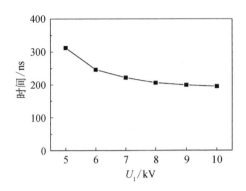

图 4.41　放电通道形成所需时间
随 U_1 的变化情况

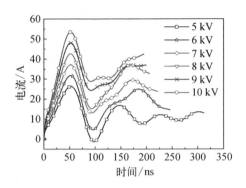

图 4.42　等离子体通道电流
随 U_1 的变化情况

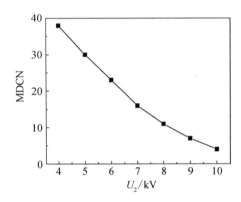

图 4.43　MDCN 随击穿电压 U_2 的变化情况

2. 间隙击穿电压的影响

仿真中设置的初始条件如下：$U_1 =$ 10 kV，$C_0 = 10$ nF，$C_2 = 0.2$ nF，$R_2 =$ 1 MΩ，$L = 1.65$ μH。MDCN 随击穿电压 U_2 的变化情况如图 4.43 所示。由图可见，随着后续 U_2 的增大，MDCN 接近于线性减小。由式(4.3)可知，U_2 的增加意味着电极间距的增大。当初始电压固定时，电场强度必然减小，导致形成所有放电通道所需时间增加。这将使形成的放电通道容易熄灭，使放电结束，阵列式放电无法正常进行。

3. 主放电电容 C_0 和接力电容 C_2 的影响

在研究主放电电容 C_0 的影响时，仿真中设置的初始条件如下：$U_1 = 6\,000$ V，$U_2 = 4\,000$ V，$C_2 = 0.2$ nF，$R = 1$ MΩ，$L = 1.65$ μH。MDCN 随 C_0 的变化情况如图 4.44 所示。随着 C_0 的增加，放大的放电通道数目增加。但是，当电容值增加到一定值后，放电通道数目增加变缓。因此，相比于增加电容，增加电容两端电压更容易使放电通道数目增加。

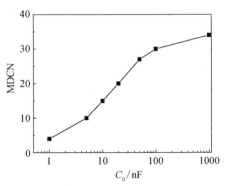

图 4.44　MDCN 随 C_0 的变化情况

在研究接力电容 C_2 的影响时,仿真中设置的初始条件如下: $U_1 = 6\,000$ V, $U_2 = 4\,000$ V, $C_0 = 10$ nf, $R_2 = 1$ MΩ, $L = 1.65$ μH。MDCN 随 C_2 的变化情况如图 4.45 所示。C_2 存在一个最佳值,使得驱动的放电通道数目最多,该值约为100 pF。

当 C_2 减小时,击穿过程中通过等离子体通道的电流减小,注入等离子体通道的能量也随之减小。这种情况导致形成的放电通道很容易熄灭。在三种不同接力电容情况下,放电电流随 C_2 的变化情况如图 4.46 所示。该图充分地说明了上述原因。但是,当接力电容增大时,为使电容电压达到相同的击穿电压则需要更多的能量。而放电电容 C 所储存能量是一定的,所以只能使少数的接力电容电压增加到击穿电压。这种情况下放电通道数也就会减小。因此,电容的最佳值并不固定,当电路中其他参数改变时此值也将改变。

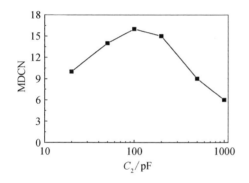

图 4.45　MDCN 随 C_2 的变化情况

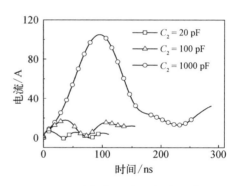

图 4.46　放电电流随 C_2 的变化情况

4. 回路电感的影响

仿真中设置的初始条件如下: $U_1 = 6\,000$ V, $U_2 = 4\,000$ V, $C_0 = 10$ nF, $C_2 = 100$ pF, $R_2 = 1$ MΩ。MDCN 随 L 的变化情况如图 4.47 所示。随着 L 的增加,MDCN 也会改变。变化曲线呈现出三阶段的特性。当 L 只是小幅度增加时,电路可实现的 MDCN 并不会有明显的增加,只有当增加的幅度超过一定值时,才能有效地增加电路驱动放电通道数目的

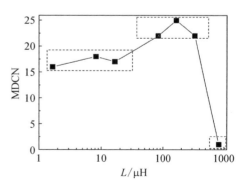

图 4.47　MDCN 随 L 的变化情况

能力。但是当电感过大时,电路驱动能力迅速降低到 1 个通道。

4.3.3 阵列式放电方法的优化

基于所建立的分析优化模型,本节对阵列式放电电路中影响驱动放电通道数目的主要参数进行研究。在实际选择中,只有接力电容是可任意选择的。放电电容两端电压受驱动电源的限制,无法随意增大。后续电极击穿电压也不能太小,否则单个通道注入能量较小,不利于激励器性能的提高。在电源功率一定的条件下,放电电容 C_0 的增加受放电频率的制约。回路电感 L 的增加引起放电时间的延长,降低了能量沉积速度,不利于等离子体激励器的工作。考虑到这些因素,将阵列式放电电路做如下改变。如图 4.48 所示,接力电容取仿真得到的最佳值为 100 pF。在接力电容、卸荷电阻与放电电容接连之间增加额外电感 L_1。这一电感只在形成放电通道过程中发挥作用。当形成放电通道后通道电阻迅速减小,从而屏蔽了额外电感 L_1。

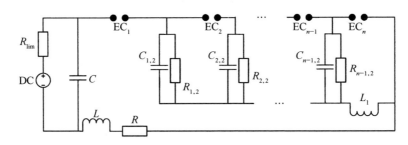

图 4.48　优化的阵列式放电电路

为验证阵列式放电参数优化结果,本节设计单电源驱动 31 路阵列式等离子体激励的放电实验。31 通道放电图像如图 4.49 所示。该图由尼康相机 D7000 拍摄,相机参数为光圈 $f/5.3$,快门速度为 1/320 s,感光度为 ISO200。第一电极由两半球构成,相应的击穿电压为 6 kV。余下的电极由钨针构成,间隙为 2 mm。由于尖端效应的影响,击穿电压有所降低,范围为 3~4 kV。31 路放电的电流电压波形如图 4.50 所示。由图可知,放电电容两端电压只由第一个电极决定,为 6 kV。由于放电通道数目达 31 个,所有通道击穿所用时间达 6.5 μs。由于放电通道数目的增多,等离子体电阻增大,使火花放电时间缩短到 0.77 μs。基于测试的电压电流波形,计算得到等离子体区域电阻约为 35.87 Ω。由于等离子体通道电路的迅速增加,电容放电已经从欠阻尼响应转变为过阻尼响应。

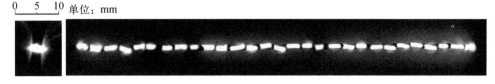

图 4.49 31 通道放电图像

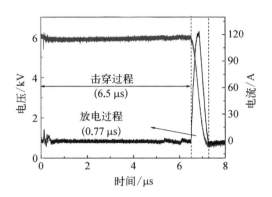

图 4.50 31 路放电的电流电压波形

4.4 阵列式等离子体激励特性实验研究

选择阵列式等离子体合成射流激励器进行实验,包括 12 个激励器,如图 4.51 所示。各个激励器之间间隔 20 mm。在实际使用过程中,激励器的相对位置关系可根据实际需要调整,这里为了研究方便将所有激励器依次排列。

图 4.51 12 个激励器组成的一组激励器阵列

激励器阵列的驱动电路示意图如图 4.52 所示。一个可调高压直流电源(0~10 kV)作为整个激励器的供电电源。为保护供电电源,同时产生脉冲式放电,电源输出端接 10 MΩ 电阻(作为限流电阻)。各个两电极激励器串联连接,但两电极激励器之间的连接导线通过接力电容和卸荷电阻与高压电源的低压端

（接地极）相连。接力电容为 100 pF，卸荷电阻为 1 MΩ，放电电容为 0.3 μF。

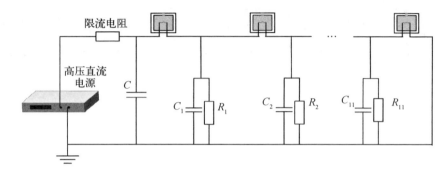

图 4.52 激励器阵列的驱动电路示意图

4.4.1 激励性能

在研究阵列式等离子体激励器工作特性前，首先对各个放电间隙沉积能量特性进行研究。

受限于高压探头的数量，通过电测试的方法无法同时检测多个通道放电的能量特性。为此利用纹影测试系统，基于高速相机对多通道放电过程直接拍摄。通过比较各个通道放电过程的异同来比较各通道注入的能量。由于纹影测试系统中凹面镜尺寸的制约，实验中只设计了 7 通道的放电实验，放电得到的纹影图如图 4.53 所示。实验中放电电容为 0.1 μF。各电极间隙约为 3 mm，但由于尖端效应使局部电场畸变，击穿电压仅为 6 kV。此时，空气击穿从底部电极对开始。

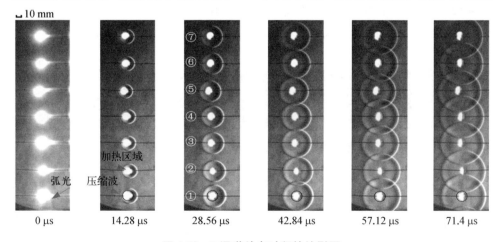

图 4.53 7 通道放电过程的纹影图

当所有电极间空气击穿后,电容能量通过放电形成的电弧通道迅速释放。电弧通道发出耀眼的弧光。随着放电过程的结束,弧光熄灭。在 14.28 μs 时刻的纹影图中,电极间隙内呈现出与初始阶段截然不同的图像。电极间隙周围出现一团白色区域,该区域即为气体受到加热后呈现的状态。加热区域四周出现圆形状的压缩波。该压缩波实质上为放电迅速加热气体时产生的球状冲击波。随后,压缩波向四周传播。以 14.28 μs 时刻纹影图中最后一对电极产生的加热气体区域为基准绘制了一个圆形框。从圆形框与各时刻白色区域相对大小可知,受热气体向周围膨胀较小。此外,57.12 μs 各放电通道产生的压缩波相互交织,但各压缩波的形态几乎没有改变。这种现象说明,放电产生的压缩波迅速减弱为声速波,声速波通过流场后流场局部的热力学参数迅速恢复。为比较各放电通道沉积的能量大小,提取了 28.56 μs 纹影图中加热气体区域面积及此刻压缩波半径,结果如图 4.54 所示。此

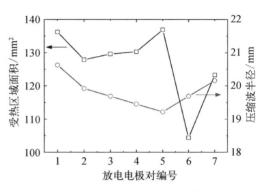

图 4.54　28.56 μs 各放电通道形成受热区域面积及压缩波半径

刻,各放电通道形成的受热区域面积存在一定的差异,压缩波半径则相差很小。但受热区域面积差异显然与击穿放电次序没有联系,主要由电极之间间距的差异引起。该实验表明,在多路放电电路中,各通道注入的能量与击穿次序无关。

12 个激励器组成的激励器阵列产生的射流演化过程如图 4.55 所示。为提高激励器强度,此时放电电容为 0.3 μF,初始击穿电压约为 6 kV。触发放电后 21.73 μs,各个激励器出口都出现激波结构,但此时还无法分辨细微的射流结构。在 77.12 μs 时刻,各个激励器产生的前驱激波已经远离激励器出口。此时,激波同样已经弱化为声速波,各个声速波相互穿越后形态上没有改变。如图 4.55 中白色虚线所示,此时各激波前缘距离激励器出口距离相差很小,说明激波传播过程中速度相差不大。在 150.96 μs 时刻,各个激励器出口都产生蘑菇状射流结构,射流头部距离出口距离存在一定的差异。在 298.66 μs 时刻,各激励器产生的射流差异增大。左起第 3、7、9 号激励器射流头部前出现明显的涡环,而其他激励器则未出现。第 2 章研究已经表明,涡环结构与射流主体脱离表明激励器产生的射流减弱。在 594.04 μs 时刻,第 3、9 号激励器产生的射流强度已经减弱,形态上变得模糊。这些不同时刻的纹影图表明:

激励器阵列可以产生多个射流,由于各个激励器之间存在差异,激励器产生的射流强度有所区别,但这种差异与激励器击穿次序无关。

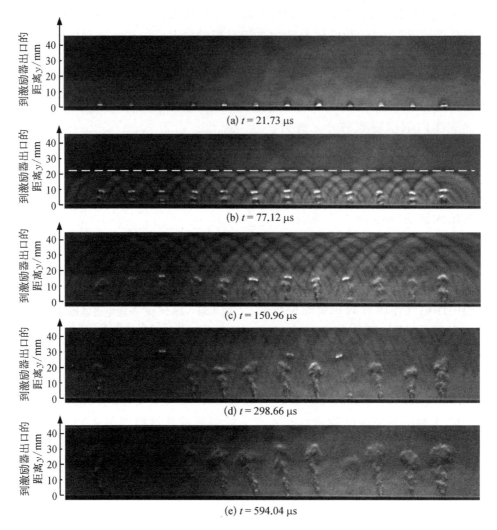

图 4.55　12 个激励器组成的激励器阵列产生的射流演化过程

为比较相同能量下、激励器两种工作模式下性能的区别,将 150.96 μs 时刻激励器产生的射流进行对比,两者产生的射流结构如图 4.56 所示。此时,激励器阵列射流影响区域面积为 1.16×10^{-5} m^2,而单个激励器产生射流影响区域面积为 1.95×10^{-6} m^2。这一结果表明,激励器阵列确实能够有效地扩大对流场的影响区域。

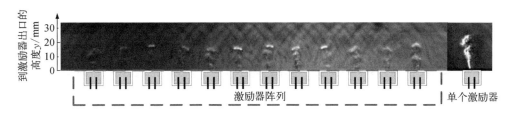

图 4.56　150.96 μs 时刻两种激励器产生的射流结构比较

150.96 μs 时刻激励器阵列的子激励器产生的射流头部速度如图 4.57 所示。激励器从左起开始编号。由于激励器为实验室组装,存在差异,所以同一时刻射流头部速度有所不同。此时,各射流速度之间的标准差仅为 5.8 m/s,平均值为 100 m/s。同一时刻,在同样能量下单个激励器产生射流速度为 157 m/s。因此,在同样能量下,激励器阵列产生的射流速度小于单个激励器产生射流速度。但

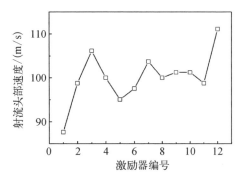

图 4.57　150.96 μs 时刻激励器阵列的
子激励器产生的射流头部速度

相比于 36% 的射流速度减小量,激励器阵列影响流场区域面积却增加了 6 倍。

4.4.2　激励器数量对性能的影响

如前面所述,激励器阵列能够有效地增大射流影响区域面积,但单个激励器产生的射流强度会有所减小。利用纹影测试方法,研究激励器数量对于单个激励器性能的影响。

图 4.58 为不同数量的激励器构成阵列时,第一个激励器在给定时刻下射流的纹影图像。在 25 μs 时,各个激励器出口都检测到明显的前驱激波,说明激励器阵列的响应时间并不随着数量的增加而减小。以单个激励器工作时诱导的射流为基准绘制了射流大致区域。通过比较不同条件下射流与白色框相对大小可以看出,随着激励器数量的增加,激励器产生的射流速度、射流影响区域都逐渐减小。

在不同激励器数量下第一个激励器的射流头部速度如图 4.59 所示。无论是单个激励器还是激励器阵列,随着时间的增加,射流头部速度都呈现减小的趋势。随着激励器数量的增加,射流头部速度减小,但是减小幅度不同。当激励器

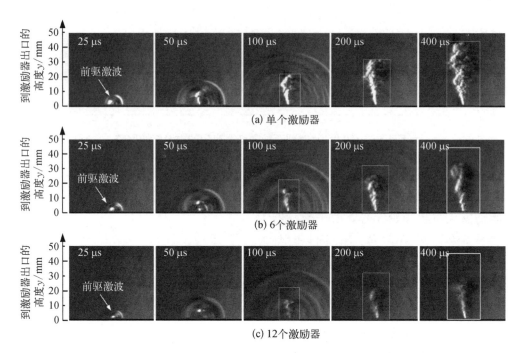

图 4.58   不同激励器数量下第一个激励器的射流头部位置及速度

数量从 1 个增加到 6 个时,速度减小幅度明显地大于激励器从 6 个增加到 12 个时速度的减小量。400 μs 时,在不同激励器数量下,单个激励器射流影响区域面积如图 4.60 所示。该结果同样出现这一趋势,即随着激励器数量的增加,射流强度减弱的幅度逐渐减小。

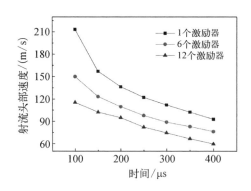

图 4.59   不同激励器数量下第一个激励器的射流头部速度

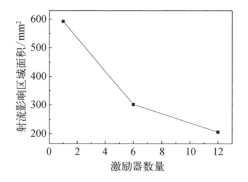

图 4.60   不同激励器数量下,单个激励器射流影响区域面积

4.5　阵列式等离子体激励特性仿真研究

实验已经表明,随着激励器数量的增加,组成阵列的各个激励器单元性能必然会降低。虽然基于纹影可以提取部分定量数据,但这远远不足以量化激励器的性能。并且,对于激励器阵列工作模式,如何确定激励器数量才能保证能量利用率最大,这一最佳的激励器数量受什么因素影响,这些问题对于激励器阵列的设计都至关重要。另外,关于单个激励器的性能模拟的理论分析已有很多研究[21-23],基于这些模型能够对激励器的性能进行快速计算,从而指导激励器设计。但是,基于多路放电技术的激励器阵列的研究才刚刚开始,本节亟须建立一种理论分析模型,指导激励器阵列的快速设计。

4.5.1　仿真模型建立

基于流体力学中控制体建模思想,本节构建一维的等离子体合成射流激励器阵列的仿真模型。如图 4.61 所示,将激励器流体区域划分为喉道、腔体两个基本的控制体。在控制体内部,气体的密度、压力、温度、速度假设一致。

为建立仿真模型,本节将模型进行如下假设:

（1）忽略体积力影响。这里体积力主要指重力与电场力。相比于压力的影响,体积的影响完全可以忽略。这一假设在等离子体合成射流激励器的仿真中大量采用[23, 24]。

（2）激励器腔体内部气体速度为零,只考虑喉道气体的运动特性。喉道进出口气流速度、温度、压力满足均匀分布。在激励器腔体均匀加热前提下,这一假设引入的误差很小。

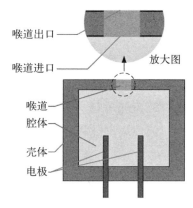

图 4.61　激励器结构

（3）气体为理想气体,不考虑黏性效应。激励器的喉道深度与直径之比很小,因此,气体黏性所起作用很小。

（4）忽略喉道壁面的热传递。

1. 质量守恒方程

流体运动过程满足质量守恒方程,其积分形式如下:

$$\frac{\partial}{\partial t}\iiint_v \rho \mathrm{d}v + \iint_s \rho \boldsymbol{U} \mathrm{d}\boldsymbol{S} = 0 \tag{4.14}$$

假设控制体内密度分布均匀,控制面上速度、密度也分布一致,所以当上述方程应用到腔体与喉道两个控制体时,方程可简化为如下形式:

$$\frac{\partial \rho_c}{\partial t}V_c + \rho_i u_i A_i = 0 \tag{4.15}$$

$$\frac{\partial \rho_t}{\partial t}V_t - \rho_i u_i A_i + \rho_o u_o A_o = 0 \tag{4.16}$$

式中,ρ、V、u、A 和 t 分别表示密度、体积、速度、面积与时间,下标 c 表示腔体,下标 i 表示喉道进口,下标 o 表示喉道出口,下标 t 表示喉道。这里在定义射流喷出激励器出口时,速度为正。而对于控制体而言,流体流出控制体时速度为正。所以对于腔体控制体,积分 $\iint_s \rho \boldsymbol{U} \mathrm{d}\boldsymbol{S}$ 等于 $\rho u_i A_i$。而对于喉道控制体,积分 $\iint_s \rho \boldsymbol{U} \mathrm{d}\boldsymbol{S}$ 等于 $-\rho u_i A_i + \rho u_o A_o$。为求解密度,将式(4.15)、式(4.16)转化为关于密度的微分形式。

$$\frac{\mathrm{d}\rho_c}{\mathrm{d}t} = -\frac{\rho_i u_i A_i}{V_c} \tag{4.17}$$

$$\frac{\mathrm{d}\rho_t}{\mathrm{d}t} = \frac{\rho_i u_i A_i - \rho_o u_o A_o}{V_t} \tag{4.18}$$

2. 动量守恒方程

流体运动过程中满足动量守恒方程,其积分形式如下:

$$\frac{\partial}{\partial t}\iiint_v \rho \boldsymbol{U} \mathrm{d}v + \iint_s \rho \boldsymbol{U}^2 \mathrm{d}\boldsymbol{S} = -\iint_s P \mathrm{d}\boldsymbol{S} + \iiint_v \rho \boldsymbol{f} \mathrm{d}v + F_{\text{viscous}} \tag{4.19}$$

由于认为腔体内部气体速度始终为零,只考虑喉道气体运动,所以只需建立喉道控制体的动量守恒方程。假设忽略重力、黏性力的影响,则方程形式如下:

$$\frac{\partial \rho_t u}{\partial t}V_t - \rho_i u_i^2 A_i + \rho_o u_o^2 A_o = P_i A_i - P_o A_o \tag{4.20}$$

为计算射流速度,式(4.20)转化为速度的微分形式:

$$\frac{\mathrm{d}u}{\mathrm{d}t} = \rho_t\left(\frac{P_i A_i - P_o A_o + \rho_i u_i^2 A_i - \rho_o u_o^2 A_o}{V_t} - u\frac{\mathrm{d}\rho_t}{\mathrm{d}t}\right) \tag{4.21}$$

由于激励器工作过程中存在射流段与吸气恢复段,所以不同阶段喉道出口、喉道进口气流状态不同。如图 4.62(a)所示,在射流段,腔体内部气体经过喉道喷出激励器腔体,此时喉道进口气体特性主要由腔体气体决定,而喉道出口气体特性主要由喉道气体决定。如图 4.62(b)所示,在吸气恢复段,外部气体经过喉道流入激励器腔体,此时喉道进口气体特性则主要由腔体气体决定,而喉道出口气体特性则主要由外部气体决定。

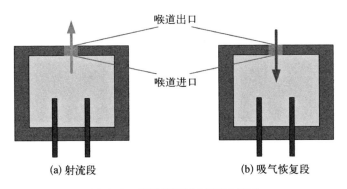

图 4.62 激励器两个过程示意图

由于喉道并非拉瓦尔类型的喷管,其出口最大速度只能达到声速,因此,喉道出口压力还与射流所处状态有关[25]。当射流速度达到声速时,喉道处于超临界工作状态,喉道出口气体压力不再与外界大气压力相同,而由进口气体总压决定,两者之间满足[26]:

$$P_o = \frac{P_i^*}{\pi(1)} = \frac{P_i^*}{1.89} \tag{4.22}$$

由于喉道截面较小,因此,当气体从腔体流入喉道及气体从大气流入喉道时,必然存在总压损失。局部总压损失的计算式为

$$P_{\text{loss}} = \zeta \frac{1}{2}\rho v^2 \tag{4.23}$$

式中,ρ、v、ζ 分别为密度、速度、总压损失指数。截面突然变化时总压损失指数与面积比相关[27],可表示为

$$\zeta = 0.5\left(1 - \frac{A_i}{A_c}\right) \tag{4.24}$$

式中,A_c 为腔体横截面积;A_i 为喉道进口面积。

综上,在射流段和吸气恢复段,喉道进口与出口面气体属性的计算公式如下所示。

射流段:

当 $P_c^*\left(1 - 0.5\rho_i u^2 0.5\left(1 - \dfrac{A_i}{A_c}\right)\right) < 1.89P_\infty$ 或 $\gamma < 1$ 时,喉道处于亚临界工作状态。

$$\rho_i = \rho_c \varepsilon(\lambda)$$

$$P_i = \left(P_c^* - 0.5\rho_i u^2 0.5\left(1 - \frac{A_i}{A_c}\right)\right)\pi(\lambda)$$

$$= \left(P_c - 0.5\rho_i u^2 0.5\left(1 - \frac{A_i}{A_c}\right)\right)\pi(\lambda)$$

$$T_i = \frac{P_i}{R\rho_i} \tag{4.25}$$

$$\rho_o = \rho_t$$

$$P_o = P_\infty$$

$$T_o = \frac{P_o}{R\rho_o}$$

当 $P_c^*\left(1 - 0.5\rho_i u^2 0.5\left(1 - \dfrac{A_i}{A_c}\right)\right) \geqslant 1.89P_\infty$ 且 $\gamma \geqslant 1$ 时,喉道处于临界或超临界工作状态,喉道出口压力已不等于外界大气压力,而应该按式(4.26)进行计算:

$$P_o = \frac{1}{1.89}\left(P_c - 0.5\rho_i u^2 0.5\left(1 - \frac{A_i}{A_c}\right)\right) \tag{4.26}$$

吸气恢复段:

$$\rho_i = \rho_t$$

$$P_i = P_c$$

$$T_i = \frac{P_i}{R\rho_i} \tag{4.27}$$

$$\rho_o = \rho_\infty \varepsilon(\lambda)$$

$$P_i = (P_\infty - 0.25\rho_o u^2)\pi(\lambda)$$

$$T_i = \frac{P_o}{R\rho_o}$$

式(4.25)~式(4.27)中,$\varepsilon(\lambda)$、$\pi(\lambda)$ 是与气体速度系数 λ 相关的气体动力学函数,其计算方法如下所示[28]。

速度系数 λ 指气流速度与临界速度的比值,这里气流速度即射流速度 u,临界速度则按式(4.28)进行计算:

$$\begin{cases} a_{cr} = \sqrt{\dfrac{2\gamma}{\gamma+1}RT_t^*} \\[2mm] T_t^* = T_t + \dfrac{u^2}{2C_p} \\[2mm] \lambda = \dfrac{|u|}{a_{cr}} \end{cases} \tag{4.28}$$

当计算得到速度系数后,$\varepsilon(\lambda)$、$\pi(\lambda)$ 可按式(4.29)进行计算。

$$\varepsilon(\lambda) = \left(1 - \frac{\gamma-1}{\gamma+1}\lambda^2\right)^{\frac{1}{\gamma-1}}$$
$$\pi(\lambda) = \left(1 - \frac{\gamma-1}{\gamma+1}\lambda^2\right)^{\frac{\gamma}{\gamma-1}} \tag{4.29}$$

3. 能量守恒方程

流体运动过程中满足动量守恒方程,其积分形式如下:

$$\frac{\partial}{\partial t}\iiint_v \rho\left(e+\frac{U^2}{2}\right)\mathrm{d}v + \iint_s \rho\left(e+\frac{U^2}{2}\right)U\mathrm{d}S = -\iint_s PU\mathrm{d}S + \dot{Q} + \dot{W}_{\text{viscous}} + \iiint_v \rho(fU)\mathrm{d}v \tag{4.30}$$

式中,$\dot{Q}$ 为外界与控制体的能量交换,主要为放电沉积的能量、腔体通过激励器壳体壁面传热损失的能量之和,其计算方法将在后面进行介绍。根据假设,当上述方程应用到腔体与喉道两个控制体时,方程的具体形式为

$$\frac{\partial\left(\rho_c\left(e+\frac{u^2}{2}\right)\right)}{\mathrm{d}t}V_t + \rho_i\left(e_i+\frac{u^2}{2}\right)uA_i - \rho_o\left(e_o+\frac{u^2}{2}\right)uA_o = (P_iA_i - P_oA_o)u \tag{4.31}$$

$$\frac{\partial(\rho_o e)}{\mathrm{d}t}V_c - \rho_i\left(e_i+\frac{1}{2}u^2\right)uA_i = \dot{Q} \tag{4.32}$$

式中,能量 $e = C_vT$,故式(4.31)、式(4.32)可转化为喉道气体温度、腔体气体温

度的微分方程,形式如下:

$$\frac{\mathrm{d}T_t}{\mathrm{d}t} = \frac{1}{\rho_t}\left(\frac{(P_i - P_o)uA_t + ((C_v(T_i\rho_i - T_o\rho_o) + 0.5(\rho_i - \rho_o)u^2)uA_t) - V_t\left(2\rho_t u\frac{\mathrm{d}u}{\mathrm{d}t} + u^2\frac{\mathrm{d}\rho_t}{\mathrm{d}t}\right)}{C_v V_t}\right.$$
$$\left. - T_t\frac{\mathrm{d}\rho_t}{\mathrm{d}t}\right) \tag{4.33}$$

$$\frac{\mathrm{d}T_c}{\mathrm{d}t} = \frac{1}{\rho_c}\left(\frac{\dot{Q} - C_v T_i\rho_i uA_t - 0.5\rho_i u^3 A_t}{C_v V_c} - T_c\frac{\mathrm{d}\rho_c}{\mathrm{d}t}\right) \tag{4.34}$$

4. 放电沉积能量

根据前面建立的多路放电电路仿真模型,可以计算从击穿开始到结束整个过程的通道电阻、电流。因此,根据欧姆定律,可以计算得到每个通道的放电功率 $\dot{Q}_d = I^2R$。但是这只是放电功率,并不是加热功率。由于放电时间为微秒量级,根据前面计算结果及文献[29]中对鞘层损失计算公式的介绍,假设加热效率为 50%。因此,最终任意时刻放电加热功率 $\dot{Q}_{dh}(t) = 0.5I(t)^2R(t)$。

5. 壁面传热模型

等离子体合成射流激励器是通过电弧加热进而形成射流的激励器,重频工作下腔体内部气体平均温度可达几百摄氏度。腔体内部气体能量除了随射流带出激励器,还有一部分通过激励器壳体以热传导与热对流的形式向外耗散。这里以集总参数法进行建模,求解整个传热过程。

集总参数法要求物体内部热阻忽略不计,即任意时刻物体内温度处处相同,实际中只要物体中各点温度最大偏差不超过 5% 即可。这一条件常以毕渥数 Bi 进行衡量,只要毕渥数小于 0.1 即满足使用集总参数法的条件[30]。毕渥数求解式如下:

$$Bi = \frac{hl}{\kappa} \tag{4.35}$$

式中,h 为对流传热系数;l 为特征尺寸,这里指激励器壁厚的 $1/2$;κ 为材料热传导系数。激励器腔体内部气体脉动较强,气体与壁面传热为强迫对流传热,取传热系数为 $100 \text{ W} \cdot \text{m}^{-2} \cdot \text{K}^{-1}$;激励器壳体外部则是自然对流传热,传热系数为 $5 \text{ W} \cdot \text{m}^{-2} \cdot \text{K}^{-1}$。激励器材料为氧化铝陶瓷,其热传导系数为 $29.3 \text{ W} \cdot \text{m}^{-2} \cdot \text{K}^{-1}$。所以激励器内壁面的毕渥数如下:

$$Bi = \frac{100l}{29.3} \tag{4.36}$$

因此,只要激励器壁厚小于 14.65 mm,即可满足集总参数法的使用条件。实际激励器壁厚一般都不会超过 5 mm,所以可以使用集总参数法描述传热过程。

如图 4.63 所示,激励器的传热路径如下:腔内气体通过强迫对流传热将热量传递给激励器壳体内壁面;内壁面通过电极、壳体以热传导的形式将热量传递给外壁面;外壁面通过自然对流换热将能量释放给大气。该外壳体具有热容,随温度的升高储存能量增加。借鉴电量传递的求解思路,热量的传递可绘制相应的热路图。通过以上分析,本节建立了热量传递的热路图,如图 4.64 所示。

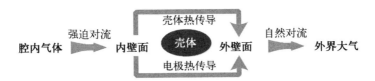

图 4.63　激励器的传热路径

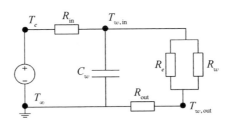

图 4.64　激励器传热热路图

图 4.64 中各字母含义如表 4.2 所示。

表 4.2　图 4.64 中各字母含义

字母	T_c	$T_{w,\,in}$	$T_{w,\,out}$	T_∞	R_{in}	R_e	R_w	R_{out}	C_w
含义	腔体内部气体温度	内壁面温度	外壁面温度	外界大气温度	强迫对流传热热阻	电极热传导热阻	壳体热传导热阻	自然对流传热热阻	激励器壳体热容

根据传热理论,表 4.2 中各热阻及激励器壳体热容计算方法如下所示。

强迫对流传热热阻如式(4.37)所示,式中,h_{in} 为对流传热系数,取为

$100\ \text{W}\cdot\text{m}^{-2}\cdot\text{K}^{-1}$，$A_{c,\text{in}}$ 为激励器内壁面面积。

$$R_{\text{in}} = \frac{1}{h_{\text{in}}A_{c,\text{in}}} \tag{4.37}$$

自然对流传热热阻如式（4.38）所示，式中，h_{out} 为对流传热系数，取为 $5\ \text{W}\cdot\text{m}^{-2}\cdot\text{K}^{-1}$，$A_{c,\text{out}}$ 为激励器内壁面面积。

$$R_{\text{out}} = \frac{1}{h_{\text{out}}A_{c,\text{out}}} \tag{4.38}$$

电极热传导热阻根据单层平壁导热进行计算，如式（4.39）所示。式中，l_e 为电极长度，κ_e 为电梯材料的热传导系数，A_e 为电极横截面面积。由于有两个电极，所以还需乘以系数 0.5。

$$R_e = \frac{0.5l_e}{\kappa_e A_e} \tag{4.39}$$

壳体结构稍显复杂，将其分解为三个部件并分别计算其热阻，如图 4.65 所示。上层为单层平壁结构，中间为单层圆筒壁结构、下层也为单层平壁结构。

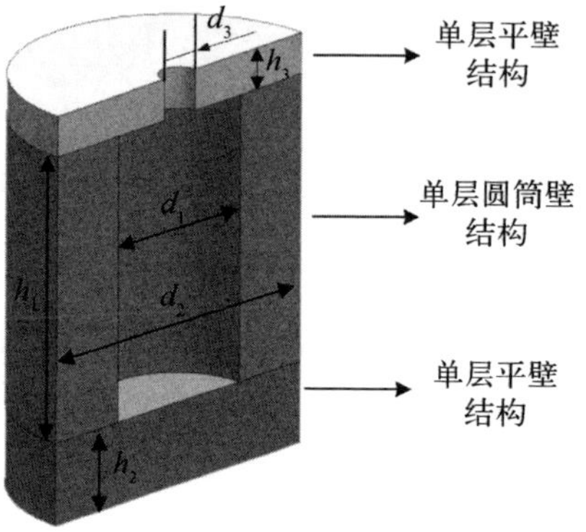

图 4.65　壳体传热分块求解示意图

上层结构热阻计算式为

$$R_{\text{up}} = \frac{h_3}{\kappa_{\text{up}}\dfrac{\pi}{4}(d_1^2 - d_3^2)} \tag{4.40}$$

中间结构热阻计算式为

$$R_{\text{mid}} = \frac{\ln\dfrac{d_2}{d_1}}{2\pi\kappa_{\text{mid}}h_1} \tag{4.41}$$

下层结构热阻计算式为

$$R_{\text{down}} = \frac{h_2}{\kappa_{\text{down}}\dfrac{\pi}{4}d_1^2} \tag{4.42}$$

因此，壳体的热阻为

$$R_w = \frac{1}{1/R_{up} + 1/R_{mid} + 1/R_{down}} \qquad (4.43)$$

激励器壳体热容计算式如(4.44)所示,式中,V_w 为激励器壳体体积,ρ_w 为壳体材料密度,C_w 为材料比热。

$$C_w = V_w \rho_w C_w \qquad (4.44)$$

此时,对比电学理论,可用相应的微分方程描述所示传热过程,方程如下:

$$\frac{\mathrm{d}T_{w,in}}{\mathrm{d}t} = \frac{1}{C_w}\left(\frac{T_c - T_{w,in}}{R_{in}} - \frac{T_{w,in} - T_\infty}{R_{out} + R_e R_w/(R_e + R_w)} \right) \qquad (4.45)$$

因此,结合放电沉积能量,式(4.34)中的热功率计算式为

$$\dot{Q} = 0.5I(t)^2 R(t) - \frac{T_c - T_{w,in}}{R_{in}} \qquad (4.46)$$

通过上述分析,基于流体力学中的三大方程及工程传热学的基本理论建立了描述相应物理过程的微分方程,通过求解方程组[式(4.17)、式(4.18)、式(4.21)、式(4.33)~式(4.45)]即可得到结果。

6. 模型验证

等离子体合成射流激励器阵列的一维模型主要由电路模型与激励器气动模型两部分组成,电路模型已进行验证,这里只对后续气动模型进行验证。为验证本章所建模型的正确性,基于商用 CFD 仿真软件 CFX,通过添加热源项的方法建立了 CFD 仿真模型。

CFD 模型忽略了电极的影响,其几何模型如图 4.66(a)所示,激励器腔体直径为 4 mm,高 7 mm,出口直径为 1 mm,喉道深 1 mm。利用 ICEM 软件建立包含外部流场的结构体网格,网格数量达 300 k,如图 4.66(b)所示。由于射流为轴对称结构,仿真中只需计算 1/2 的流场。计算采用 SST 湍流模型。由于仿真只是用于验证所建模型的正确性,因此,假设火花放电均匀加热腔体结构。加热能量为 5 mJ,加热时间为 50 ns。由于腔体体积为 88 mm³,所以 CFX 中设置的热源功率为 $1.136\ 4 \times 10^{12}$ W/m³。仿真采用变步长方法,时间步长从 5 ns 过渡到 1 μs。

基于 CFD 与所建模型得到的射流出口速度及腔内气体表压如图 4.67 所示。由图 4.67 可知,模型计算得到峰值速度与 CFD 仿真结果比较接近,CFD 仿真结果为 141 m/s,模型计算结果为 143 m/s,两者误差只有 2 m/s。射流结束时间也相差较小,CFD 仿真结果为 269 μs,模型计算结果为 275 μs,相差不到 3%。但是

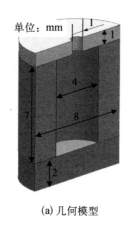

(a) 几何模型

(b) 计算网格

图 4.66　CFD 仿真模型

吸气恢复速度相差较大，CFD 仿真结果的最大吸气速度为 17 m/s，而模型计算结果为 26 m/s，两者相差达 53%。两者得到的腔内表压也很接近，随时间变化规律一致。这些结果说明了本章建立模型的正确性，能够用于计算射流的基本特性。

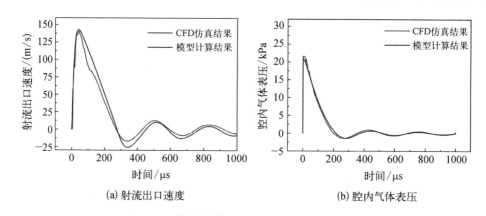

(a) 射流出口速度

(b) 腔内气体表压

图 4.67　模型计算结果与 CFD 仿真结果比较

4.5.2　多路放电特性

基于多路放电技术，单电源可驱动的放电通道数目明显增加。在放电电容储存能量一定的情况下，各个通道能量必然不能保持不变。而能量是影响性能的关键因素，因此，很有必要在研究激励器性能前对激励器阵列各个通道能量特性进行探索。

仿真中统一假定放电电容为 10 nF，电容两端初始电压为 6 kV，各放电通道击穿电压一样,均为 4 kV。回路电感为 1.65 μH,总电阻为 1.89 Ω。

　　由图 4.68 可知,随着激励器个数的增加,击穿各个电极通道所需时间增加。并且,由于整个回路放电通道数目增加,等离子体通道电阻相应地增大,电流最大值减小。因此,单个激励器从放电过程中获得的能量必然有所减少。

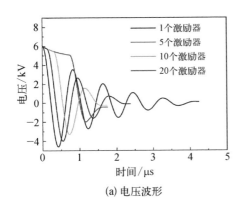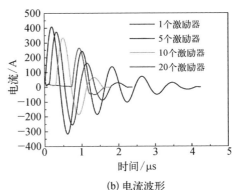

(a) 电压波形　　　　　　　　　　(b) 电流波形

图 4.68　电流电压波形随激励器个数的变化

　　为研究单个激励器能量减小程度,本节计算了第一个通道的放电功率及沉积能量,如图 4.69 所示。随着激励器个数的增加,放电功率减小。当激励器数量增加到 20 时,沉积能量减小为原来的 23.3%。尽管如此,由于激励器数量的增加,所有放电通道总的沉积能量仍随激励器数量的增加而变大,变化情况如图 4.70 所示。由于电容储存能量的不变,能量利用率也相应地得到提高。

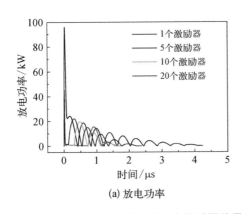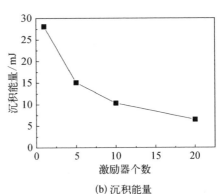

(a) 放电功率　　　　　　　　　　(b) 沉积能量

图 4.69　第一个激励器能量特性随激励器个数的变化

　　图 4.71 为不同激励器数量下,单个激励器通道释放的能量。由图可知,多个激励器工作时各个通道通过放电释放的能量有一定的差异,但差异很小。

5个激励器工作时不同通道释放能量的变异系数为 3.8%,10 个激励器工作时不同通道释放能量的变异系数为 3.32%,20 个激励器工作时不同通道释放能量的变异系数为 4.77%。因此,完全可以认为各个激励器通道释放能量一致。

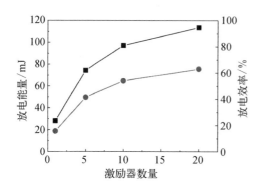
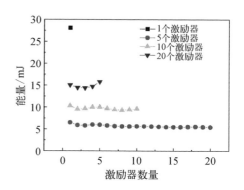

图 4.70　放电能量与放电效率随激励器数量的变化　　　　　图 4.71　各激励器通道放电能量

4.5.3　单个激励器工作特性

正如图 4.71 所示,随着激励器数量的增加,单个激励器从放电过程中所获取的能量逐渐减小。因此,单个激励器的性能必然减弱,射流速度、射流持续时间等主要的参数指标都将减小。在不同激励器数量下,第一个激励器出口处射流速度、射流气体密度随时间的变化情况如图 4.72 所示。很明显,随着激励器数量的增加,射流速度减小,密度增大。速度减小使得射流机械能减小,而密度

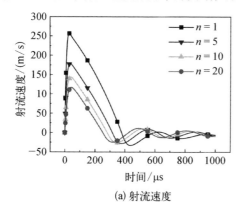
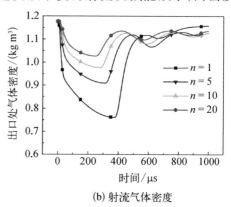

(a) 射流速度　　　　　　　　　　　　　(b) 射流气体密度

图 4.72　在不同激励器数量下,第一个激励器出口处射流速度、
射流气体密度随时间的变化情况

增大则有利于射流机械能的增加。

　　为定量表征射流性能与激励器数量之间的关系,本节提取了三个主要的性能参数:射流峰值速度、射流持续时间、喷射射流质量。射流主要参数与激励器数量之间的关系如图 4.73 所示。为表征其相对变化情况,各个参数以单激励器时的数值为基数进行归一化处理。虽然这三个参数在数值上都随激励器数量增加而减小,但是变化程度不同。激励器喷射射流质量、射流峰值速度、射流持续时间这三个参数的受影响程度依次减弱。当激励器数量增加到 20 时,相比于单个激励器的工作情况,射流持续时间只减小了 33%,而射流峰值速度、喷射质量却分别减小了 54% 和 62%。

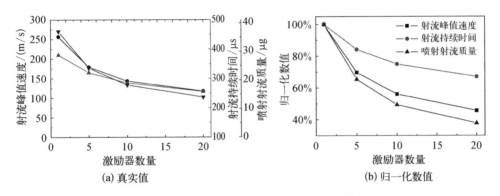

(a) 真实值　　　　　　　　　　(b) 归一化数值

图 4.73　射流主要参数与激励器数量之间的关系

　　由于射流处于完全膨胀状态,因此,射流机械能主要指动能。一次工作过程中射流动能可以根据式(4.47)进行计算。式中,$\rho_o(t)$ 和 $u(t)$ 分明为激励器出口处射流的密度与速度;A_t 为激励器出口截面面积;T_{jet} 指射流持续时间。不同激励器数量下计算所得机械能如图 4.74 所示。随激励器数量增加,机械能减小。当激励器数量增加到 20 时,机械能减小了 92%。

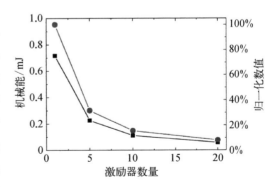

图 4.74　射流机械能随激励器数量的变化情况

$$E_{\text{kinetic}} = \int_0^{T_{\text{jet}}} 0.5\rho_o(t) u^3(t) A_t \mathrm{d}t \tag{4.47}$$

4.5.4 阵列式激励器总能量特性

将所有激励器产生射流的机械能相加即可得到激励器阵列产生射流总机械

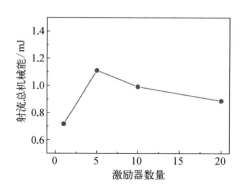

图4.75 射流总机械能随激励器数量的变化情况

能,计算式如式(4.48)所示,计算结果如图4.75所示。随着激励器数量的增加,射流总机械能先增加后减小。因此,从能量利用率角度出发,激励器阵列所包含激励器的数量并不是越多越好。机械能的这一变化特性与图4.70所示放电能量变化情况不同,其中的原因是随着激励器数量的变化,激励器工作过程中热力学循环效率也不断地改变。

$$E_{\text{total}} = \sum_{k=1}^{n} E_{\text{kinetic}} \tag{4.48}$$

在激励器工作过程中存在着多个能量转化过程,如图4.76所示。

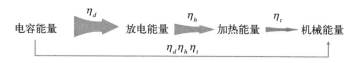

图4.76 激励器工作时能量转化过程

电容储存的能量通过火花放电,转化为放电能量,在这过程中放电回路中的额外电阻会消耗能量。在放电能量转化为加热能量过程中,存在着鞘层损失、辐射损失等能量耗散。而最终的热能要转化为射流机械能,还需要经过热力循环过程,也会有能量损失。基于仿真模型的计算结果,要根据式(4.49)计算热力学循环效率,计算结果如图4.77所示。随着激励器数量的增加,热力学循环效率减小。根据团队前期研究结果[31],热力学循环效率随着加热能量的减小而减小。因此,当激励器数量增加时,单个激励器获得的加热能量减小,由此导致热力学循

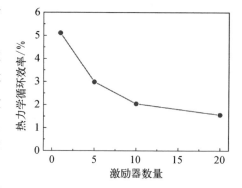

图4.77 热力学循环效率随激励器数量的变化情况

环效率降低。这个原因导致射流总机械能变化特性与放电能量变化特性不同。

$$\eta_t = \frac{E_{\text{total}}}{Q_h} \qquad (4.49)$$

4.5.5　放电回路电阻的影响

放电回路电阻对激励器阵列的性能有着重要影响。在前面仿真参数中设置放电回路电阻为 $1.89\ \Omega$。本节中将放电回路电阻更改为 $0.1\ \Omega$ 和 $10\ \Omega$。

在不同放电回路电阻情况下,总放电能量与放电效率随激励器数量的变化情况如图 4.78 所示。当放电回路电阻为 $0.1\ \Omega$ 时,单个激励器的放电效率为 72%。相比之下,当放电回路电阻为 $10\ \Omega$ 时,放电效率只有 5%。尽管随着激励器数量的增加,在两种情况下放电效率都呈增加趋势。但是,在两种情况下增加的幅度相差较大。当放电回路电阻为 $0.1\ \Omega$ 且激励器数量增加到 20 时,放电效率增加到 94%,仅仅比单个激励器时对应的效率(72%)增加 30%。而当放电回路电阻为 $10\ \Omega$ 时,20 个激励器对应的放电效率为 38%,比初始效率(5%)增加了 6 倍。

两种情况下的总机械能量与激励器数量之间的关系如图 4.79 所示。两种情况下总机械能量的变化趋势完全不同。当回路电阻为 $0.1\ \Omega$ 时,总机械能量随激励器数量的增加而减小。但当回路电阻为 $10\ \Omega$ 时,总机械能量随激励器数量增加不仅没有减小,反而增加。与单个激励器对应的效率相比,20 个激励器时总能量转化率增加了 4 倍。

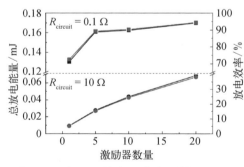

图 4.78　在不同放电回路电阻情况下,总放电能量与放电效率随激励器数量的变化情况

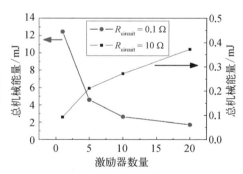

图 4.79　在不同放电回路电阻下,总机械能量随激励器数量的变化情况

分析认为,随着激励器数量的增加,放电效率增加,但热力学效率减小。在不同的放电回路电阻下,这种变化幅度不同。以单个激励器条件下的放电效率

和热力学效率为基准,对不同激励器数量下的放电效率与热力学效率进行归一化处理,结果如图 4.80 所示。放电回路电阻越大,归一化放电效率的增加也越大,而归一化热力学效率的减小则越小。因此,当放电回路电阻较大时(算例中为 10 Ω),总能量效率随激励器数量的增加而增加。当回路电阻很小时(算例中为 0.1 Ω),总能量效率随激励器数量的增加而减小。当回路电阻介于两者之间时(算例中为 1.89 Ω),总能量效率随激励器数量的增加会先增加后减小。

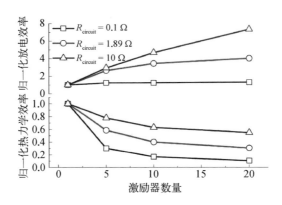

图 4.80 不同放电回路电阻下归一化放电效率与归一化
热力学效率随激励器数量的变化情况

参考文献

[1] Raizer Y P. Gas Discharge Physics[M]. New York:Springer, 1991.

[2] 菅井秀郎. 等离子体电子工程学[M]. 张海波,张丹,译. 北京:科学出版社,2002.

[3] Caruana D, Barricau P, Hardy P, et al. The "Plasma Synthetic Jet" actuator. Aero-thermodynamic characterization and first flow control applications[R]. 47th AIAA Aerospace Sciences Meeting including the New Horizons Forum and Aerospace Exposition, Orlando, 2009.

[4] Utkin Y G, Keshav S, Kim J H, et al. Development and use of localized arc filament plasma actuators for high-speed flow control[J]. Journal of Physics D:Applied Physics, 2007, 40 (3):685-694.

[5] Laurendeau F, Chedevergne F, Casalis G. Transient ejection phase modeling of a plasma synthetic jet actuator[J]. Physics of Fluids, 2014, 26(12):125101.

[6] 赵青,刘述章,童洪辉. 等离子体技术及应用[M]. 北京:国防工业出版社,2009.

[7] 李鹏,邹晓兵,曾乃工,等. V/N 火花间隙开关的电场和电容模拟计算[J]. 高电压技术, 2006, 32(2):43-44,91.

[8] 赵承楠,詹花茂,郑记玲. 短空气间隙弧阻模型的研究[J]. 高压电器, 2012, 48(10): 12-16.

[9] 韩旻,邹晓兵,张贵新. 脉冲功率技术基础[M]. 北京:清华大学出版社,2010.

[10] Persephonis P, Vlachos K, Georgiades C, et al. The inductance of the discharge in a spark gap[J]. Journal of Applied Physics, 1992, 71(10): 4755 – 4762.

[11] Belinger A, Naudé N, Cambronne J P, et al. Plasma synthetic jet actuator: Electrical and optical analysis of the discharge[J]. Journal of Physics D: Applied Physics, 2014, 47 (34): 345202.

[12] 李瀚荪. 电路分析基础[M]. 北京:高等教育出版社,2005.

[13] 赵承楠,詹花茂,郑记玲. 短空气间隙弧阻模型的研究[J]. 高压电器,2012,48(10): 12 – 16.

[14] Montano R, Becerra M, Cooray V, et al. Resistance of spark channels[J]. IEEE Transactions on Plasma Science, 2006, 34(5): 1610 – 1619.

[15] Han B, Han M. Computational simulation of the time dependent resistance and inductance of a field distortion spark gap [C]. 28th IEEE International Conference on Plasma Science/ 13th IEEE International Pulsed Power Conference, Las Vegas, 2001.

[16] 孙旭,苏建仓,张喜波,等. 气体火花开关电阻特性[J]. 强激光与粒子束,2012,24(4): 843 – 846.

[17] Schavemaker P H, van der Sluis L. An improved Mayr-type arc model based on current-zero measurements[J]. IEEE Transactions on Power Delivery, 2000, 15(2): 580 – 584.

[18] Martin T H. An empirical formula for gas switch breakdown delay[C]. 7th Pulsed Power Conference, Monterey, 1989.

[19] 王蕾,陈乐生. 开关电弧仿真数学模型研究进展[J]. 电工材料,2013 (3): 32 – 40.

[20] 袁玲. 短路电弧和开关电弧建模及仿真研究[D]. 南京:南京师范大学,2014.

[21] Haack S, Taylor T, Emhoff J, et al. Development of an analytical sparkjet model[C]. 5th Flow Control Conference, Chicago, 2010.

[22] Popkin S H. One-dimensional analytical model development of a plasma-based actuator[D]. Maryland: University of Maryland, 2014.

[23] Zong H H, Wu Y, Li Y H, et al. Analytic model and frequency characteristics of plasma synthetic jet actuator[J]. Physics of Fluids, 2015, 27(2): 027105.

[24] Sary G, Dufour G, Rogier F, et al. Modeling and parametric study of a plasma synthetic jet for flow control[J]. AIAA Journal, 2014, 52(8): 1591 – 1603.

[25] 何立明,骆广琦,王旭. 工程热力学[M]. 北京:航空工业出版社,2004.

[26] 何立明,赵罡,程邦勤. 气体动力学[M]. 北京:国防工业出版社,2009.

[27] 孙丽君. 工程流体力学[M]. 北京:中国电力出版社,2005.

[28] 陈廷楠. 应用流体力学[M]. 北京:航空工业出版社,2000.

[29] Dufour G, Hardy P, Quint G, et al. Physics and models for plasma synthetic jets[J]. International Journal of Aerodynamics, 2013, 3(1/2/3): 44.

[30] 曹红奋,梅国梁. 传热学:理论基础及工程应用[M]. 北京:人民交通出版社,2004.

[31] Zong H H, Wu Y, Song H M, et al. Efficiency characteristic of plasma synthetic jet actuator driven by pulsed direct-current discharge[J]. AIAA Journal, 2016, 54(11): 3409 – 3420.

第5章

阵列式等离子体冲击激励强制边界层转捩

与激波/层流边界层干扰相比,激波/湍流边界层干扰导致的分离区尺度更小,因此,促使层流边界层转捩为湍流边界层,是控制激波/边界层干扰的重要途径。为此,本章主要开展阵列式等离子体冲击激励强制层流边界层转捩的方法和机理研究。采用阵列式电弧等离子体冲击激励、等离子体合成射流激励两种方式,首先进行阵列式等离子体冲击激励强制边界层转捩的实验测试,揭示其流动控制机理;进一步开展相应的参数化研究,掌握强制转捩效果的参数化规律。

5.1 阵列式电弧等离子体激励强制边界层转捩

5.1.1 超声速平板边界层基准流场

通过 NPLS 技术开展了对超声速平板边界层基准流场的实验测试,为后续和激励流场的对比研究打下基础,超声速来流速度为 3 倍声速。图 5.1 给出了超声速平板边界层基准流场在 $x-y$ 坐标轴下的 NPLS 图像。为掌握平板边界层的三维特性,从平板模型的对称中心线到模型侧缘的边线,本节共选择了四个不同展向位置的 $x-y$ 切片进行了流场观测。在 $z = 50$ mm 的平板展向中截面中,来流边界层厚度沿流动方向呈线性增长趋势。虽然在观测区末端的 $x = 154$ mm 处,观察到了边界层边界出现的小扰动现象,表明了边界层的不稳定特征,但边界层仍处于层流状态,分析该不稳定性来源于自由来流中的湍流脉动。随着 $x-y$ 切片向平板模型侧缘移动,观测区域内的边界层不稳定性逐渐增强。在 $z = 62.5$ mm 的切片中,也存在展向中截面中所观察到的小扰动现象,同时在其下游位置也观察到了相对较大的扰动条带。这表明小扰动在向下游的传播过程中会被逐渐放大,最终形成较大的条带结构。在 $z = 75$ mm 的切片中,边界层的不稳定性进一步加强,虽然并没有真正失稳,形成湍流,但边界层厚度已不再呈现线性增长的趋势,在 $x = 150$ mm 处甚至已经观察到了边界层转捩的趋势,但该现象存在间歇性特征;进一步,在 $z = 87.5$ mm 的切片中,观察到了已经完成的层流−湍流转捩过程,位于 $x = 130$ mm 后的平板边界层已经呈现出完全湍流化的特征,表现为间歇性的小尺度涡结构。综上所述,当前的超声速平板边界层流动呈现出明显的展向不均匀特性,模型的中间区域呈现层流流动,但越靠近模型边缘,边界层不稳定性越强,转捩的起始位置也越靠前。

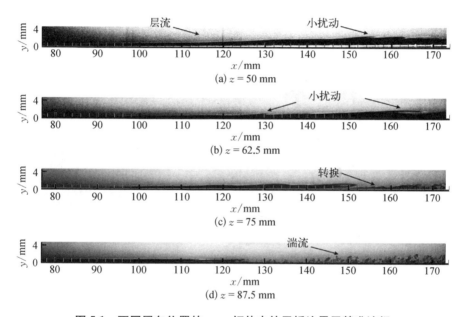

图 5.1　不同展向位置的 x−y 切片内的平板边界层基准流场

为进一步揭示平板边界层流动的展向不均匀性,本节开展了对 x−z 坐标轴下的超声速平板边界层基准流场的研究。如图 5.2 所示,本节给出不同高度下 x−z 切片内的 NPLS 图像。与前面结论一致,在不同高度的 NPLS 图像中,流场都呈现出了相似的特征,即平板中间区域为层流状态,而平板两侧边缘呈现出湍流状态。

在 $H = 1$ mm 的切片中,由于切片高度较低,拍摄平面位于层流边界层内部,NPLS 图像中间区域较暗,这也间接证明了平板中间区域处于层流状态。后来随着切片高度的提升,拍摄平面逐渐从层流边界层内部移动到边界层外部的主流区域,NPLS 图像的中间区域逐渐变亮。在 $H = 2$ mm 和 $H = 3$ mm 的切片中,平板两侧的湍流区域逐渐变窄,说明只有部分湍流边界层结构发展到了当前切片

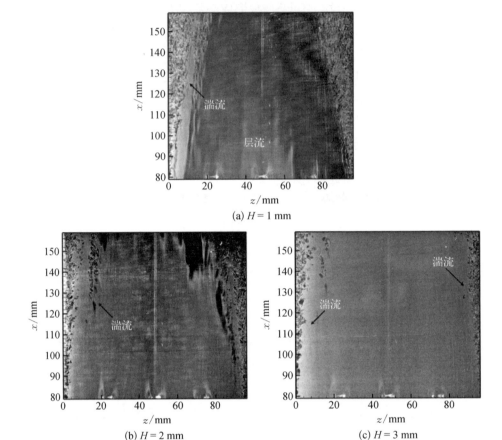

(a) $H = 1$ mm

(b) $H = 2$ mm

(c) $H = 3$ mm

图 5.2　不同高度的 x－z 切片内的平板边界层基准流场

所在高度。为尽可能捕捉到清晰完整的流动结构，后期实验选择高度合适的 $H = 2$ mm 作为主要测量平面。

5.1.2　展向阵列式表面电弧等离子体冲击激励方法

采用展向阵列式表面电弧等离子体冲击激励作为强制超声速平板边界层转捩的流动控制手段。如图 5.3 所示，展向阵列式等离子体激励系统由三组表面电弧放电等离子体激励器组成，布置于距离模型前缘 $x = 80$ mm 的平板上游位置。将相邻的表面电弧放电等离子体激励器沿平板展向的间距设置为 25 mm，以均分平板模型。每个等离子体激励器由两个直径为 1 mm 的铜电极组成，电极间距为 5 mm，齐平安装于平板表面，以避免引入额外的扰动。

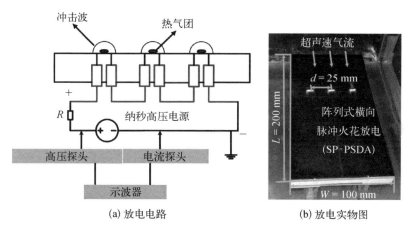

(a) 放电电路　　　　　(b) 放电实物图

图 5.3　展向表面电弧放电阵列实验概况

在电路设置方面,如图 5.3(a)所示,表面电弧等离子体激励器以串联模式连接,并由一个纳秒脉冲高压电源驱动。一旦电极两端的施加电压达到空气的击穿电压,激励器阵列的三路放电通道将会快速建立,形成展向表面电弧放电阵列,放电实物图如图 5.3(b)所示。电路中串联了限流电阻 R,可通过改变限流电阻 R 来控制放电能量大小,以方便后续研究放电能量对控制效果的影响。

利用线性稳定性理论(linear stability theory, LST)确定阵列式等离子体冲击激励的最优频率。采用流动稳定性程序[1]对边界层扰动沿 x 方向的增长率 α_i 进行了求解。首先,通过激励器的展向间距,确定了当前实验条件下的展向波数 $\beta = 2\pi/25$ mm ≈ 0.25 mm^{-1}。进一步,对于确定的展向波数,本节给出了不同频率和不同流向位置增长率 α_i 的等值线图,如图 5.4 所示。$\alpha_i = 0$ 的等值线代表了当前条件下第一模态波的中性曲线。在激励器所在的流向位置 $x = 80$ mm 处,只有当扰动频率大于 6 kHz 时,边界层的不稳定性才会被立即放大。虽然随着扰动频率从 6 kHz 提升到 14 kHz,扰动增长率 α_i 会逐渐增大。但考虑到激励器工作频率超过 10 kHz 后,电源内部电容的充电时间跟不上激励器的放电频率,电源的放电性能会迅速地下降,本节选择 8 kHz 的激励频率作为当前实验的研究对象。

图 5.5 给出了一个脉冲周期下的特征放电波形。在当前工况设置下,激励器阵列的最大击穿电压与峰值放电电流分别为 3.25 kV 和 58.7 A。由于 RLC 串联电路的固有特性[2],我们在电压-电流波形中观察到了明显的振荡现象。通过电压和电流波形的乘积计算出了放电的功率曲线,如图 5.5 中蓝色实线所示,峰值放电功率约为 45.2 kW,一个脉冲周期的有效放电时间约为 2 μs。进一步积

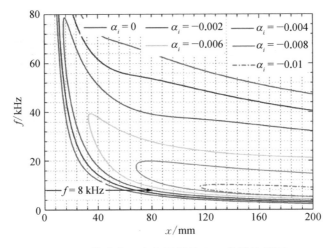

图 5.4　扰动在 x 方向的增长率 α_i 的等值线图

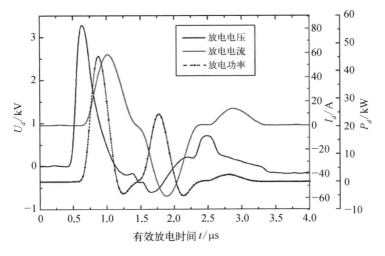

图 5.5　一个脉冲周期下的特征放电波形

获得了激励器单脉冲放电的能量沉积,约为 20 mJ,计算得到平均放电功率约为 160 W。

5.1.3　强制边界层转捩效果

选择层流性最好的展向中截面($z = 50$ mm)并将其作为平板边界层流场的观测平面。图 5.6 为施加展向表面电弧放电阵列激励后,通过 NPLS 技术捕获的超声速平板边界层随时间的演化过程。为了方便比较,图 5.6(a)再次给出了在未施加激励状态下的层流边界层自然转捩的 NPLS 图像。在流向 $x = 80$ mm 到 $x = 170$ mm 的中心线侧视图中，没有出现层流边界层失稳的现象。尽管在观测区的末端也观察到由自由流湍流度引起的、代表着边界层不稳定的长波结构，但平板边界层仍然保持层流状态。这符合开展强制边界层转捩实验所需要的层流边界层条件。如图 5.6 中红色箭头所示，等离子体激励器阵列布置于流向 $x = 80$ mm 处，当地边界层厚度 $\delta \approx 0.8$ mm。

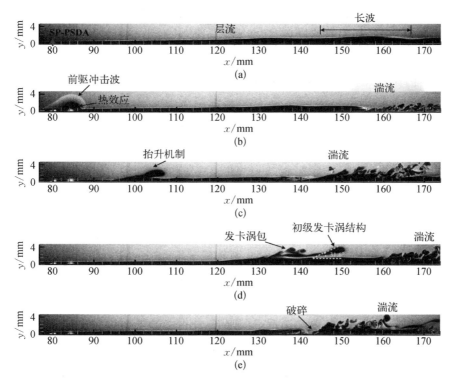

图 5.6　超声速平板边界层在阵列式等离子体冲击激励下的时间演化

（a）为基准流场；（b）~（e）分别为激励流场

基于等离子体激励的非定常特性，本节选取激励后的四个特征相位，建立了强制边界层转捩的伪时间序列［图 5.6（b）~（e）］。展向阵列式表面电弧等离子体冲击激励成功地实现了边界层强制转捩，边界层失稳转捩点可以前移到 $x = 140$ mm 的流向位置。通过对边界层流动结构的精细化显示，本节揭示了阵列式等离子体冲击激励强制边界层转捩的物理过程。

如图 5.6（b）所示，施加阵列式等离子体冲击激励后，首先可以观察到典型的由等离子体激励诱导而出的特征流动结构，包括前驱冲击波和此时仍紧贴壁面的局部热气团。随后,在向下游传递的过程中,局部热气团的头部在上升机制的作用下[3],逐渐从平板表面抬起,呈现出如图 5.6(c)所示的前高后低的特征。紧接着,由于近壁面存在的强剪切力作用,较高的头部结构传播速度快于紧贴壁面的底部结构,造成了头部结构沿流向的进一步拉伸,形成了初级发卡涡结构。如图 5.6(d)所示,该初级发卡涡结构的头部显示出一个与平板壁面呈 30° 角的轨迹。在初级发卡涡结构后,还观察到进一步发展而来的发卡涡包结构,这也与层流-湍流转捩后期发卡涡结构的演化规律相吻合。发卡涡包结构的出现表明边界层内部正在发生强烈的动量交换,将加速层流边界层的转捩过程。在图 5.6(e)中,层流边界层突然失稳,转捩为湍流流动。因此,从局部热气团演化而来的发卡涡包结构在层流发展为湍流的控制过程中起着至关重要的作用。

为了进一步揭示阵列式等离子体冲击激励诱导的发卡涡结构在三维空间中的物理演化过程,掌握层流边界层转捩的三维流动特征,本节选择了高度 $H = 2\,\mathrm{mm}$ 的 x-z 切片,捕获了 x-z 坐标轴下的 NPLS 图像。如图 5.7(a)~(d)所示,同样选择了施加等离子体激励后的四个特征相位来展示边界层强制转捩过程。在流向 $x = 80\,\mathrm{mm}$ 的激励位置,所选相位中均捕捉到了等离子体激励产生的放电余辉,这间接表明了激励器阵列的正常工作。但这种强烈的放电余辉同时也造成了相机局部传感器的过度曝光。基于行间传输 CCD 相机的工作原理可知[4],过度曝光位置的电子会沿像素行方向进行溢出,从而产生了如图 5.7 所示的位于激励器下游的非物理白色条带结构,但该结构并不影响对特征流动结构的观察。

图 5.7(a)捕获了等离子体激励诱导的初始流动结构,即位于激励位置下游的热气团阵列。在俯视视角下,这些热气团结构仍保持着沿展向方向的局部二维特征。但是,随着其向下游移动过程中头部结构的抬起和流向拉伸,俯视图中的局部二维特征逐渐变形。如图 5.7(b)所示,此时的流动结构在展向方向上已呈现出明显的三维特征。在主流和边界层之间强剪切力的持续作用下,变形结构的三维特征被不断地加强,初始热气团被拉伸成一组流向涡对,其连接部分形成了图 5.7(c)中所捕获的 Λ 涡结构。Λ 涡结构是三维发卡涡形成的初级阶段,其出现代表着发卡涡结构的即将成型[5]。在随后的图 5.7(d)中,观察到了由 Λ 涡演化而来的发卡涡的腿部结构。在涡腿两侧,还观察到了由发卡涡诱导而出的次级流向涡。在 x-z 平面内,涡结构逐渐向展向扩展,其展向生长角大约为 11.7°,这与 Adrian[6] 提出的规律基本一致。最终,大尺度的涡结构逐渐分裂为小尺度涡结构,层流完全失稳转化为湍流。

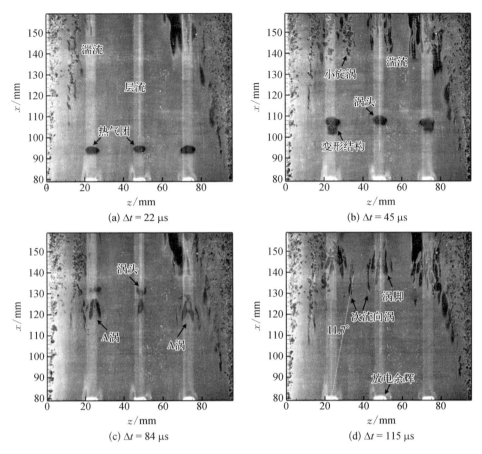

图 5.7　表面电弧放电阵列诱导的特征流动结构在 x-z 平面内的演化

5.1.4　强制边界层转捩机理分析

基于上述测试分析可以发现,由局部热气团演化而来的发卡涡结构在层流-湍流转捩中起着至关重要的作用。因此,本节进一步详细地研究展向阵列式等离子体冲击激励诱导人造发卡涡的产生过程,以探索等离子体激励强制边界层转捩的控制机理。

本节采用基于机器学习方法的特征提取工具 Ilastik[7] 来识别 NPLS 图像中由展向表面电弧放电阵列诱导的特征流动结构。Ilastik 工具在生物领域已经得到了广泛的应用,近年来也逐渐用于流体力学研究[8]。如图 5.8 所示,将从原始 NPLS 图像中提取出来的特征流动结构的侧视图和俯视图对应放置于已标记好的流向坐标系当中,形成了人造发卡涡的流向演化过程。根据合成图像可以看出,人造发卡涡的产生过程可以分为三个阶段,即高涡量区的产生和抬升、Λ涡的形成及发卡涡的演化。

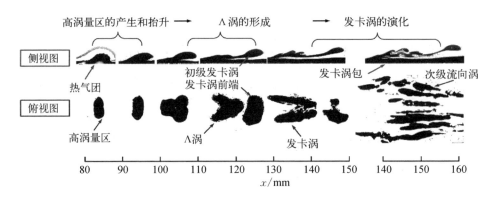

图 5.8　等离子体激励诱导发卡涡的产生过程

在第一阶段,展向阵列式等离子体冲击激励诱导的局部热气团实际上可以被看作一个低密度、高热能的高涡量区。开始时,该高涡量区紧贴壁面;但在随后向下游传播的过程中,其头部被迅速抬升。涡量区从平板壁面的抬升意味着在近壁面强剪切力的作用下,流体之间势必会发生旋转运动,即涡结构会很快生成。

在第二阶段,除了高涡量区的进一步抬升,在近壁面大速度梯度的作用下,特征结构开始沿流向被拉伸变形,形成了在侧视图中观察到细长的颈部结构。在俯视图中,不同于第一阶段的展向二维特征,出现了三维结构特征。特别是在 $x = 120 \sim 130 \text{ mm}$ 的流向位置,捕捉到了典型的 Λ 涡结构。初始发卡涡头和 Λ 涡之间的部分缺失是由细长颈部恰好不在当前的拍摄平面内所造成的。

随着 Λ 涡向下游运动,边界层的非线性不稳定性不断地加强,人造发卡涡的形成进入最后阶段,即发卡涡的演化。一方面,如图 5.8 侧视图所示,初始发卡涡及随后的发卡涡包结构依次形成;另一方面,在发卡涡包引起的喷射和扫掠运动下,展向平面内的相干涡数量迅速增加,除了发卡涡腿,还观察到了次级流向涡和第三级流向涡结构。涡结构数量的增加加速了边界层内的动量交换,促使边界层内不稳定性的快速增长,最终诱导边界层失稳转捩。

通过对图 5.8 俯视图中的特征流动结构面积的提取,本节进一步获得了展向平面内涡结构面积随时间的演化曲线,对强制边界层转捩效果有了初步的定量分析。如图 5.9 所示,等离子体激励诱导的特征流动结构面积在第一阶段增加速度缓慢,这表明边界层扰动可能仍处于线性增长阶段;随着头部上升机制的出现,第二阶段的增长突然加速,这可能对应于 Hanifi 等[9]提出的瞬态增长模式;在第三阶段,发卡涡结构成型,流动的随机化过程进一步加剧,湍流区域面积迅速扩展,层流-湍流转捩进入了后期的强非线性动力学阶段。

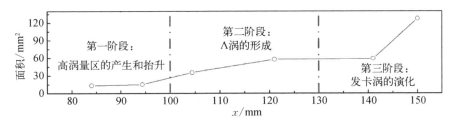

图 5.9　展向平面内涡结构面积随时间的演化

5.1.5　强制边界层转捩效果的变化规律

1. 放电能量对控制效果的影响

为了进一步探索不同放电能量对强制边界层转捩控制效果的影响,在相同的激励频率设置下($f = 8$ kHz),通过改变放电电路中限流电阻 R 的阻值,本节开展不同放电能量下强制边界层转捩的实验研究。选择的限流电阻阻值和其对应的单脉冲放电能量如表 5.1 所示。随着限流电阻阻值的增大,展向表面电弧放电阵列的单脉冲能量沉积迅速下降,在 $R = 6$ kΩ 时,单脉冲放电能量已经降至 2.5 mJ,仅为 $R = 0$ kΩ 时放电能量的 12.5%。

表 5.1　不同阻值下的单脉冲放电能量

R	能量/脉冲
0 kΩ	20 mJ
3 kΩ	6.1 mJ
6 kΩ	2.5 mJ

图 5.10 给出了在 $R = 3$ kΩ 时,通过 NPLS 测试系统捕获的超声速平板边界层在展向阵列式等离子体冲击激励下的时间演化。如图 5.10(a)所示,在流向位置 $x = 90$ mm 处,观察到了在当前能量沉积基础上诱导出的局部热气团结构,与 $R = 0$ kΩ 时相比,当前热气团尺寸明显减小,这也表明该放电能量下等离子

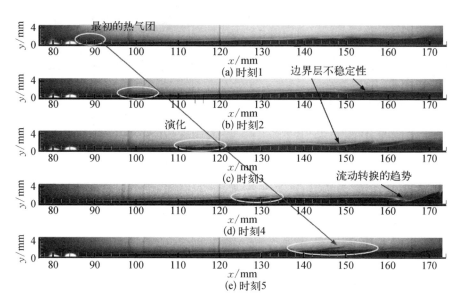

图 5.10 超声速平板边界层在展向阵列式等离子体冲击激励下的时间演化($R = 3\,\text{k}\Omega$)

体激励诱导的高涡量区面积变小。

随后,从图 5.10(b)~(e)中可以看出,热气团在向下游移动的过程中,虽然也产生了头部抬起和流向拉伸的现象,但由于尺寸过小,在壁面法向方向上的速度梯度不大,最终并没有成功诱导出前面所观察到的典型的发卡涡结构。这直接说明发卡涡结构的成功诱导与等离子体激励诱导的初始涡量区尺寸有密切关系,而放电能量沉积大小则是决定高涡量区尺寸的关键因素。另外,就强制转捩效果来看,尽管相较于基准状态,在 NPLS 图像的拍摄区末端出现了流动失稳的趋势,表明了边界层不稳定性的加剧,但始终没有实现 $R = 0\,\text{k}\Omega$ 时明显的强制转捩效果。

图 5.11 对三个不同阻值下的人造发卡涡产生过程进行了对比研究。如图 5.11(a)所示,为发卡涡演化第一阶段的 NPLS 图像。随着限流电阻阻值的增大,放电能量沉积逐渐减小,展向表面电弧放电阵列所诱导的热气团高度逐渐降低。在 $R = 6\,\text{k}\Omega$ 时,初始的热气团结构几乎已完全处于边界层内部,高度不足 1.2 mm。初始的热气团高度影响了抬升机制的作用,高度越低,热气团头部抬升效果越弱,进而影响了后面发卡涡结构的产生。

图 5.11(b)给出了在不同放电能量下,发卡涡演化第二阶段的 NPLS 图像。显然,当 $R = 3\,\text{k}\Omega$ 和 $6\,\text{k}\Omega$ 时,等离子体激励诱导人造发卡涡的过程失败。与

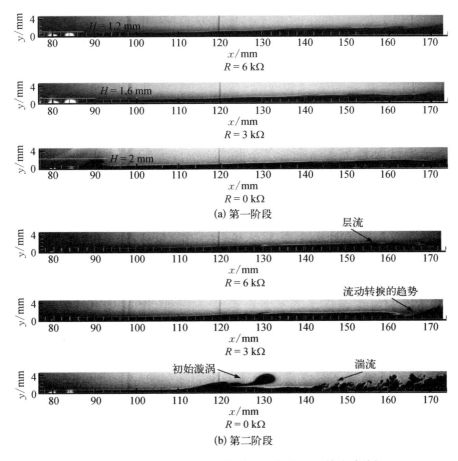

图 5.11　不同放电能量下的超声速平板边界层的流动特征

$R = 3$ kΩ 相比，$R = 6$ kΩ 时激励对边界层产生的扰动效果更小，边界层完全没有转捩的趋势，一直处于层流状态。因此，只有当放电能量满足一定的阈值，使初始的热气团结构达到一定的尺寸要求时，展向阵列式等离子体冲击激励强制层流边界层转捩的目标才能够实现。

2. 激励频率对控制效果的影响

基于线性稳定性理论可知，边界层不稳定性的增长和扰动频率有很大的关系。在已验证 $f = 8$ kHz 的有效控制效果基础上，本节进一步探索了单脉冲放电能量不变、激励频率降低后的强制边界层转捩效果。图 5.12 给出了当前实验设置下的中性曲线。在流向 $x = 80$ mm 的激励位置，扰动频率 $f = 8$ kHz 完全位于中性曲线内，扰动一经引入后立即开始增长。为了进行控制效果对比，本节选择了完全位于中性曲线外的 $f = 2$ kHz 激励和不完全位于中性曲线内的 $f = 5$ kHz 激励,进行了不同频率下的流动控制实验。

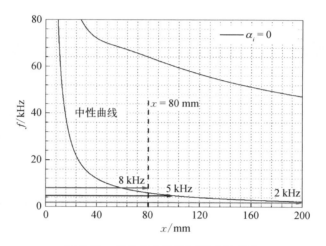

图 5.12　当前实验设置下的中性曲线

图 5.13 给出了激励频率 $f = 2$ kHz 时的边界层演化过程。在放电能量满足阈值的情况下,尽管激励频率显著地降低,但还是成功地诱导出了人造发卡涡结构。其产生过程与 $f = 8$ kHz 时一致,也经历了三个特征阶段。这表明人造发卡涡结构的产生和激励频率大小无关,只取决于放电能量是否能满足阈值要求。

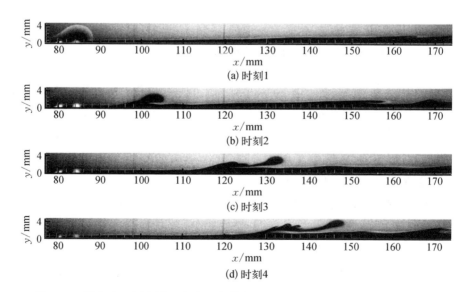

图 5.13　超声速平板边界层在阵列式等离子体激励下的时间演化 ($f = 2$ kHz)

但是,尽管等离子体激励成功诱导出了发卡涡结构,层流边界层失稳的现象始终没有出现。这说明 $f = 2$ kHz 的激励频率并不能实现强制边界层转捩的目标。

本节同时开展了 $f = 5$ kHz 的流动控制实验,并将三个不同激励频率下的超声速平板边界层流动特征进行了对比。如图 5.14 所示,在不同的激励频率下,展向阵列式等离子体冲击激励都成功地诱导出了人造发卡涡结构。但不同的是,在 $f = 2$ kHz 的 NPLS 图像中,边界层一直保持层流状态,没有观察到任何的湍流化特征;而在 $f = 5$ kHz 的 NPLS 图像上,于观测区尾部捕捉到了湍流的小尺度涡结构;随着激励频率提升到 $f = 8$ kHz,强制边界层转捩效果更加明显,层流边界层失稳点前移到了 $x = 140$ mm 的流向位置。

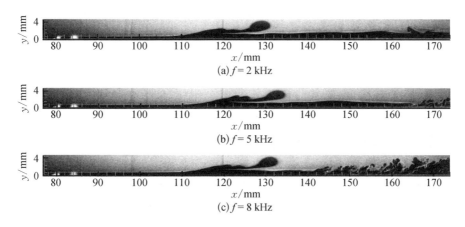

图 5.14　不同激励频率下的超声速平板边界层流动特征

本节进一步对不同频率下的流动控制结果进行统计分析。将不同频率下所捕获的 NPLS 图像总数作为各激励频率下的样本容量,再将其中有明显强制转捩控制效果的 NPLS 图像记为各激励频率下的有效样本,进而得到不同激励频率下成功实现强制边界层转捩目标的概率曲线,如图 5.15 所示。在 $f = 2$ kHz 情况下,有效样本数量为 0,说明该频率下无法强制边界层转捩。随着激励频率的增大,实现强制边界层转捩的概率显著地提高,在 $f = 5$ kHz 时,成功概率到达 25%,而在基于线性稳定性理论的最优频率 $f = 8$ kHz 时,成功概率高达 65%。因此,当激励频率不满足扰动增长条件,即完全位于中性曲线外时,尽管人造发卡涡结构可以被成功诱导,但强制边界层转捩效果仍无法实现;当激励频率满足扰动增长条件,即不完全位于中性曲线外时,激励频率越高,强制边界层转捩效果越好。当激励频率完全位于中性曲线内时,控制效果最好。

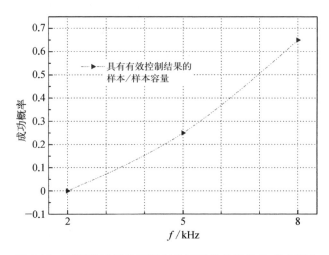

图 5.15　不同激励频率下强制边界层转捩目标的成功概率

5.2　阵列式等离子体合成射流激励强制边界层转捩

5.2.1　展向阵列式等离子体合成射流冲击激励方法

阵列式等离子体合成射流激励系统由三个等离子体合成射流激励器组成，模型尺寸、来流参数、激励器布局方式与放电设置都与阵列式表面电弧等离子体激励系统设置一致，如图 5.16 所示。

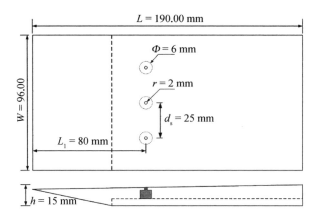

图 5.16　等离子体合成射流激励器安装示意图

图 5.17 为等离子体合成射流激励器模型,通过将基座嵌入平板安装孔中形成激励器,在基座上打有两个直径为 1 mm 的通孔,用于安装放电电极,电极间距为 4 mm。为了防止放电产生高温烧蚀基座,该基座采用绝缘耐高温的聚醚醚酮制作,通过改变基座高度可以调整激励器腔体大小,从而获得不同射流速度的等离子体合成射流激励,腔体体积的计算公式如式(5.1)所示,其中,h_1 为激励器基座高度,h_2 为安装孔深度,Φ 为安装孔直径。等离子体合成射流激励器存在激励饱和频率,该频率与激励器腔体体积、射流孔面积、喉道长度等参数有关。通过式(5.2)可以计算得到限制频率 f_h,其中,A_e 为射流孔面积,L_{th} 为喉道长度,V_h 为腔体体积。本节设计了两种不同腔体的激励器,体积分别为 $V_{h1} = 28.2\ \text{mm}^3$,$V_{h2} = 84.8\ \text{mm}^3$。计算得到其饱和频率分别为 $f_{h1} = 10.48\ \text{kHz}$,$f_{h2} = 6.05\ \text{kHz}$。

$$V_h = \frac{\pi}{4}\Phi^2(h_2 - h_1) \tag{5.1}$$

$$f_h = \frac{1}{2\pi}\sqrt{\frac{\gamma P_s}{\rho}}\sqrt{\frac{A_e}{V_h L_{th}}} \tag{5.2}$$

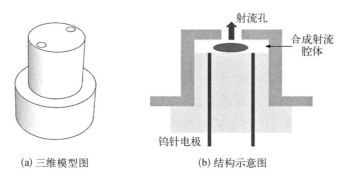

(a) 三维模型图　　　　　(b) 结构示意图

图 5.17　等离子体合成射流激励器模型

5.2.2　强制边界层转捩效果

图 5.18 是腔体体积 $V_{h1} = 28.2\ \text{mm}^3$ 时展向阵列式等离子体合成射流激励的强制边界层转捩效果,将激励频率设置为 5 kHz。通过 NPLS 技术捕获了不同时刻超声速平板展向中截面($z = 50\ \text{mm}$)的边界层状态,图 5.18(a)为未施加激励时的边界层状态,此时流场中没有出现射流结构,超声速平板边界层呈线性发展趋势,边界层处于层流状态。施加阵列式等离子体合成射流激励后,射流产生并沿流动方向不断发展,在边界层中诱导出了拟序结构,如图 5.18(b)和(c)所示,

沿流向 $x = 135 \sim 180$ mm 区域内,均观察到了由射流诱导产生的拟序结构,长度约为 35 mm。NPLS 结果表明,展向阵列式等离子体合成射流激励具有强制超声速边界层转捩的能力,转捩位置提前至 $x = 135$ mm 处。

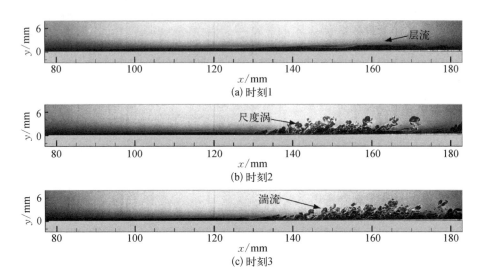

图 5.18　不同时刻激励流场流向 NPLS 的转捩效果

图 5.19 给出了阵列式等离子体合成射流激励在流场中的演化过程。如图 5.19(a)所示,阵列式等离子体合成射流激励在超声速流场中产生了明显的前驱冲击波和射流结构,射流形状类似于表面电弧激励产生的局部热气团,喷出高度略高于边界层。与电弧激励诱导的热气团结构相似,等离子体合成射流在向下游传播过程中,也出现了头部抬起特征。在主流的作用下,射流头部的运动速度大于边界层中的运动速度,射流头部被拉长。如图 5.19(b)所示,此时射流结构长度约为 10 mm,但流场下游的边界层还未受到激励扰动,仍处于层流状态。在图 5.19(c)中,射流结构进一步演化,长度发展为 18 mm,但仍保持较为完整的射流结构,说明在射流演化初期,结构保持相对完整,射流变化主要显示为射流头部的持续拉伸。随后,如图 5.19(d)所示,射流沿流向诱导出典型的发卡涡结构,其由顺时针旋转的涡头和细长的涡腿组成,该发卡涡结构的出现证实了阵列式等离子体合成射流激励具有强制边界层转捩的能力。如图 5.19(e)~(h)所示,发卡涡结构沿流向演化,有远离壁面发展的趋势,部分涡头结构脱落,并最终逐渐破碎形成小尺度涡结构,层流边界层完全发展为湍流边界层。

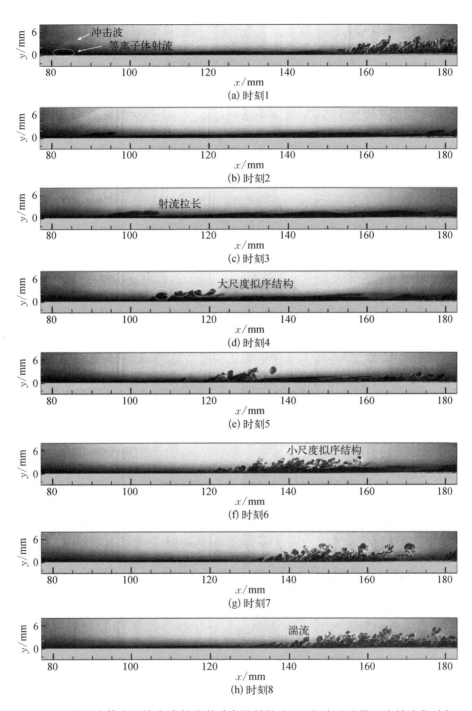

图 5.19　阵列式等离子体合成射流激励在马赫数为 3.0 超声速边界层中的演化过程

为了进一步揭示等离子体合成射流激励诱导发卡涡结构在三维空间中的物理演化,本节选择了高度 $H=1\ \text{mm}$ 和 $2\ \text{mm}$ 的 x-z 切片,捕获了相应的流动演化图像。图 5.20 给出了 $H=1\ \text{mm}$ 时 x-z 坐标轴下激励流场的演化过程,在流向 $x=80\ \text{mm}$ 处观察到了由等离子体放电产生的放电余辉,表明激励器阵列工作正常。在图 5.20(a) 中,等离子体合成射流离开腔体并出现在平板表面,射流结构形状较为完整,呈现为直径约为 $2\ \text{mm}$ 的圆形,与激励器射流孔大小一致。随后,如图 5.20(b) 与 (c) 所示,等离子体合成射流在向上游演化的过程中,流向长度被逐渐拉伸,在流向 $x=120\ \text{mm}$ 位置,也形成了类似于 Λ 涡的结构。在图 5.20(d) 中,Λ 涡发展为完全破碎的小尺度涡结构,层流完全失稳并转化为湍流,实现了强制边界层转捩效果。

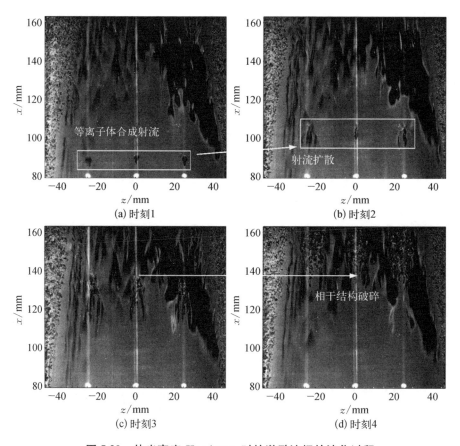

图 5.20 片光高度 $H=1\ \text{mm}$ 时的激励流场的演化过程

图 5.21 给出了 $H=2\ \text{mm}$ 时 x-z 坐标轴下的射流演化过程,与片光高度 $H=$

1 mm 时相似,射流结构沿流动方向发展并形成 Λ 涡结构,继而 Λ 涡结构破碎形成小尺度涡结构。值得注意的是,在射流演化过程中,在 Λ 涡附近观察到流向涡结构,该结构也存在于 1 mm 高度的展向流场中。流向涡结构的反向旋转与成对出现会卷吸周边流体并形成新的二次流向涡结构,促进了大尺度涡结构的破碎和最终湍流边界层的形成。

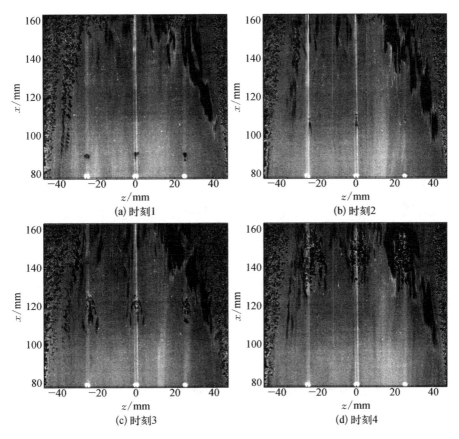

图 5.21　片光高度 H = 2 mm 时激励流场展向截面显示

5.2.3　强制边界层转捩机理分析

图 5.22 给出了等离子体合成射流激励在 x - y 截面内的演化过程,射流团由等离子体放电产生的局部高温加热腔内气体产生,并以一定的速度喷出射流孔。在马赫数为 3.0 的条件下,射流团被主流裹挟前进,沿流场被拉长。这是离壁面较远的主流速度高于近壁面的边界层速度,在速度差的作用下,射流

头部被拉伸的结果。另外,射流给边界层带来一定的扰动,并沿流向不断放大,如图5.22(c)~(e)所示,射流在流场中诱导产生发卡涡结构,该结构是平板边界层转捩过程中的典型流动结构。随后,发卡涡结构破碎成小尺度涡结构,边界层失稳,发展为完全湍流。

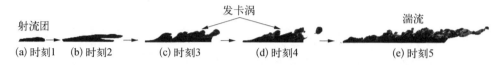

图 5.22　等离子体合成射流在超声速流场中的演化(x-y截面)

图 5.23 显示了等离子体合成射流激励在 x-z 截面内的演化过程。射流团在产生时形状近似圆形,但由于流场中的三维不稳定性作用,射流团在向下游传递过程中开始变形。如图5.23(b)~(e)所示,射流团在向下游演化过程中,逐渐形成 Λ 涡结构,并诱导产生了流向涡结构和二次流向涡结构。在图5.23(f)中流向涡结构不断地卷吸周围流体,并最终完全失稳,形成完全湍流。由此可见,阵列式等离子体合成射流的流动控制机制与阵列式表面电弧放电的流动控制机制基本一致。

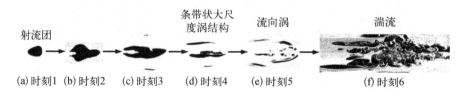

图 5.23　等离子体合成射流在超声速流场中的演化(x-z截面)

5.2.4　强制边界层转捩效果的变化规律

进一步研究了等离子体合成射流激励器腔体体积对强制转捩效果的影响,以确定合适的激励器参数。激励器腔体体积增大会导致射流速度的降低和腔体限制频率的下降。对两种不同腔体体积激励器($V_{h1} = 28.2 \text{ mm}^3$, $V_{h2} = 84.8 \text{ mm}^3$)的流动控制效果进行了对比,分别记为激励器1和激励器2,激励器的电极布置及射流孔的直径和喉道长度均保持一致,将激励频率设置为 5 kHz。

图 5.24(a)与(b)分别显示了流向 $x = 80 \sim 100 \text{ mm}$ 内激励器1和激励器2的射流情况。激励器安装位置为 $x = 80 \text{ mm}$ 处,图中显示为射流与边界层作用开始的情况,由图可知此时激励器1和激励器2的射流头部高度一致,激励器1的射流长度要明显地长于激励器2。

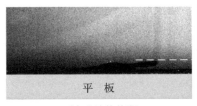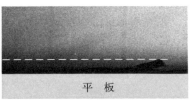

(a) 小腔体体积　　　　　　　　　　　(b) 大腔体体积

图 5.24　不同腔体激励器产生的射流在边界层中的演化过程($x = 80 \sim 100\ \text{mm}$)

如图 5.25(a)与(b)所示,激励器 1 和激励器 2 诱导的射流结构在流向 $x = 105 \sim 125\ \text{mm}$ 处都演化成大尺度涡结构,且具有明显的发卡涡结构特征,边界层已经进入转捩阶段。但对比发现,激励器 1 所诱导大尺度涡结构高度明显地大于激励器 2 所产生的大尺度涡结构高度。

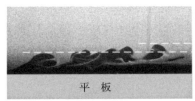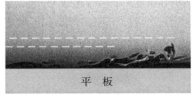

(a) 小腔体体积　　　　　　　　　　　(b) 大腔体体积

图 5.25　不同腔体激励器产生的射流在边界层中的演化过程($x = 105 \sim 125\ \text{mm}$)

进一步,大尺度涡结构破碎成为小尺度涡结构,图 5.26 显示了流向 $x = 134 \sim 183\ \text{mm}$ 的流场。如图 5.26(a)所示,当腔体体积较小时,边界层高度约为

(a) 小腔体体积

(b) 大腔体体积

图 5.26　不同腔体体积激励器产生的射流在边界层中的演化过程($x = 134 \sim 183\ \text{mm}$)

5.1 mm,同时在下游可看到明显破碎的涡结构,边界层完全发展为湍流。如图5.26(b)所示,当腔体体积较大时,边界层高度约为3.2 mm,说明大腔体激励器诱导出的湍流高度低于小腔体激励器诱导出的湍流高度。因此,激励器的腔体体积越小,出口射流速度较大,对流场施加的初始扰动值越大,促进转捩的能力越强。

参考文献

[1] Wang Y T, Li Y W, Liu J X, et al. On the receptivity of surface plasma actuation in high-speed boundary layers[J]. Physics of Fluids, 2020, 32(9): 094102.

[2] Belinger A, Naudé N, Cambronne J P, et al. Plasma synthetic jet actuator: Electrical and optical analysis of the discharge[J]. Journal of Physics D: Applied Physics, 2014, 47(34): 345202.

[3] Kline S J, Reynolds W C, Schraub F A, et al. The structure of turbulent boundary layers[J]. Journal of Fluid Mechanics, 1967, 30(4): 741 - 773.

[4] Raffel M, Willert C E, Scarano F, et al. Particle Image Velocimetry: A Practical Guide[M]. 3rd ed. Cham: Springer, 2018.

[5] Herbert T. Secondary instability of boundary layers[J]. Annual Review of Fluid Mechanics, 1988, 20(1): 487 - 526.

[6] Adrian R J. Hairpin vortex organization in wall turbulencea[J]. Physics of Fluids, 2007, 19(4): 041301.

[7] Sommer C, Straehle C, Köethe U, et al. Ilastik: Interactive learning and segmentation toolkit[C]. 2011 IEEE International Symposium on Biomedical Imaging: From Nano to Macro, Chicago, 2011: 230 - 233.

[8] Zhuang Y, Tan H J, Li X, et al. Letter: Evolution of coherent vortical structures in a shock wave turbulent boundary layer interaction flow[J]. Physics of Fluids, 2018, 30(11): 111702.

[9] Hanifi A, Schmid P J, Henningson D S. Transient growth in compressible boundary layer flow[J]. Physics of Fluids, 1996, 8(3): 826 - 837.

第 6 章

阵列式等离子体冲击激励
控制激波/边界层干扰

在阵列式等离子体冲击激励方法突破的基础上,本章主要进行阵列式等离子体冲击激励控制激波边界层/边界层干扰的实验与仿真研究,首先进行阵列式电弧等离子体激励控制超声速压缩拐角激波/边界层干扰的实验,然后进行直接数值模拟研究,并进一步拓展到高超声速激波/边界层干扰控制;最后进行阵列式等离子体合成射流激励控制激波/边界层干扰的实验。

6.1 阵列式电弧等离子体激励控制超声速激波/边界层干扰实验

6.1.1 实验模型与高频阵列式等离子体冲击激励方法

实验模型如图 6.1 所示,为典型的超声速压缩拐角模型。模型由两部分组成:长宽尺寸为 400 mm × 110 mm 的光滑平板,以及固定在平板下游宽度为 80 mm 的压缩拐角。拐角角度为 24°。为了研究不同雷诺数对流动控制现象的影响,实验采用了两种不同的模型设置,分别记为设置 A 和设置 B。在设置 A 中,为了强制边界层转捩,在距离平板前缘 20 mm 处安装长宽尺寸为 10 mm × 110 mm 的 80 目碳化硅金刚砂纸,同时将拐角件固定于距离平板前缘 300 mm 处的平板后端,使来流边界层有足够长的距离发展为完全湍流。在设置 B 中,一方面,平板前缘不施加强制转捩装置,从而减小边界层的外部扰动;另一方面,将拐角件固定于平板中部位置,距离平板前缘只有 165 mm,使来流边界层在短距离下无法充分地发展,从而获得较薄的边界层厚度。根据纹影图像显示,在斜坡脚位置,设置 A 和设置 B 所获得的边界层厚度分别为 $\delta_1 \approx 4$ mm 和 $\delta_2 \approx 1$ mm。因此,基于两个边界层厚度所得雷诺数分别为 $Re_1 = \rho U_\infty \delta_1 / \mu = 46\,800$ 和 $Re_2 = \rho U_\infty \delta_2 / \mu = 11\,700$。

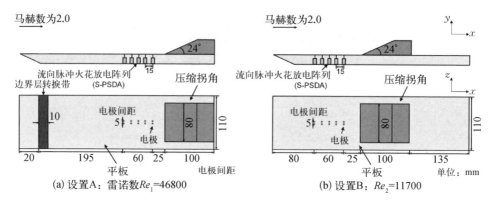

(a) 设置A：雷诺数Re_1=46800 (b) 设置B：Re_2=11700

图 6.1　典型的超声速压缩拐角模型

图 6.2 给出了雷诺数 Re_1 和 Re_2 下基准流场的瞬时纹影强度场、平均纹影强度场和归一化后的 RMS 纹影强度场。设置斜坡脚位置为坐标系原点,x 轴正方向为流向方向,y 轴正方向为壁面法向方向。从瞬时纹影强度场中可以看出,在 Re_1 和 Re_2 条件下,虽然来流边界层厚度存在明显差异,但都存在由强分离激波和弱再附激波组成的激波系结构,在拐角附近,来流边界层的厚度分别为 $y/L_i = 0.24$ 和 $y/L_i = 0.06$。通过图 6.2(b) 可以看出,两种雷诺数下的流场特征参数基本相似:首先,分离激波与平板夹角都约为 45°;其次,从分离激波无黏撞击点到斜坡脚的干扰区长度也几乎一致,即 $L_i = 17.5$ mm。用该长度作为长度尺度,对流向和法向距离进行了无量纲处理。由于 SWBLI 的作用,在两种情况下分离激波下游区域的湍流脉动都明显地增强,激波后边界层厚度都大于来流边界层厚度。从瞬时纹影快照中可以看到,分离激波后的斜坡表面存在着交替出现的亮斑和黑斑结构,这表明激波的强逆压梯度会引起剧烈的涡运动,从而导致边界层密度发生交替变化。但是,Re_1 和 Re_2 下的湍流涡尺度明显不同,这将在归一化后的 RMS 纹影强度场中进行详细的讨论。

纹影图像的灰度值大小是密度梯度大小的一种间接度量,只要曝光时间足够小,密度梯度就可以在一定程度上反映湍流涡的瞬态结构[1]。由此可以推断,从收敛后的 I_{RMS} 等值线分布云图上,我们可以获得关于边界层内部旋涡运动的更多信息。

图 6.2(c) 为压缩拐角 SWBLI 基准流场的归一化后的 RMS 纹影强度场。为

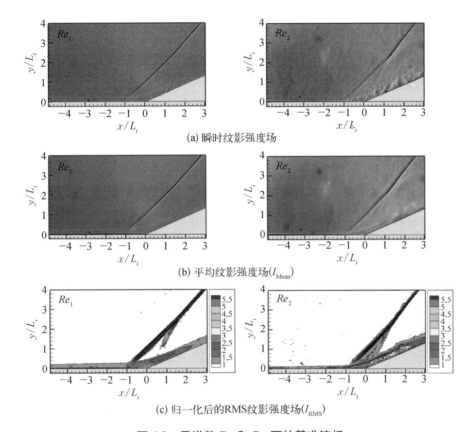

(a) 瞬时纹影强度场

(b) 平均纹影强度场(I_{Mean})

(c) 归一化后的RMS纹影强度场(I_{RMS})

图 6.2　雷诺数 Re_1 和 Re_2 下的基准流场

了统一度量标准,方便与后期施加流向高频阵列式等离子体冲击激励后所获得的 RMS 纹影强度场进行比较,用背景 I_{RMS} 值,即主流区域的 I_{RMS} 值,对 RMS 强度场进行了归一化处理。由于 $I_{RMS} > 5.5$ 的值主要集中在分离激波所在的一段较窄的区域内。为了用更精细的尺度显示近壁面区流场结构的更多细节,通过合理地调整标尺范围,只对幅度在 $1 \sim 5.5$ 内的 I_{RMS} 值进行了显示。

与 SWBLI 后湍流脉动会放大的实际情况一致,在 RMS 纹影强度场中,流向位置 $x/L_i = -1$ 后,平板表面附近的 I_{RMS} 强度明显增加。在 Re_1 情况下,斜坡上的 I_{RMS} 峰值出现在 $x/L_i = 0.6$ 处,表明剪切层在该位置存在较为剧烈的旋涡运动。相比之下,在 Re_2 情况下,斜坡上出现两个峰值 I_{RMS},分别位于 $x/L_i = 0.8$ 和 $x/L_i = 1.8$ 处。可以看出,两个峰值附近的 I_{RMS} 强度呈现出两个同心椭圆分布,I_{RMS} 强度从中心向外逐渐减小,这意味着存在大尺度的旋涡结构。需要注意的是,当雷诺数为 Re_1 时,并没有观察到上述的这种大尺度涡结构。分析是因为雷诺数较高时,来流边界层已经获得了充分的发展,边界层中包含了大量的小尺度旋涡结构,动量输运能力更强,使由逆压梯度诱导大尺度涡结构更不容易形成。该现象与图6.2(a)中瞬时纹影快照的结果也比较吻合。此外,在两种雷诺数情况下,都观察到了位于斜坡脚前 I_RMS 值较低的区域,如图6.2(c)所示,将该区域用白色虚线框标出。由于可压缩流中密度变化与速度变化密切相关,所以分析该 I_RMS 值较低的区域为分离泡区域,因为分离泡内部脉动往往比周围区域更加稳定。在分离泡区域上方还观察到较高的 I_RMS 等值线区,进一步分析其为相应的剪切层结构。

在平板模型中心线上,沿流向安装了5个脉冲火花放电等离子体激励器,构成等离子体激励阵列,简称为流向脉冲火花放电阵列。在设置A和设置B中,激励器的设计布局完全一致。每个脉冲火花放电等离子体激励器都包含两个直径为1 mm的钨电极,分别作为放电阳极和阴极,激励器放电间隙均为5 mm。激励器阵列平齐安装于平板表面,两两激励器之间的流向间隔 L_d = 15 mm,最下游激励器位于斜坡脚上游25 mm处。流向脉冲火花放电阵列的激励频率可调,可以选择三个不同的工作频率,分别为5 kHz、10 kHz和20 kHz,以研究频率对SWBLI控制效果的影响。表6.1列出了在不同雷诺数和激励频率下所开展的实验工况。

表 6.1　不同雷诺数和激励频率下所开展的实验工况

实验工况	雷诺数 Re	激励频率/f
Re_1_5		f = 5 kHz
Re_1_10	Re_1 = 46 800	f = 10 kHz
Re_1_20		f = 20 kHz
Re_2_10	Re_2 = 11 700	f = 10 kHz
Re_2_20		f = 20 kHz

在实验过程中,由于所使用放电电源功率的限制,流向脉冲火花放电阵列的工作频率越高,其所能维持的稳定放电时间越短,即所能获得的样本数量越少。在计算 I_Mean 和 I_RMS 时,为了保证统计结果是在相同样本数量下获得的,对不同的实验工况,都统一选择了施加激励后的300张瞬时纹影快照作为统计样本值,这对应于激励频率20 kHz下电源能够稳定运行的放电时长。

为了保证统计结果的可靠性,本节对所求统计量进行了收敛性验证。由于高频激励对流场的扰动效应更强,理论上需要更大的样本数量来使其收敛,故选择激励频率为 20 kHz 的工况进行残差分析。图 6.3 给出了 I_{Mean} 和 I_{RMS} 在 Re_1_20 和 Re_2_20 工况下的残差收敛情况。纵坐标显示的是最大残差值 ε,即样本量为 N 的纹影序列和样本量为 $N-1$ 的纹影序列所求统计量 $I_{\text{Mean}}/I_{\text{RMS}}$ 的最大差值。

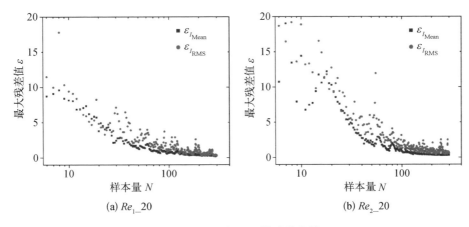

(a) Re_1_20　　　　　　　　　　(b) Re_2_20

图 6.3　I_{Mean} 和 I_{RMS} 的残差曲线

从收敛曲线可以看出,随着样本量 N 的增加,最大残差值 ε 快速下降,两种雷诺数工况下的 $\varepsilon_{I_{\text{Mean}}}$ 和 $\varepsilon_{I_{\text{RMS}}}$ 最终值均接近 0.1,这表明统计量 $I_{\text{Mean}}/I_{\text{RMS}}$ 在当前样本量下可以实现快速收敛。对于其他实验工况,统计量的残差分析结果一致,在此不再赘述。

根据上面所述,为了获得稳定持续的流动控制效果,本节提出流向高频阵列式等离子体冲击激励的新思路,旨在通过空间布局和时间响应的耦合作用来实现更好的流动控制效果。一方面,在时间响应上,采用降低单脉冲放电能量,实现更高放电频率的流动控制策略,即利用一个高频高压纳秒脉冲电源来驱动流向脉冲火花放电阵列工作,虽然放电能量减小,但可以实现更高频的稳定放电。以 Re_1_10 工况为例,当流向脉冲火花放电阵列的激励频率为 10 kHz 时,两个连续放电脉冲之间的时间间隔仅为 100 μs。另一方面,在空间布局上,采用流向阵列式布局策略,五组脉冲火花放电等离子体激励器在拐角上游沿流向排列。一旦放电触发,在超声速来流作用下,由流向脉冲火花放电阵列诱导产生的 5 个前驱冲击波会依次向下游传递,形成接力作用,交替与压缩拐角 SWBLI 的波系结构发生干扰。通过这样的控制策略,在一个放电脉冲下,就可以实现对波系结构长达$(5-1)L_d/U_\infty = 116 \ \mu s$ 的持续控制。所以,基于高频脉冲激励和流向阵列式布局的耦合作用,在马赫数为 2.0 的超声速流动中,等离子体冲击效应几乎可以不间断地作用于压缩拐角 SWBLI,即上一个放电脉冲作用还未消失,下一个放电脉冲已经开始($116 \ \mu s > 100 \ \mu s$)。另外,为防止电源损坏,在放电电源高压端接有二极管部件,以防止电流回流。

在实验过程中,为了避免不同车次流场品质不同带来的实验误差,本节设计一套同步控制系统来调控实验测量的时间序列,使在一次风洞运行过程中可以同时获得压缩拐角 SWBLI 的基准流场和激励流场。当风洞启动时,安装在风洞上的 CYG41000T 快速响应动态压力传感器会监测到压升信号,从而触发信号发生器工作;随后,信号发生器同时给高速相机和同步控制器发出 5 V 的信号,接到信号后,高速 CCD 立即开始拍摄,但同步控制器提前设置 0.1 s 的信号时延去触发电源放电。这意味在等离子体激励开启之前,高速相机已经记录下 5 000张($0.1 \ s \times 50 \ kHz$)基准流场的瞬时纹影快照。从而实现在一次风洞实验中,同时获得数量可观的基准流场和激励流场数据。

6.1.2　高频阵列式激励对激波/边界层干扰流动结构的影响

以典型工况 Re_1_10 为例,首先研究高频流向阵列式等离子体激励与压缩拐角 SWBLI 波系结构的相互作用过程。图 6.4 给出了施加激励后 $\Delta t = 0 \sim 100 \ \mu s$ 内,由高速相机捕捉到六张连续的瞬时纹影快照,清晰地揭示了在流向高频阵列式等离子体冲击激励第一个激励周期内,激波结构随时间的演化过程。在同步控制系统的时序控制下,一旦流向脉冲火花放电阵列开始运行,高速相机即以 50 kHz 的频率开始记录纹影图像。因此,将第一幅放电图像标记为 $\Delta t = 0 \ \mu s$,则相邻两幅图像之间的时间间隔为 20 μs。

根据 $\Delta t = 0 \ \mu s$ 时的第一幅纹影快照可以看出,沿流向方向共捕获了 5 个由等离子体激励诱导的前驱冲击波结构,称为前驱冲击波列(precursor shock wave train, PST)。但是,在 Gan 等[2] 实验中起主要控制效果的热气团结构,并没有被观察到,这间接地说明当前流向脉冲火花放电阵列设置的能量沉积明显较低,符合我们降低能量沉积、提高激励频率的控制策略。在 $\Delta t = 0 \ \mu s$ 和 $\Delta t = 20 \ \mu s$ 时,除了最下游的前驱冲击波开始与分离激波相互作用,其余 4 个前驱冲击波仍远离干扰区。因此,激波结构在这两个时刻没有发生明显的改变。随后,PST 在向下游传播的过程中逐渐合并形成伞状结构,当 $\Delta t = 40 \ \mu s$ 和 $\Delta t = 60 \ \mu s$ 时,在 PST 和分离激波相交的三叉点附近,激波结构出现了明显的变形。但是,随着

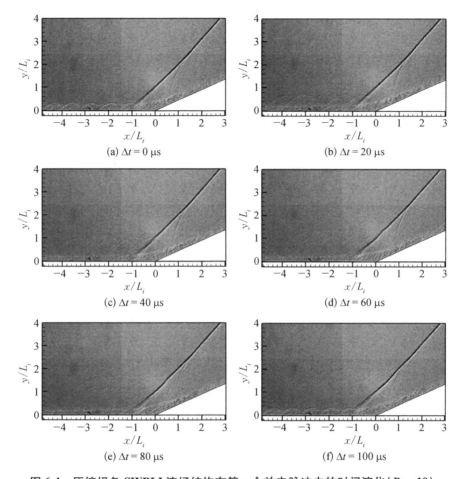

(a) $\Delta t = 0 \ \mu s$　(b) $\Delta t = 20 \ \mu s$

(c) $\Delta t = 40 \ \mu s$　(d) $\Delta t = 60 \ \mu s$

(e) $\Delta t = 80 \ \mu s$　(f) $\Delta t = 100 \ \mu s$

图 6.4　压缩拐角 SWBLI 流场结构在第一个放电脉冲内的时间演化（Re_1_10）

PST 强度在传播过程中的逐渐耗散，从 $\Delta t = 80 \ \mu s$ 到 $\Delta t = 100 \ \mu s$，控制效果逐渐减弱，变形的激波结构恢复为初始状态。然而，在 $\Delta t = 100 \ \mu s$ 时，高频激励下的第二个放电脉冲已经出现，第二轮 PST 与分离激波的相互作用过程即将开始。

图 6.5 研究了第二到第七个激励周期内，压缩拐角 SWBLI 流场结构随时间的演化过程。图 6.5 中给出的是第二个到第七个周期内同一相位时刻（$\Delta t = 40 \ \mu s$）的瞬时纹影快照。从第二个放电脉冲开始，一张瞬时纹影快照中可同时捕获由相邻放电脉冲所产生的两组 PST，这意味着 PST 可以与压缩拐角 SWBLI 发生相互作用。从图 6.5 中可以看出，随着脉冲数的增加，分离激波的结构被逐渐破坏。最初，在第二个放电脉冲和第三个放电脉冲时，与第一个放电脉冲所产生的控制结果一致，仅仅观察到分离激波脚变模糊的现象。然而，在第四个放电

脉冲和第五个放电脉冲时,PST 的接力作用开始使分离激波出现明显的分叉现象,$y/L_i = 1$ 以下的激波结构几乎消失,分离激波的强度被明显地削弱。随后,从第六个放电脉冲和第七个放电脉冲,这种令人惊喜的流动控制效果持续存在,实现了对分离激波的稳定控制。因此,流向高频阵列式等离子体冲击激励控制策略可以实现对压缩拐角 SWBLI 的持续有效控制。

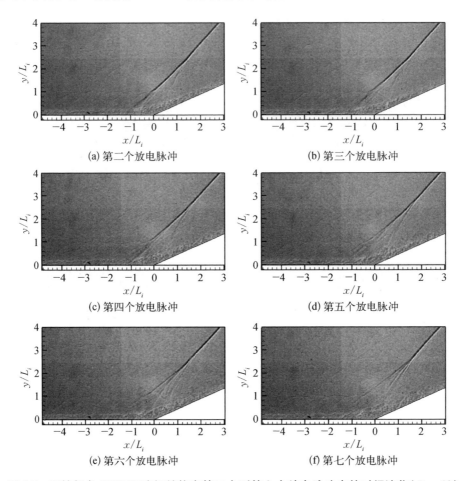

(a) 第二个放电脉冲　　　　　　　　　　(b) 第三个放电脉冲

(c) 第四个放电脉冲　　　　　　　　　　(d) 第五个放电脉冲

(e) 第六个放电脉冲　　　　　　　　　　(f) 第七个放电脉冲

图 6.5　压缩拐角 SWBLI 流场结构在第二个到第七个放电脉冲内的时间演化(Re_1_10)

本节选取建立稳定控制效果后的特征激励流场,与未施加激励的基准流场进行了详细对比研究。图 6.6 给出了通过纹影显示技术捕获到的特征流场结构。图 6.6(a) 为未施加激励的基准流场,呈现出典型的压缩拐角 SWBLI 流场结构,由无黏激波、强分离激波和弱再附激波组成,三道激波的相交点位于图 6.6 中所标记的蓝色实心圆处,其中分离激波角度约为 45°。图 6.6(b) 为在流向高频阵列式等离子体冲击激励下,建立稳定控制效果后的激励流场。相比于基准流场,激励流场呈现出明显不同的流场特征:首先,分离激波出现明显的分叉现象;其次,三道激波的相交点由蓝色实心圆位置上升到了红色实心圆所在位置。

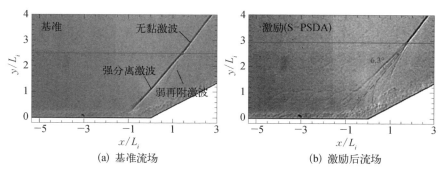

（a）基准流场　　　　　　　　　　（b）激励后流场

图 6.6　压缩拐角 SWBLI 的基准流场和施加流向高频阵列式等离子体冲击激励后的流场

对分离激波在施加激励前后的变化进行了重点分析,如图 6.7 所示,在激励流场中用蓝色线标记出了分离激波的原始位置。对比发现,与未受激励作用的分离激波相比,流向高频阵列式等离子体冲击激励下的分离激波角度增加了约 $6.3°$;同时,$y/L_i = 1$ 以下的激波结构发生了显著的改变:原本存在于 $x/L_i = -1$ 到 $x/L_i = 0$ 之间的分离激波结构几乎消失,取而代之的是由流向高频阵列式等离子体冲击激励诱导的准斜激波阵列结构。准斜激波阵列很可能替代了分离激波曾经发挥的作用,在来流到达拐角之前,就对其产生了一定程度的流动压缩,从而减弱了拐角对来流的压缩效应,使 $y/L_i = 1$ 以下的分离激波强度被有效地削弱。

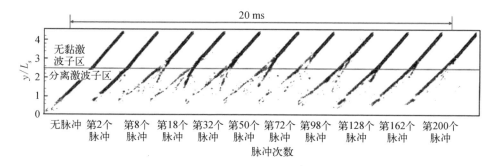

图 6.7　流场拓扑结构在 200 个脉冲放电周期内的时间演化图

为了具体研究流向高频阵列式等离子体冲击激励对压缩拐角 SWBLI 的稳定控制时长,本节基于纹影图像的灰度值梯度大小,设置了合适的梯度阈值,从原始纹影图像中提取出了流场的拓扑结构。从施加激励后的 200 个脉冲中,随机选出 10 个脉冲,取相同相位时刻的激励流场,与基准流场的拓扑结构一起,组成了流场拓扑结构的时间演化图。

如图 6.7 所示,以位于高 y/L_i = 2.5 处的基准流场的三相点为界,将流场拓扑结构的时间演化图划分为两个区域,分别为无黏激波子区(region-IS)和分离激波子区(region-SW)。在 region-IS 区域,施加阵列式等离子体激励后,三相点的位置沿激波方向向上移动,无黏激波的长度普遍短于未施加激励状态。在 region-SW 区,分离激波的结构特征被显著地改变:原有的激波结构被破坏,使拐角附近的激波强度明显地减弱。更重要的是,从建立稳定的激励流场开始,直到第 200 个脉冲,对分离激波的有效控制持续存在,这意味着可以对激波强度实现长达 20 ms 的削弱。与文献[3]中的流动控制时长相比,将对分离激波的有效控制时长延长了近 100 倍,实现了控制时长从微秒尺度到毫秒尺度的突破。另外,从演化图中也发现,自 128 个脉冲开始,激励对分离激波的流动控制效果呈现出减弱的趋势,这是由放电电源储能有限导致的后期脉冲火花放电逐渐不稳造成的。

6.1.3　高频阵列式激励对激波/边界层干扰低频不稳定性的影响

利用快速傅里叶变换(fast Fourier transform,FFT)图像后处理技术,本节对流向高频阵列式等离子体冲击激励抑制分离激波低频不稳性运动的控制效果进行了分析。

FFT 图像后处理技术是揭示非定常流动在不同频段内特征流场结构的有力工具,已被成功地应用于 SWBLI 的非定常特性研究当中[4]。基于对 1 000 张瞬时纹影图像的 FFT 分析,我们获得了压缩拐角 SWBLI 在不同频段内的非定常流动特征。其基本原理为:对于 1 000 张连续的纹影图像序列,任意像素点 (x_0, y_0) 的灰度值即为一组时域信号,记为 $I_{x_0 y_0}(n)$,其中,n 为图像序列号。而纹影图像的灰度值理论上又与流场的密度值相关。通过对纹影图像序列中每个像素点所组成的时序信号 $I_{x_0 y_0}(n)$ 做 FFT 分析,就可获得压缩拐角 SWBLI 在频域中的流场信息,再通过傅里叶频率分解,就可选择特定频率下的流场进行显示。

图 6.8 给出了基于 FFT 分析获得的压缩拐角 SWBLI 在基准流场和激励流场下的空间频谱图,分别以各自频域幅度的最大值对频谱图进行了无量纲化处理。选择三个特征斯特劳哈尔(Strouhal)数下的频谱图进行了显示,即 $Sr = fL_i/U_\infty$ = 0.05、0.16 和 0.32,对应的特征频率分别为 f = 1.5 kHz、5 kHz 和 10 kHz。

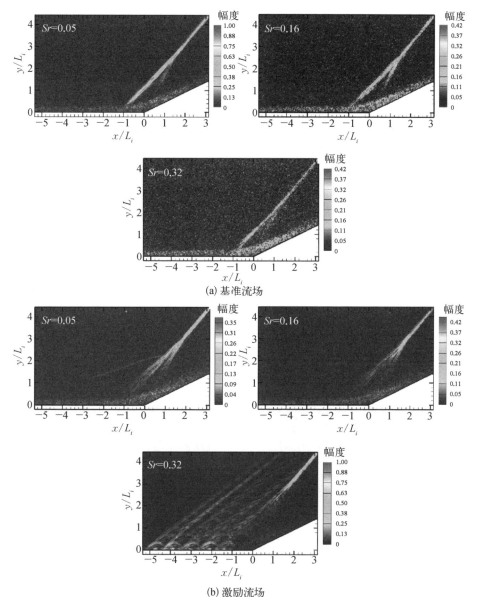

(a) 基准流场

(b) 激励流场

图 6.8　压缩拐角 SWBLI 三个特征斯特劳哈尔数下的频谱图

在基准流场情况下,如图 3.13(a)所示,在三个特征频率下都观察到了完整的分离激波结构,间接地说明分离激波具有宽频带振荡的运动特征。其中,$Sr = 0.05$ 时特征频率的幅度最高,说明该频率为基准状态下激波的主运动频率,这与 Dupont 等[5, 6]所得结果一致,证实了分离激波所拥有的低频不稳定性运动特征。

在激励流场情况下,与原始纹影图像结果一致,观察到 $y/L_i = 1.5$ 以下分离激波结构消失的现象,同时在 $Sr = 0.32$ 的频谱图中捕获到准斜激波阵列的存在。对于频率特征,在 $Sr = 0.32$ 附近,频谱图的幅度最大,说明激波的主运动频率转化为等离子体驱动的放电频率。因此,准斜激波阵列不仅可以代替分离激波实现流场的偏转和压缩,而且可以修改激波的低频特性。通过流向脉冲火花放电阵列的高频扰动输入,可以有效地抑制压缩拐角 SWBLI 非定常运动中占主导地位的低频不稳定振荡。

基于空间频谱图中显示的流动结构,本节揭示了流向高频阵列式等离子体冲击激励对超声速压缩拐角 SWBLI 的控制机理。如图 6.9 所示,在激励流场中,超声速来流在拐角附近的流动压缩是由准斜激波阵列和无黏激波共同完成的。位于三相点上方的流动偏转无疑是由拐角诱导的无黏激波实现的,但对于三相点以下的超声速流场,准斜激波阵列替代了分离激波在基准流场中发挥的作用,完成了对流动的偏转和压缩。这类似于多级压缩式超音速进气道的设计,表明流向高频阵列式等离子体冲击激励的控制机理可能是通过接力作用,将原来的一道强斜激波转变为流向弱压缩波阵面,来实现对激波强度和非定常性的有效削弱。当然,该控制模式是否可以有效地减弱激波阻力和流动分离,还需要通过定量测试来进一步验证。

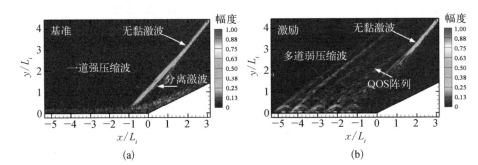

图 6.9 高频流向阵列式等离子体激励控制压缩拐角 **SWBLI** 的机理分析

6.1.4 高频阵列式激励对激波/边界层干扰流动分离的影响

1. 基准流场

首先研究了超声速压缩拐角 SWBLI 的基准速度场特征,并将纹影测试结果和 PIV 测试结果进行了对比。图 6.9 分别给出了基准状态下压缩拐角 SWBLI 的瞬时纹影快照和时间平均速度场。坐标系原点统一设置在斜坡脚位置,x 轴正方向为流向方向,y 轴正方向为壁面法线方向,图中所有坐标尺度均用 $x = -60$ mm 处的来流边界层厚度 $\delta = 2$ mm 进行了无量纲化处理。

如图 6.10(a)所示,根据瞬时纹影快照,可以清晰地观察到由湍流边界层、分离激波和再附激波组成的压缩拐角 SWBLI 特征流场结构。同时,为了直观地显示本章速度场测试区域在纹影快照中的相对位置,在纹影图像中分别用三种不同颜色的虚线框对三个速度场测试子区位置进行了标记,即 FOV A、FOV B 和 FOV C。三个 PIV 测试区域分别关注的是压缩拐角 SWBLI 不同位置的流场特征。基于 FOV A 的时间平均速度场可以看出,实测的超声速风洞主流速度约为 $U_\infty = 510$ m/s,与理论值 514 m/s 仅存在 0.78% 的误差。在靠近压缩拐角位置观察到来流速度的突降现象,说明此处即为拐角诱导分离激波所在位置。

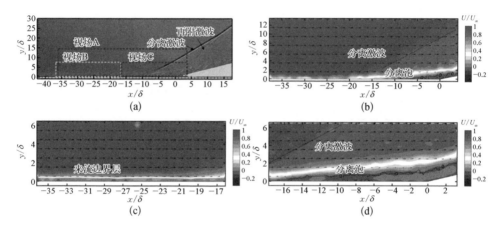

图 6.10　压缩拐角 SWBLI 基准流场的瞬时纹影和时间平均速度

(a)为压缩拐角 SWBLI 基准流场的瞬时纹影快照;(b)~(d)分别为压缩拐角 SWBLI 基准流场的时间平均速度场,其中(b)为 FOV A,(c)为 FOV B,(d)为 FOV C

如图 6.10(b)所示,用黑色虚线对速度场中分离激波的位置进行了标记,与纹影显示结果对比发现,速度场中分离激波的位置与纹影快照中的激波位置存在些许差异。分离激波脚从纹影测量中的 $x/\delta = -10$ 位置向上游移动到 PIV 测量中的 $x/\delta = -17$ 位置。对于出现这种测量差异的原因,主要从两个方面加以解释:一方面,拐角模型的宽度略小于平板模型的展向尺寸,因此,压缩拐角 SWBLI 的相互作用区会呈现出一定的三维特征,使得在展向方向上不同 x-y 平面内的分离激波处于不同的流向位置;另一方面,纹影图像是通过光路的展向积分所获得的流场密度场,而 PIV 测试仅代表当前测试平面的二维速度场,所以 PIV 测量与高速纹影成像的分离激波位置可能存在不一致的现象。

图 6.10(c)与(d)分别给出了 FOV B 和 FOV C 下的时均速度场。局部区域放大后的速度场视图明显地捕捉到更多关于边界层和分离区的流动细节,而这些细节在先前的 FOV A 中并没有被准确地显示。图 6.10(b)的观测区域大约是图 6.10(d)观测区域的 4 倍,故图 6.10(b)不能很好地揭示近壁面边界层的流动特征,特别是对于靠近拐角底部的流动分离区。图 6.10 中用 $U_x = 0$ 的速度等值线勾勒出斜坡诱导流动分离泡的大小,在 FOV C 中的分离泡尺度要比 FOV A 中的更加精确,这也进一步说明了进行分区域二维速度场测试的必要性。

在开展 PIV 流场测试前,我们分析了在流向高频阵列式等离子体冲击激励控制下压缩拐角 SWBLI 的典型激波结构,以选择具体的锁相拍摄时刻。如图 6.11 所示,给出了两幅不同放电脉冲相同放电相位的瞬时纹影快照。将等离子体激励的触发时刻设置为 $t = 0$ μs,则两个相邻激励脉冲之间的时间间隔为 100 μs。因此,$t = 20$ μs 和 $t = 620$ μs 的瞬时纹影快照分别代表第一个和第七个放电脉冲时压缩拐角 SWBLI 的激励流场。

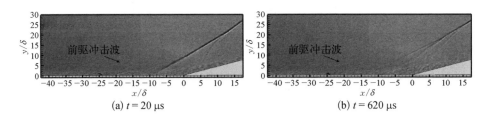

图 6.11 流向高频阵列式等离子体冲击激励下的瞬时纹影快照

两幅纹影图像均捕捉到五个清晰的流向前驱冲击波列,这表明激励器阵列的正常运行。进一步对比发现,当 $t = 20$ μs 时,激励流场的分离激波结构没有发生明显变化,但在 $t = 620$ μs 时,激励流场已经完全建立,分离激波出现明显的分叉现象,且在随后的放电脉冲中控制效果持续存在。施加阵列式等离子体激励后,有效激励流场的建立需要一个约 600 μs 的响应时间。因此,将锁相 PIV 测量的时延设置为 $t = 620$ μs 到 $t = 1\,020$ μs,以确保所测流场均为已经建立稳定控制效果的压缩拐角 SWBLI 激励流场。

2. 激励后的流场

为了掌握流向高频阵列式等离子体冲击激励对压缩拐角 SWBLI 速度场的定常控制效果,首先关注施加等离子体激励后的时均速度场特征。如图 6.12(a)和(b)所示,为全部锁相速度场(620~1 020 μs)平均后获得的时均二维速度场云图。图中用红色箭头在 x 轴上标记出了所布激励器阵列的流向位置,但由于最上游激励器超出了流向拍摄范围,故在当前两个视场中仅能观察到四个脉冲火花放电等离子体激励器。

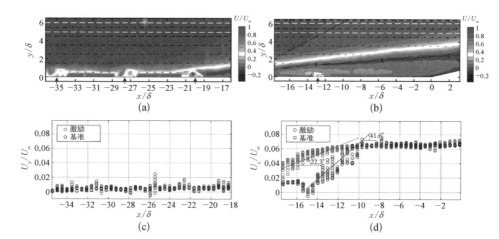

图 6.12　时间平均的二维速度场云图和速度矢量在 y 方向分量 U_y 的散点图

(a)与(c)为 FOV B；(b)与(d)为 FOV C

FOV B 和 FOV C 分别揭示了来流边界层和流动分离区在施加激励后的时均速度场特征。在 FOV B 中,等离子体激励所产生的冲击效应,一方面,使激励流场的来流边界层明显变厚;另一方面,使激励器所在区域速度明显地增大。而在 FOV C 中,与前期纹影结果一致的是,分离激波角度减小,表明激波强度变弱;与前期纹影结果不一致的是,拐角前干扰区在流向和法向上都获得了明显的拓展,展向中截面的分离泡尺寸变大。

图 6.12(b)中用黑色虚线绘制出压缩拐角 SWBLI 基准流场的速度突降界面,即代表着基准流场分离激波的所在位置。与基准流场的规则速度突降界面相比,激励流场的速度突降界面发生明显的畸变,说明常规的分离激波结构在激励作用下已经发生变形,这与纹影图像所观察到的结果一致。为了定量衡量分离激波被削弱的程度,本节提取过激波后速度变化最为明显的法向速度分量 U_y 进行研究。如速度场云图中的黄色虚线所示,本节提取出 $y/\delta = 5\sim6$ 区域内的法向速度分量 U_y,并画出其沿流向变化的散点图,其中红色圆点代表激励流场,蓝色圆点代表基准流场。

从图 6.12(c)中可以看出,无论是否施加等离子体激励,来流的法向速度 U_y 都接近于零,说明来流还没有遭遇分离激波而发生明显的流动偏转。但随后,在图 6.12(d)中,观察到法向速度 U_y 快速上升的现象,表明来流开始遭遇分离激波,其速度上升起始点即为分离激波目前的所在位置。通过对比可以发现,激励

流场中 U_y 上升的流向位置比基准流场靠前,说明分离激波在等离子体激励作用下会向上游移动。Falempin 等[7]在前期的研究中也观察到类似的现象,他们认为等离子体激励产生的准等熵热阻塞可以形成柔性虚拟型面,从而使分离激波发生前移。另外,图中分别用红色虚线和蓝色虚线对有激励与无激励状态时的分离激波位置进行了拟合,可以看出,由于分离激波向上游移动,激波角度随之减小。在等离子体激励作用下,局部分离激波的角度已从 41.6° 减小到 22.3°,这定量地揭示了激波被流向高频阵列式等离子体冲击激励削弱的控制效果。基于斜激波方程可以计算出,在流向高频阵列式等离子体冲击激励的作用下,分离激波前后压比 P_2/P_1 从 2.93 降低到 1.6。也就是说,局部激波阻力下降了约 45%。

为了进一步揭示流向高频阵列式等离子体冲击激励对压缩拐角 SWBLI 分离流调控的效果和机理,对不同锁相时刻的相位平均速度场进行了研究,以分析压缩拐角 SWBLI 激励流场中分离流的时间演化过程。

如图 6.13 所示,给出了 $t = 620$ μs 到 $t = 680$ μs,即 10 kHz 激励第七个激励

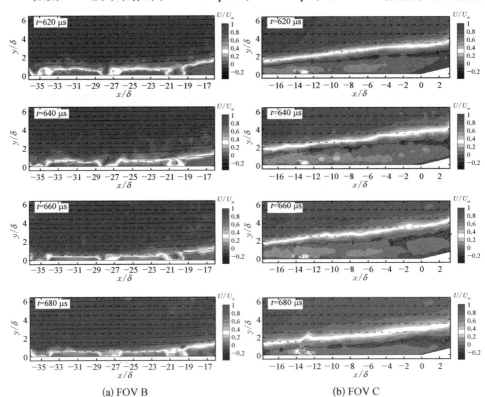

(a) FOV B (b) FOV C

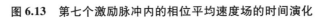

图 6.13 第七个激励脉冲内的相位平均速度场的时间演化

脉冲内的相位平均速度场的时间演化,其中 FOV B 速度场云图中叠加的蓝色实线为相位平均流线。与时间平均速度场的结果一致,从 $t = 620\ \mu\text{s}$ 到 $t = 680\ \mu\text{s}$ 内的所有相位平均速度场都表现出相同的流场特征,即展向中截面的流动分离区域明显地扩大。

在 FOV C 中,用 $U_x = 0$ 速度等值线勾勒出不同锁相时刻的分离泡大小,惊喜地发现,在一个脉冲周期内,随着时间的推移,分离泡尺寸呈现出逐渐收缩的趋势。为了更直观地研究分离流面积的变化规律,计算出展向中截面内分离区 (A_s) 的具体面积并绘制在图 6.14 中,其中 x 轴代表施加激励后的流场响应时间,即 PIV 测试时所选择的不同相位时刻。图中的响应时间统一由放电周期 T_d 进行归一化处理,基准流场的分离区面积位于绿色虚线所在位置。可以看出,在第 7 个放电周期中,分离区面积在 $t/T_d = 6.4$ 之前呈上升趋势,在 $t/T_d = 6.4$ 之后开始逐渐下降,并在 $t/T_d = 6.8$ 时收缩到最小值。分离区面积的减少表明激励流场呈现出向基准流场恢复的趋势,这也符合等离子体激励诱导热效应和冲击效应在一个放电周期内随着时间的推移逐渐减弱的物理现象。

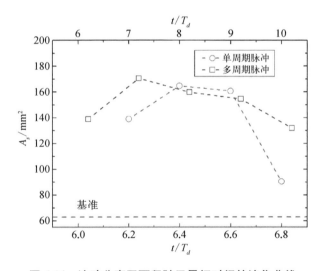

图 6.14　流动分离区面积随无量纲时间的演化曲线

本节进一步分析了不同激励脉冲相同相位时刻的锁相平均速度场,即第 8 次、第 9 次、第 10 次和第 11 次放电脉冲下的锁相平均速度场。根据图 6.12(b) 中所标记出的 $U_x = 0$ 速度等值线可知,流动分离区的面积在 $t = 720\ \mu\text{s}$ 到 $t = 1\ 020\ \mu\text{s}$ 内几乎保持不变。为了更好地比较,在图 6.11 中一起绘制了不同激励脉冲下 A_s 的时间演化。虽然 A_s 在一个放电周期结束时控制效果有下降的趋势,但在下一个激励脉冲开始时,就会立即重建控制效果,这也揭示了为什么高频激励能够实现连续不间断的控制效果。

另一个明显的流场变化是施加激励位置处发生的流线偏转。如图 6.13(a)所示,在 FOV B 中,在 $t = 620\ \mu s$ 和 $t = 640\ \mu s$ 时刻,激励器所在位置发生明显的流线偏转现象,而与之不同的是,在 $t = 660\ \mu s$ 和 $t = 680\ \mu s$ 时刻没有观察到明显的流线偏转。分析认为,这是由于前两个时刻更接近于等离子体激励刚被触发的阶段,放电诱导的热阻塞效应相对较强。而到后两个时刻,热阻塞效应已随时间的推移逐渐耗散,所以流线偏转现象消失。如图 6.15(a)所示,在不同脉冲周期的相同相位时刻,也都观察到了相同的流线偏转现象,这说明高频激励能够诱导近壁面流动发生持续的绕流。

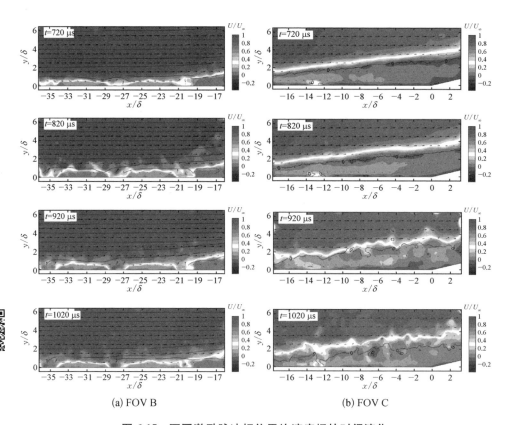

(a) FOV B　　　　　　　　　　　　　　(b) FOV C

图 6.15 不同激励脉冲相位平均速度场的时间演化

基于热分布规律可知,激励诱导热阻塞肯定是以脉冲火花放电等离子体激励器为中心呈对称分布的,因此,可以得出,绕流现象不仅会发生在 $x - y$ 平面的热阻塞顶部,还会出现在 $x-z$ 平面的热阻塞两侧。图 6.16 为热阻塞区域的流动示意图。

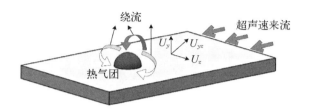

图 6.16 热阻塞区域的流动示意图

Song 等[8] 在之前的工作已经证明了这种推论。他们通过直接数值模拟研究了单个脉冲电弧放电等离子体激励器对压缩拐角 SWBLI 的流动控制。如图 6.17(a) 所示,不仅观察到在 $x-z$ 平面上发生的流线偏转现象,而且还模拟出展向中截面上分离泡尺寸变大的现象,这与本节的 PIV 测试结果十分吻合。虽然展向中截面上的流动分离区域被扩大,但激励器两侧区域的流动分离得到了有效的抑制,而这在本节的实验研究中也可能存在,也解释了为什么 PIV 测试结果和纹影显示结果存在差异。

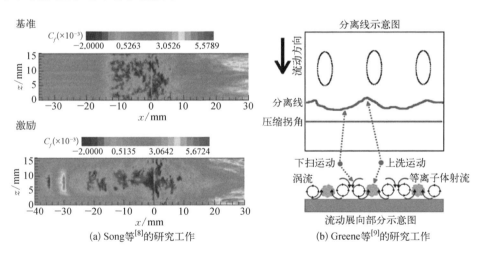

(a) Song 等[8] 的研究工作　　　　(b) Greene 等[9] 的研究工作

图 6.17 研究工作脉络

Greene 等[9] 提出激励区两侧分离受到抑制的结论。通过等离子体合成射流进行了压缩拐角 SWBLI 的分离流控制实验,采用油流显示技术获得了斜坡诱导分离流在平板展向上的分布规律。如图 6.17(b) 所示,尽管激励方法与 Song 等有所不同,但他们也发现了类似的现象,即分离流展向截面面积加剧,但在激励器两侧区域受到抑制。Greene 等提出等离子体合成射流引起的反向涡对结构会诱导边界层的上洗和下扫运动,从而提高了边界层抵抗流动分离的能力。正如图 6.15 中所绘制的矢量相加图 $U_{yz} = U_y + U_z$ 所示,分析认为,热阻塞诱导的流动偏转也会促使边界层内部发生上洗和下扫运动,并进一步减少模型两侧的流动分离。

6.1.5 高频阵列式激励流动控制效果的变化规律

1. 激励频率对控制效果的影响

本节首先研究在相同来流雷诺数 Re_1 下,脉冲火花放电阵列激励频率对压缩拐角 SWBLI 流动控制效果的影响。图 6.18 给出了在三种不同激励频率,即 5 kHz、10 kHz、20 kHz 下的特征激励流场,分别记为 Re_1_5、Re_1_10 和 Re_1_20。

图 6.18(a)为施加不同激励频率后捕获的流场瞬时纹影快照。在 Re_1_5 工况下,流动控制效果并不显著,除了分离激波脚在与 PST 相互作用时变得模糊,5 kHz 激励下的瞬时纹影强度场与基准压缩拐角 SWBLI 的瞬时纹影强度场几乎一致,没有发生明显的改变。但是,随着激励频率的提升,流动控制效果很快产生了显著的提高。在 Re_1_10 和 Re_1_20 工况下,与 6.1.4 节的结论一致,激励流场的波系结构出现明显的分叉现象,分离激波强度被有效地削弱。相比 10 kHz 激励,在 20 kHz 激励下,由于激励频率更高,两次连续放电之间的时间间隔更短,在一张瞬时纹影快照中,可以同时观察到更多组的 PST 结构。

考虑到等离子体激励的非定常特性,单一的瞬时纹影结果可能不足以准确地揭示其流动控制效果,为此,本节对纹影数据进行了统计学分析,获得了其平均纹影强度场和 RMS 纹影强度场。如图 6.18(b)所示,Re_1_5 的平均纹影强度场与基准流场的平均纹影强度相似,进一步巩固了通过瞬时纹影快照得出的结论,即在 5 kHz 激励下控制效果微弱。与之不同的是,Re_1_10 和 Re_1_20 的平均纹影强度场显示出令人惊喜的结果。在两种情况下,分离激波的分叉现象均发生在 $y/L_i = 2.5$ 处,且低于分叉点以下的分离激波结构几乎消失,这验证了基于瞬时快照得出的结论,即分离激波脚处的激波强度被显著地削弱。另外,在 Re_1_20 的平均纹影强度场中,还观察到了 5 道明显的准斜激波结构,这与瞬时纹影快照中观察到更多组的 PST 结构相对应,表明了高频激励的流动控制机制,即一道强分离激波被多道弱压缩波所代替。

对三种激励频率下的 RMS 纹影强度场进行了详细的分析。由图 6.18(c)可知,在 Re_1_5 的情况下,激波的 I_{RMS} 强度分布与基准流场情况相差不大,再次说明

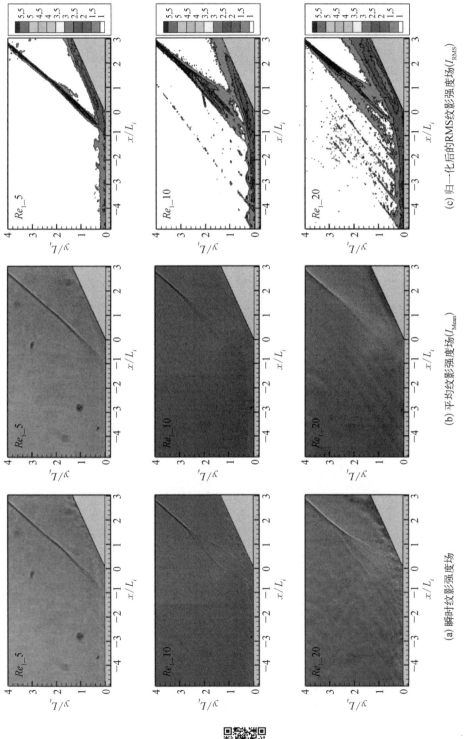

图 6.18　压缩拐角 SWBLI 在三种不同激励频率下的流动控制效果

5 kHz 激励下流动控制效果不显著。但在 Re_1_10 和 Re_1_20 工况下,激励作用使分离激波出现分叉和减弱现象,分离激波脚部区域的 I_{RMS} 强度明显地变弱。特别是在 20 kHz 激励下,高度 $y/L_i = 1.5$ 以下的激波 I_{RMS} 强度均小于 2,说明其取得的流动控制效果更好。同时,在 Re_1_20 的 RMS 纹影强度场中,也观察到了与平均纹影图像中一致的 5 个较弱的准斜激波结构。

图 6.19 给出了 RMS 纹影强度场在拐角区域的局部放大图,用来揭示施加激励后近壁面区域流场的相关变化。当施加的激励频率较高时(Re_1_10 和 Re_1_20),压缩拐角 SWBLI 区域的湍流边界层会明显地变厚,这表明较高频率的激励会促进湍流边界层的进一步发展。另外,与 Re_1 和 Re_1_5 中边界层 I_{RMS} 强度在分离激波后开始增强不同,在 Re_1_10 和 Re_1_20 中,相互作用区之前的边界层中即可观察到 $I_{RMS} = 2$ 左右的高强度脉动。分析是由高频激励诱导的热气团结构连续向下游传递造成的。在 Re_1_20 的 I_{RMS} 等值线云图中还观察到了拐角前低 I_{RMS} 区域消失的现象。用白色虚线框所标记的低 I_{RMS} 区域为拐角前分离泡的所在区域。在 Re_1、Re_1_5 工况中,靠近斜坡脚的低 I_{RMS} 区域大小基本一致,在 Re_1_10 有所减小,而在 Re_1_20 时突然消失,分析其代表着拐角前的流动分离被有效地抑制,且频率越高,分离流的抑制效果越好。

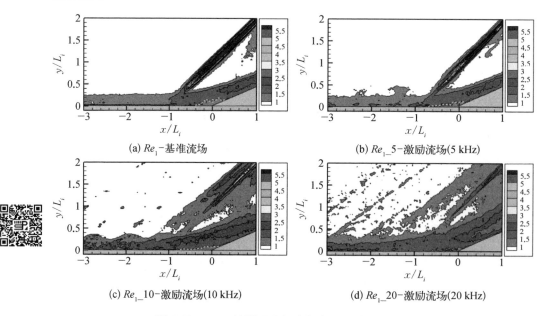

(a) Re_1-基准流场

(b) Re_1_5-激励流场(5 kHz)

(c) Re_1_10-激励流场(10 kHz)

(d) Re_1_20-激励流场(20 kHz)

图 6.19   RMS 纹影强度场在拐角区域的局部放大图

2. 来流雷诺数对控制效果的影响

为了探讨来流雷诺数对压缩拐角 SWBLI 流动控制效果的影响,本节研究来流雷诺数 Re_2 下的两种实验工况,即 Re_2_10 和 Re_2_20,并与来流雷诺数 Re_1 下的控制结果进行对比。图 6.20 分别给出了 Re_2、Re_2_10 和 Re_2_20 三种工况下的瞬时纹影强度场、平均纹影强度场和归一化后的 RMS 纹影强度场。

对比来流雷诺数 Re_1 和 Re_2 下的压缩拐角 SWBLI 激励流场可以发现,来流雷诺数对流动控制效果有一定的影响。首先,从瞬时纹影图像中可以看出,与 $Re_1\_$ 10 和 Re_1_20 中所观察到的控制效果不同,Re_2_10 和 Re_2_20 工况下分离激波没有出现明显的分叉现象,表明在低雷诺数 Re_2 下所取得的流动控制效果较差;然后,研究了平均纹影强度场中的分离激波结构,与基准流场 Re_2 的平均分离激波相比,Re_2_10 和 Re_2_20 的平均分离激波结构变得模糊,但激波结构仍相对完整,没有出现先前在 Re_1_10 和 Re_1_20 中观察到的部分分离激波结构消失的现象。这进一步说明,在较低的来流雷诺数 Re_2 下,流向高频阵列式等离子体冲击激励虽然可以使分离激波强度有所降低,但控制效果并不如在较高的来流雷诺数 Re_1 下好。通过对比平均纹影强度场,发现 Re_2_20 的控制效果优于 Re_2_10,这再次说明,激励频率越高,流动控制效果越好。最后,对归一化后的 RMS 纹影强度场进行了研究分析。如图 6.20(c)所示,在 Re_2_20 工况下,分离激波脚附近的 I_{RMS} 强度降低最为明显,取得了来流雷诺数 Re_2 下最好的流动控制效果,但明显该控制效果仍不如在 Re_1_10 工况下所取得的效果。所以,基于瞬时纹影强度场、平均纹影强度场和归一化后的 RMS 纹影强度场的结果,可以得出结论,来流雷诺数越高的压缩拐角 SWBLI 越容易被流向高频阵列式等离子体冲击激励所控制,控制效果较好的原因是由于边界层获得了更充分的发展。

通过 RMS 纹影强度场的局部放大图,进一步分析了在雷诺数 Re_2 下近壁面流动结构的变化。如图 6.21 所示,在 Re_2_10 和 Re_2_20 工况下,分离激波前的来流边界层厚度明显地增加。同时,在来流边界层中,还观察到了交替出现的高 I_{RMS} 区,这表明激励诱导的热气团结构在边界层中频繁地向下游输运。回顾原始纹影图像可以发现,在湍流没有得到充分发展时,Re_2_10 和 Re_2_20 的瞬时快照中确实可以捕捉到未在 Re_1_10 和 Re_1_20 中观察到的热气团结构,说明高频热气团的持续扰动是导致所有工况下来流边界层变厚的主要原因。如白色虚线所示,与分离泡结构相关的低 I_{RMS} 区,在 Re_2_10 和 Re_2_20 工况中也出现了减小的趋势。通过 Re_1_20 和 Re_2_20 的工况对比发现,20 kHz 的流向脉冲火花放电阵列对高雷诺数 Re_1 下流动分离的抑制效果要优于对低雷诺数 Re_2 下流动分离的抑制效果。

(a) 瞬时纹影强度场

(b) 平均纹影强度场(I_{mean})

(c) 归一化后的RMS纹影强度场(I_{RMS})

图 6.20 压缩拐角 SWBLI 在雷诺数 Re_2 下的流动控制效果

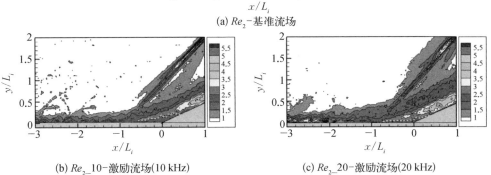

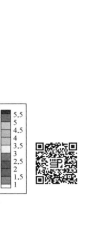

(a) Re_2-基准流场

(b) Re_2_10-激励流场(10 kHz)

(c) Re_2_20-激励流场(20 kHz)

图 6.21　RMS 纹影强度场在拐角区域的局部放大图

3. 拐角角度对控制效果的影响

为了验证流向高频阵列式等离子体冲击激励对压缩拐角 SWBLI 流动控制效果的普适性,本节进一步开展对不同拐角角度压缩拐角 SWBLI 的流动控制实验。如图 6.22(a)所示,分别给出了拐角角度 $\alpha = 22°$、$26°$ 与 $30°$ 时,压缩拐角 SWBLI 基准流场的 RMS 纹影强度场。可以看出,不同拐角角度的基准流场特征存在差异,拐角角度越大,则拐角前的相互作用区越长,再附激波的结构也越明显。这说明较大的拐角角度会产生较强的逆压梯度,从而带来更大的流动分离。当 $\alpha = 22°$ 时为未分离状态,当 $\alpha = 26°$ 时为弱分离状态,当 $\alpha = 30°$ 时为强分离状态。

对比分析了流向高频阵列式等离子体冲击激励对不同拐角角度压缩拐角 SWBLI 的流动控制效果。图 6.22(b)为激励频率 $f = 10$ kHz 时,激励流场的 RMS 纹影强度场。在不同的拐角角度下,都取得了与前面一致的流动控制效果:分离激波结构都出现了明显的消失现象,激波强度被有效地削弱。这证明了流向高频阵列式等离子体冲击激励控制方法的普适性,对不同拐角角度的压缩拐角 SWBLI 都具有较强的流动控制能力。另外,通过对比发现,拐角角度越大,激励流场的流动控制效果越好,这说明对于强分离状态的压缩拐角 SWBLI,流向高频阵列式等离子体冲击激励具有更强的流动控制能力。

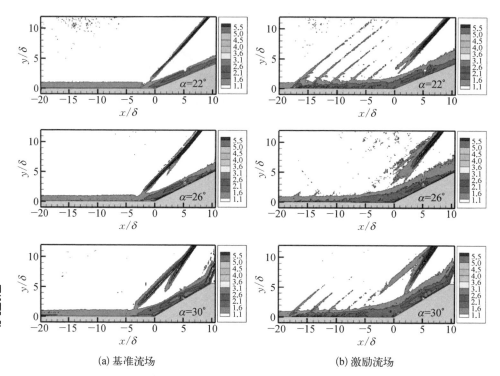

(a) 基准流场   (b) 激励流场

图 6.22   流向高频阵列式等离子体冲击激励对不同拐角角度
压缩拐角 SWBLI 的流动控制效果

6.1.6   阵列式电弧等离子体激励控制激波/边界层的概念模型

综上所述,基于 PIV 测试结果和国内外发表文献,本节建立流向高频阵列式等离子体冲击激励控制压缩拐角 SWBLI 的概念模型,以初步揭示其流动控制机理,图 6.23 为压缩拐角 SWBLI 概念模型的三视图。

图 6.23(a)显示了压缩拐角 SWBLI 基准流场中的典型流动特征,包括前视图中的分离激波和分离区,以及俯视图中的流动分离线。图 6.23(b)给出了这些典型流动结构对阵列式等离子体激励的响应。如前视图所示,随着流向高频阵列式等离子体冲击激励的开启,轴对称 $x-y$ 平面中的分离泡尺寸在长度和高度上都有所扩展,分离激波脚向上游移动,形成一系列弱激波结构,激波角度减小,激波强度被大大削弱。

同时,由于等离子体激励诱导的热阻塞效应,如黑色箭头所示,在流向 $x-y$ 平面和展向 $x-z$ 平面上都发生了流动偏转现象。随后,流动偏转诱导出了反向

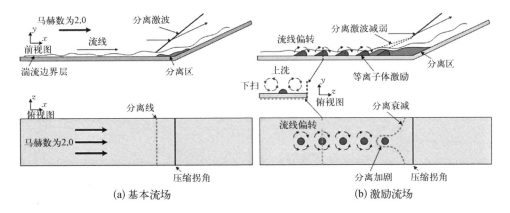

图 6.23　压缩拐角 SWBLI 概念模型的三视图

旋转的旋涡结构,从 6.23(b)可以看出,反向旋转的旋涡结构会促使边界层进行上洗和下扫运动。一方面,在激励器的两侧,下扫运动将高速流体从边界层顶部输运到近壁面位置,从而增加了近壁面边界层抵抗流动分离的能力;另一方面,在激励器下游,上洗运动将低速流体从边界层底部向上输运,从而降低了上层边界层抵抗流动分离的能力。所以,如图 6.23(b)俯视图所示,分离线最终会呈现出"山"状结构,即分离流在模型中间位置被加强,在模型两侧被抑制。

6.2　阵列式电弧等离子体激励控制超声速激波/边界层干扰模拟

6.2.1　仿真对象与数值验证

图 6.24 为仿真设置示意图,为了进一步揭示上面实验结果的内在流动控制机制,采用的计算模型仍为压缩拐角模型,仿真的参数设置与实验条件基本保持一致。

如图 6.24(a)所示,在流场参数方面,超声速来流的流动方向从左至右,来流马赫数 $M_\infty = 2.0$,来流静温 $T_\infty = 164$ K,与风洞来流条件一致;在模型参数方面,压缩拐角的角度为 24°,阵列式等离子体激励的源项模型施加于拐角上游 25 mm 处,与实验设置一致。图 6.24 中紫色虚线框所标记区域为实际的数值计算域大小,计算域的入口速度剖面采用距离平板前缘 20 mm 处的层流边界层的

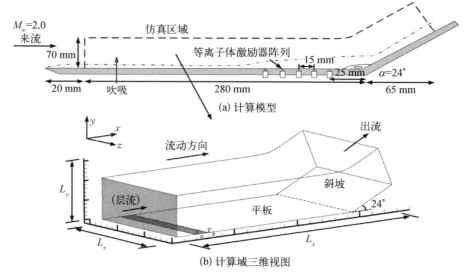

(a) 计算模型

(b) 计算域三维视图

图 6.24　仿真设置示意图

可压缩相似解。为了保证平板边界层在到达拐角前,获得与实验设置中相同边界层发展长度(300 mm),将计算域的平板长度设置为 280 mm。

图 6.24(b)给出了计算域的三维视图,其流向长度 L_x、壁面法向高度 L_y 和展向宽度 L_z 分别为 345 mm × 85 mm × 14 mm。以斜坡脚为坐标原点,则上游平板的流向范围为 $x = -280$ mm 到 $x = 0$ mm,下游斜坡的流向范围为 $x = 0$ mm 到 $x = 65$ mm。如图 6.24 所示,为了在斜坡上游获得充分发展的湍流边界层,采用 Pirozzoli 和 Grasso[10] 提出的周期性壁面吹吸技术来触发层流边界层失稳转捩。壁面法向吹吸速度分量 v_{bs} 的表达式如下:

$$v_{bs} = Af(x)g(z)h(t) \tag{6.1}$$

$$f(x) = 4\sin\theta[1 - \cos\theta]/(27)^{\frac{1}{2}}\theta = 2\pi(x - x_a)/(x_b - x_a) \tag{6.2}$$

$$g(z) = \sum_{l=0}^{l_{max}} Z_l\sin[2\pi l(z/z_{max} + \phi_l)] \sum_{l=1}^{l_{max}} Z_l = 1, \ Z_l = 1.25Z_{l+1} \tag{6.3}$$

$$h(t) = \sum_{m=1}^{m_{max}} T_m\sin[2\pi m(\beta t + \phi_m)] \sum_{m=1}^{m_{max}} T_m = 1, \ T_m = 1.25T_{m+1} \tag{6.4}$$

式中,$A = 0.05$ 为法向速度的扰动幅值;z_{max} 为计算域的展向宽度;$\beta = 0.35$ 为无量纲扰动基频;x_a 与 x_b 分别为吹吸扰动在流向方向的起点和终点。

在数值模拟中,$l_{max} = 10$,$m_{max} = 5$,相位差 $\varnothing_l$ 和 $\varnothing_m$ 为 $0 \sim 1$ 的随机数,扰动起始点 $x_a = -250$ mm,终止点 $x_b = -230$ mm。图 6.25 给出了所施加吹吸扰动的壁面法向速度分量 v_{bs} 的二维速度云图,为了产生对称的流向涡结构以触发边界层的旁路转捩,法向速度沿展向呈对称分布。另外,在计算域的下游出口边界和上边界,均采用简单无反射边界层条件以避免扰动波反射干扰流场计算;在计算域的展向方向,采用周期性边界条件;在壁面处,采用无滑移和等温壁边界条件,即 $u = v = w = 0$,壁面温度 $T_w = 300$ K。

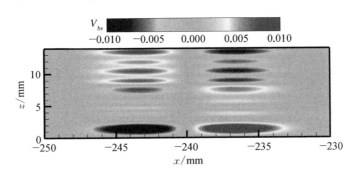

图 6.25　吹吸扰动的法向速度分量 v_{bs} 在 x-z 平面的速度云图

图 6.26 为 DNS 的计算网格设置。计算域的流向、法向和展向方向分别包含 $2\,190 \times 200 \times 400$ 个网格点。图 6.26(a)给出了 x-y 平面上的网格示意图,为保证计算精度,计算采用非等距网格设置,在拐角前的干扰区(-40 mm $< x <$ 40 mm)和模型的近壁面区($y < 5$ mm)都分别对网格进行了加密处理。图 6.26(b)和(c)分别绘制出了网格沿流向和壁面法向的分布情况。在流向方向上,干扰区内的网格点数量约为转捩区内网格点数量的 2.4 倍;在法向方向上,模型的近壁面区附近几乎聚集了该方向 1/2 的网格点数;在展向方向上,采用了均匀网格设置。

在给定的网格点数条件下,以流向参考点 $x_r = -35$ mm 处的壁面量进行度量,则当前仿真干扰区域内三个方向的网格尺度分别为 $\Delta x^+ \approx 11.4$、$\Delta y_w^+ \approx 1.0$ 和 $\Delta z^+ \approx 7.0$,完全满足 DNS 计算对网格分辨率的要求[11]。另外,在计算域的出口位置还设置了数值缓冲区,该区域内流向网格的步长逐渐加大,有助于消除下游边界所产生的人为声源。表 6.2 汇总了当前 DNS 的主要仿真设置和参考点的流场参数,其中,δ、Θ、δ^* 及 C_f 分别代表参考点位置处的边界层名义厚度、动量厚度、位移厚度和壁面阻力摩擦系数。

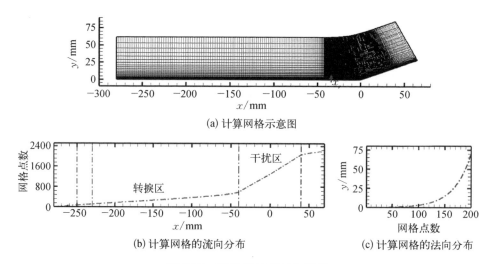

(a) 计算网格示意图

(b) 计算网格的流向分布

(c) 计算网格的法向分布

图 6.26 DNS 的计算网格设置

表 6.2 DNS 的主要参数设置

计算域大小和网格分辨率	值
$L_x \times L_y \times L_z / mm$	$345 \times 85 \times 14$
$N_x \times N_y \times N_z$	$2\,190 \times 200 \times 400$
$\Delta x^+ \times \Delta y_w^+ \times \Delta z^+$	$11.4 \times 1.0 \times 7.0$
来流参数	**值**
M_∞	2.0
Re_∞ / mm	1.17×10^4
T_∞ / K	164
T_w / K	300
参考点的边界层参数	$x_r = -35\ mm$
δ / mm	3.25
Θ / mm	0.227
δ^* / mm	0.67
C_f	0.002\,94

如图 6.27 所示,将 DNS 所求解的展向平均数值纹影结果和前期实验所获的瞬时纹影快照进行了对比,数值纹影显示的是变量 $d\rho$ 的瞬时分布[12],其表达式

定义如下：

$$d\rho = 0.8\exp\left[-10(|\nabla\rho|-|\nabla\rho|_{\min})/(|\nabla\rho|_{\max}-|\nabla\rho|_{\min})\right] \qquad (6.5)$$

式中，$|\nabla\rho|$是流场中密度梯度的大小。

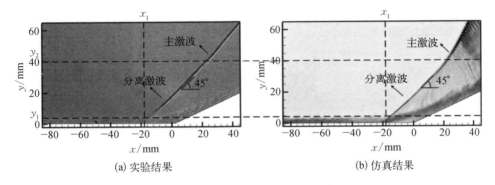

(a) 实验结果　　　　　　　　　　　　　　(b) 仿真结果

图 6.27　展向平均的瞬时纹影强度场

对比分析表明，数值模拟结果与实验测量结果基本一致。首先，模拟的来流边界层厚度与纹影光学显示中的来流边界层厚度几乎一致，大约为 5 mm。其次，数值计算所得的激波与边界层的干扰区长度、三相点的高度及分离激波的角度都与实验值所测值相近。分离激波无黏撞击点的流向位置都位于$x_1 = -18$ mm 处，三相点的高度都位于$y_2 = 40$ mm 处，分离激波的激波角度都约为 $45°$。这更有力地说明了当前数值模拟结果的准确性。从对比图中还观察到，数值纹影当中主激波的角度与纹影流场显示中的实验值略有差异，分析这是由实验中所使用的斜坡件实际上是一个有角度的前台阶结构，与数值模拟中的模型设置不完全一致所造成的。

6.2.2　高频阵列式激励下激波/边界层干扰流动的演化过程

1. 激波结构的演化过程

首先关注了流向高频阵列式等离子体冲击激励在激波减阻方面的控制效果。图 6.28 给出了实验测试结果与数值纹影结果的特征流场演化对比。在施加激励后不同相位时刻的数值纹影中，前驱冲击波阵列的流向位置和法向高度均与实验所捕获的瞬时纹影快照一致。这不仅说明了 DNS 计算结果的准确性，也说明了流向高频阵列式等离子体冲击激励热源模型假设的合理性。与实验所捕获瞬时纹影快照一样，数值纹影中也显示出由高频激励产生的准斜激波结构。

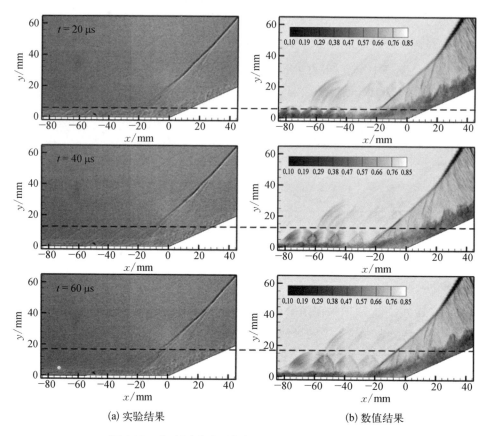

(a) 实验结果　　　　　　　　　　(b) 数值结果

图 6.28　实验测试纹影与数值纹影的流场演化对比

　　图 6.29 给出了施加激励前后的时均数值纹影结果,与时均后的实验测试纹影结果进行了对比研究。如图 6.29 所示,在基准流场中,实验所测的时均纹影流场特征与数值纹影的时均流场特征基本一致,分离激波脚的平均位置位于流向 $x = -20$ mm 处,激波角度都为 45°。在激励流场中,数值纹影观察到了较为清晰准斜激波阵列结构,虽然强度较弱,但验证了实验测试中所观察到的流动现象。在分离激波的强度方面,虽然与基准的数值纹影强度场相比,激励流场中的激波强度也被明显地削弱,但没有观察到实验测试中所观察到的激波消失现象,这应该是由两者的激波结构显示方法的差异所造成的。但是,在数值纹影的激励流场中,观察到了 PIV 测试结果里的分离激波向上游移动的现象,激波脚前移到了流向 $x = -26$ mm 处,表明分离激波的角度变小,强度变弱。

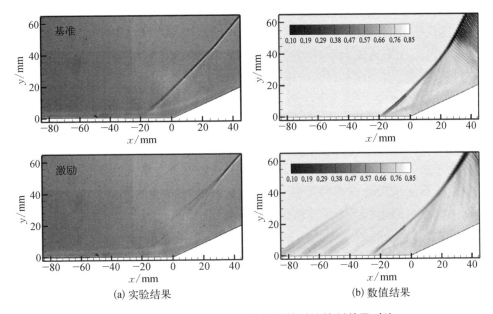

(a) 实验结果　　　　　　　　　　(b) 数值结果

图 6.29　实验测试纹影与数值纹影的时均控制效果对比

为了定量地揭示分离激波强度的变化,本节提取出展向平均后的激波前后压力分布情况。图 6.30 为三个不同高度下的流向压力分布曲线,流向坐标轴尺度用基准流场参考点处的边界层名义厚度进行了无量纲化。图 6.30 中黑线代表的是基准流场,红线代表的是激励流场。

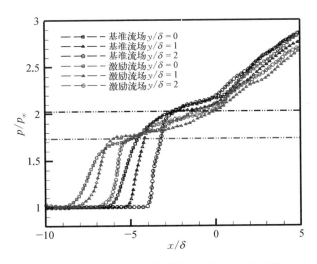

图 6.30　三个不同高度下的流向压力分布曲线

在施加激励之后,不同高度下的流向压力上升起始点都出现了明显的前移现象,这说明分离激波结构整体地向上游移动。另外,从流向压力曲线的变化规律可以看出,在来流压力上升的过程中出现了近似的平台区,平台区前的来流压力获得了突升,表明该平台区的压力值即为气流刚经过分离激波后的波后压力。如图 6.30 中黑色和红色点划线所标记,基准流场的激波前后压比为 2.02,激励流场的激波前后压比为 1.72,分离激波的时均波阻下降了约 15%,定量证明了流向高频阵列式等离子体冲击激励在激波减阻上的流动控制能力。

为了更为直观地显示压缩拐角 SWBLI 中分离激波结构在施加流向脉冲火花放电阵列激励后的三维特征变化,通过反映激波强度的变量 $d\rho$,本节构建了分离激波在三维坐标系下的等值面云图,并以法向高度进行着色。图 6.31 为不同 $d\rho$ 值下分离激波的三维结构显示。由变量 $d\rho$ 的定义可知,$d\rho$ 值越小,说明

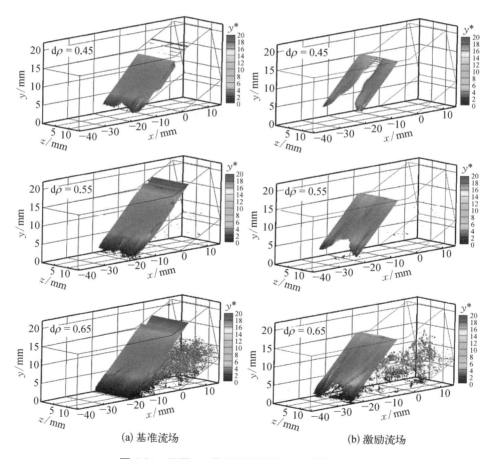

(a) 基准流场   (b) 激励流场

图 6.31 不同 $d\rho$ 值下分离激波的三维结构显示

激波强度越强。

从图 6.31(a) 的基准流场情况可以看出,在不同的 $d\rho$ 值下,都显示出了对应的分离激波结构,说明拐角前的分离激波是由一系列不同强度的压缩波组成的。当 $d\rho = 0.65$ 时,分离激波的结构较为完整,而随着 $d\rho$ 值的逐渐减小,平板壁面处的激波结构开始消失;当 $d\rho = 0.45$ 时,高度 $y = 2$ mm 以下的激波结构没有被等值面云图所显示,这表明近壁面处的分离激波强度相对较弱,而远离壁面处的分离激波强度相对较强,这也符合实际的物理规律。

从图 6.31(b) 的激励流场中可以看出,施加流向高频阵列式等离子体冲击激励后,激波结构发生了明显的改变。当 $d\rho = 0.45$ 时,等值面云图的中间部分出现了明显的缺失,完整的激波结构遭到破坏,这说明三维激波结构的强度在展向方向产生了不连续性,在模型中截面附近的激波强度被有效地削弱。随后,在 $d\rho = 0.55$ 和 $d\rho = 0.65$ 的等值面云图中,也观察到了类似的现象,可以得出结论,在流向高频阵列式等离子体冲击激励的作用下,构成分离激波的一系列弱压缩波结构,都获得了不同程度上强度的削弱,且原本的压缩波强度越强,削弱效果越明显。最终形成了整体分离激波强度变弱,激波阻力下降的流动现象。实验纹影结果中出现的激波消失现象,分析是由强度下降后的激波结构没有被有效地显示所造成的。

2. 分离流动的演化过程

除了减弱激波阻力,抑制拐角前流动分离的大小也是 SWBLI 流动控制的另一个重要目标。基于前面 PIV 测试结果所建立的概念模型,首先关注了不同展向截面的速度场分布情况。

图 6.32 分别给出了三个不同展向位置的时均流向速度分布情况,其中左侧为基准流场的流向速度云图,右侧为激励流场的流向速度云图。从基准流场的速度云图中可以看出,在模型的不同展向位置,压缩拐角前的流动分离大小是基本一致的,这说明了基准流场的流动分离在展向方向上是连续存在的。而施加流向高频阵列式等离子体冲击激励之后,在模型的展向中截面上($z = 2/4z_{max}$),流动分离区的尺寸明显地变大,沿流向和壁面法向上都获得了扩展,这与第 4 章中的 PIV 测试结果相吻合。但在 $z = 1/4z_{max}$ 和 $z = 3/4z_{max}$ 两个展向位置,没有发现明显的流动分离现象,这说明模型两侧的流动分离被有效地抑制,这验证了前面提出的概念模型,即分离流在模型中间位置被加强,在模型的两侧被抑制。此时,压缩拐角前的分离泡结构在展向方向上呈现出明显的不连续性。

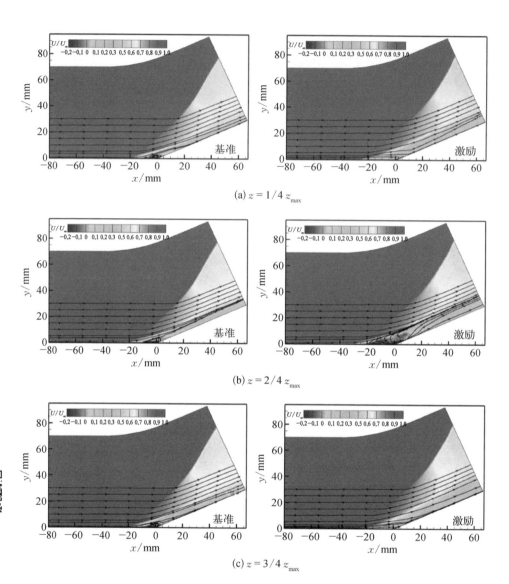

(a) $z = 1/4\, z_{\max}$

(b) $z = 2/4\, z_{\max}$

(c) $z = 3/4\, z_{\max}$

图 6.32　施加激励前后不同展向位置的时均流向速度分布情况

如图 6.33 所示,本节进一步研究了流向高频阵列式等离子体冲击激励诱导的分离泡结构在模型展向方向上的分布情况,给出施加激励前后的时均流场壁面摩擦系数云图。图 6.33 中蓝色区域代表壁面摩擦系数小于 0 的区域,即流动分离区;黑色虚线代表最先发生流动分离的位置,即分离起始点。从图 6.33 可以看出,在未施加激励前,基准流场的分离起始点都位于拐角前的 $x_1 = -18$ mm 处;而在施加流向脉冲火花放电阵列后,尽管分离起始点向上游移动到 $x_2 =$

−26 mm 处,但模型两侧的流动分离被有效地抑制。在展向方向上,流动分离线呈现出"山"状结构,与前面分析的推论一致,再次验证了通过 PIV 测试本节所提出的概念模型的正确性。

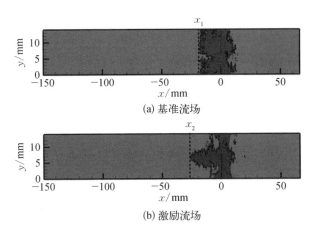

图 6.33　时均流场的壁面摩擦系数云图

图 6.34 给出了展向平均后的壁面摩擦阻力系数沿流向的分布情况,定量评估了在施加激励前后分离泡流向特征长度的变化。图 6.34 中与黑色虚线($cf = 0$)相交的点,即为流动分离在流向上的起始点和终止点。在基准流场条件下,分离泡的流向长度 $L_1 = 25$ mm;而在激励流场条件下,分离泡的流向长度 $L_2 = 18$ mm。施加流向高频阵列式等离子体冲击激励之后,可以使分离泡的特征长度减小约 28%,从平均角度来看,起到了较好地抑制流动分离的效果。

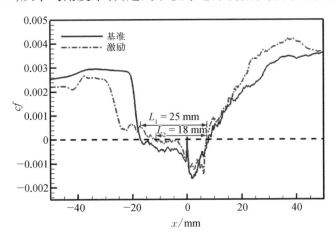

图 6.34　壁面摩擦阻力系数沿流向的分布

为了更为直观地显示在施加流向高频阵列式等离子体冲击激励后,流动分离区的三维特征变化,图6.35通过流向速度 $U = 0$ 的等值面云图显示出了拐角前流动分离泡的三维结构,并以高度进行着色。如图6.35(a)所示,在基准流场条件下,分离流动虽然在展向方向是连续存在的,但不同展向截面的分离区面积也明显地不同,分离泡呈现出明显的三维结构特征。在施加流向高频阵列式等离子体冲击激励后,如图6.35(b)所示,分离泡的三维结构特征被加剧,中截面附近流动分离在流向和法向同时获得拉伸,而两侧的流动分离得到有效地缓和,该分离泡呈现出中间又长又高,两侧又短又低的流动特征,这也解释了为什么在中截面附近分离激波的强度被有效地削弱。

从图6.35(c)所示的激励流场的俯视图可以看出,流向高频阵列式等离子体冲击激励对两侧分离的抑制存在一定的展向控制范围,最小流向分离区长度出现在展向 $z = 3/4z_{max}$ 处,这种情况的形成分析是展向周期性边界条件设置的结果,流向脉冲火花放电阵列实际的展向有效控制范围需要在后续更宽的计算模型下进行求解验证。

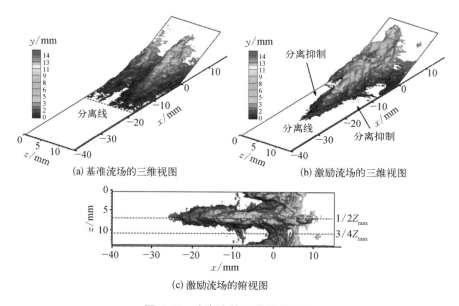

图 6.35 分离泡的三维结构展示

6.2.3 高频阵列式激励调控激波/边界层干扰的机理分析

1. 特征流场的物理状态

如图6.36所示,给出了施加流向高频阵列式等离子体冲击激励后,某一时刻（$\Delta t/T = 0.05$）锁相平均后的展向速度分布情况,其中黑色箭头线代表着三维流场当中的流线演化。图 6.36 中沿流向共给出了五个激励位置处的展向速度云图,可以看出,以激励位置为中心,诱导出了方向相反的展向速度,呈现出明显的对称分布,且越靠近激励位置,展向诱导速度越大。观察到了在展向诱导速度作用下,流线向两侧发生的明显偏转现象,这也验证了前面的分析结论,即流动会同时向顶部和两侧发生偏转,进而诱导出明显的涡结构。

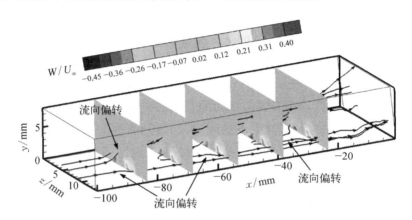

图 6.36　激励后某一时刻锁相平均后的展向速度云图（$\Delta t/T = 0.05$）

图 6.37 给出了施加激励后某一时刻 Q 准则的等值面图,图中显示出了拐角前 $x = -130 \sim -20$ mm 区域内的相干涡结构,并以流向速度大小进行着色。可以看出,在施加等离子体激励后,激励器下游出现了明显的热阻塞区域,流向速度显著地下降;但在激励器两侧,出现了流向速度较高的相干涡结构,特别是在拐角前的 $x = -20$ mm 位置,相干涡结构的尺寸更大。大尺度涡结构的出现加剧了边界层内的动量交换,与基准流场相比,激励流场靠近拐角位置的边界层内速度

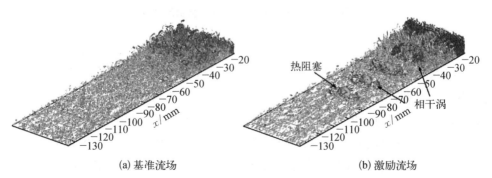

(a) 基准流场　　　　　　　　　　(b) 激励流场

图 6.37　激励后某一时刻 Q 准则的等值面图（$\Delta t/T = 0.05$）

更高,拥有更强的抵抗逆压梯度能力,揭示了激励两侧分离流抑制的流动控制机理。相反,由于热阻塞作用,激励器下游流动速度降低,抵抗逆压梯度能力下降,流动分离在对称面上增大。

2. 三维调控机制的建立

基于前述实验、仿真结果,本节建立了流向高频阵列式等离子体冲击激励控制超声速压缩拐角 SWBLI 的三维调控机制。图 6.38 为施加激励前后的压缩拐角 SWBLI 特征流场的物理状态。从图中可以看出,激波强度和流动分离彼此之间是相互作用的。在图 6.38(a)的基准流场当中,流动分离泡在展向方向呈现出准二维特性,分离激波的强度在展向方向上也是均匀分布的。而与之不同的是,在图 6.38(b)的激励流场当中,展向中截面上的流动分离区在激励诱导的作用下向上游拓展,导致其相应展向截面的分离激波强度出现对应的减弱。这说明流动分离的加剧带来了激波强度的削弱,因为分离泡的拓展带来了分离激波角度的变小。但与传统情况不同的是,在中截面分离区拓展的同时,激励流场两侧的分离区变小,分析这是涡运动加剧和逆压梯度降低的双重作用导致的。这使得激波强度和流动分离在展向上都呈现出完全的三维特征。

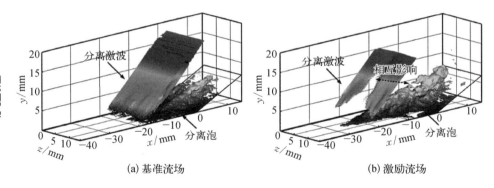

(a) 基准流场   (b) 激励流场

图 6.38   SWBLI 的三维调控机制示意图

由前面的分析可知,从展向平均的效果来看,激波阻力和分离泡特征尺寸都呈现出减小的趋势。这说明流向高频阵列式等离子体冲击激励提供了一种新的 SWBLI 三维调控机制,即通过将小区域范围内的准二维激波和分离泡结构形态改变为具有三维特征的激波和分离泡结构形态,从而在宏观上实现对 SWBLI 所带来负面效应的缓和。一方面,加剧中间截面的流动分离,以达到整体激波减阻的效果;另一方面,通过激波强度的减弱和涡运动的加剧,抑制两侧的流动分离,以达到整体流动分离的缓和,通过相互协调控制,以获得最为有利的控制效果。

6.3　阵列式电弧等离子体激励控制高超声速激波/边界层干扰

高超声速条件下的 SWBLI 问题更为复杂,带来更加严重的气动热载荷及流动参数的剧烈变化。在某些极端情况下,壁面热射流的峰值可以被放大近 20 倍[13]。高超声速 SWBLI 诱导壁面热流的分布、预测及防护一直是高超声速飞行器研究领域的重要内容。本节主要进行阵列式电弧等离子体激励控制高超声速激波/边界层干扰的实验探索。

6.3.1　实验模型与激励方法

实验在南京航空航天大学的高超声速风洞中进行,风洞为暂冲式自由射流风洞[14],喷管出口直径为 500 mm,通过更换喷管型面,可实现马赫数为 5.0~8.0 的不同高超声速来流条件。本节选择马赫数为 6.0 和马赫数为 8.0 的来流条件,开展了阵列式等离子体激励调控高超声速 SWBLI 的探索研究。为了更贴近实际高超声速飞行器所面临的复杂 SWBLI 问题,针对高超声速飞行器的舵面部件,本节设计了更加贴近实际高超声速问题的双楔模型(图 6.39),并将其作为高超声速 SWBLI 流动控制的研究对象。

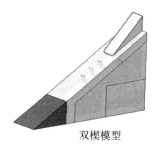

双楔模型

图 6.39　基于高超声速飞行器舵面部件抽象而出的双楔模型

将来流攻角设置为 0°,一级楔的角度为 30°,宽度为 40 mm;二级楔的角度为 15°,宽度为 20 mm。激励器阵列位于二级楔上游 15 mm 处,激励器两两之间的流向间距为 15 mm。在高超声速来流条件下,等离子体冲击激励所产生的热气团和前驱冲击波结构会被气流压于平板表面并迅速耗散,流动控制效果较弱。因此,本节提出高能阵列式等离子体激励系统,通过提高放电沉积能量,以增强等离子体激励的流动控制能力。图 6.40 是高能阵列式等离子体激励系统的放电电路示意图。放电电路由击穿电路和储能电路两部分组成,在击穿电路中,参数化高压脉冲源与激励器阵列直接串联连接,用于击穿电极间隙,建立放电通道;在储能电路中,大功率直流源与电阻 R_1 串联后与电容 C_1 并联。在电极间隙击穿前,大功率直流源负责给电容 C_1 充电;一旦放电通道建立,充电电容中的能量会被瞬间释放,

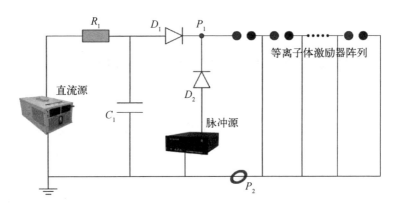

图 6.40 高能阵列式等离子体激励系统的放电电路示意图

从而形成高能阵列式等离子体激励。

本节采用流向阵列式等离子体激励布局,激励器由两根镶嵌于模型表面的直径为 1 mm 铜电极组成,电极间距为 5 mm。激励器阵列的流向间距为 15 mm,流向路数可选择单路、三路,以方便进行对比研究。为防止大电流回流导致电源损坏,在电路中串联高压硅堆 D_1 和 D_2,以对电路电流进行整流。

为了保证高能阵列式等离子体激励的单脉冲放电能量基本一致,必须使电容充电时间小于激励器放电的脉冲间隔。由 RC 电路的工作原理可知,电容的充放电速度与串联电阻值大小有关,要想保证足够的充电时间,需要满足如下关系式:

$$3R_1C_1 \leqslant 1/f \qquad (6.6)$$

串联电阻 R_1 的大小为 1 000 Ω,电容 C_1 的大小为 2 μF,故可保证激励频率 $f = 100$ Hz 的稳定放电。在电路的 P_1 和 P_2 点分别放置高压探针和电流环。图 6.41 为直流源充电电压 $U_{DC} = 1$ kV 时所监测的电压电流波形曲线。在高超声速来流条件下,静压较低,激励器阵列的击穿电压不到 2.5 kV,峰值放电电流为 140 A,放电时间约为 20 μs。通过对电压和电流波形的积分,得到单脉冲放电能量 $Q \approx 353$ mJ,能量转化效率 $\eta \approx 35.3\%$。

6.3.2 高超声速双楔模型的基准流场分析

本节首先开展了对高超声速双楔模型基准流场的研究。图 6.42 分别给出了马赫数为 6.0 和马赫数为 8.0 来流条件下基准流场的瞬时纹影快照,其中,流向与法向坐标尺度分别用模型长度和高度进行了无量纲处理。

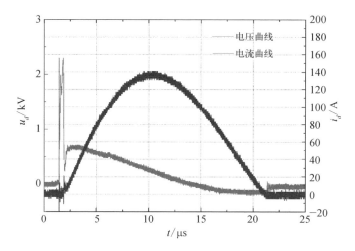

图 6.41 高能阵列式等离子体激励的单脉冲放电电压电流波形曲线

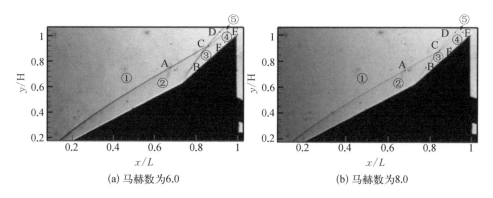

(a) 马赫数为6.0　　　　　　　　　　(b) 马赫数为8.0

图 6.42 高超声速双楔模型流场的纹影显示结果

从纹影显示结果可以看出,在两个来流马赫数下,双楔模型的基准流场都为同侧激波正规相交情况。一级楔产生的斜激波 AC 与二级楔产生的斜激波 BC 相交于点 C,并产生透射激波 CD。CD 的激波角小于 BC,但大于 AC。随后,为了平衡过激波 CD 与激波 BC 后区域⑤和区域③之间的压力,诱导产生了波结构 CF。根据不同情况,CF 既可能为激波,也可能为膨胀波。经过 CF 后,区域⑤和区域④之间压力相等,同时为了保证两区域内气流方向平行,又产生了一道滑移线结构 CE。

为了确定波结构 CF 的具体类型,本章根据来流条件和所捕获激波的结构参数,对各区域内流动参数进行了推导。图 6.43 为从马赫数为 8.0 纹影快照中提取出来的激波拓扑结构图,其中斜激波 AC 角度 $\beta_1 = 31.7°$,斜激波 BC 角度

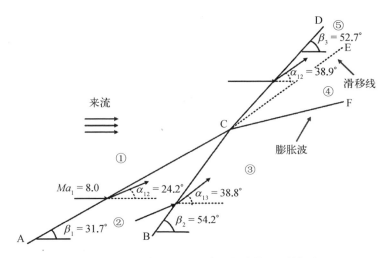

图6.43 同侧激波正规相交的拓扑结构(马赫数为8.0)

$\beta_2 = 54.2°$,透射激波 CD 角度 $\beta_3 = 52.7°$。

基于斜激波关系式可知,已知激波前马赫数和激波角度,就可以推算出波后的流动偏转角和激波前后压比。其具体推演过程如下所示。

①→②:

$$Ma_1 = 8.0, \beta_1 = 31.7° \tag{6.7}$$

$$\downarrow$$

$$\alpha_{12} = 24.2°, P_2/P_1 = 20.45 \tag{6.8}$$

$$Ma_2 = 3.28 \tag{6.9}$$

②→③:

$$Ma_2 = 3.28, \beta_2 = 54.2° \tag{6.10}$$

$$\overline{\beta_2} = \beta_2 - \alpha_{12} = 30° \tag{6.11}$$

$$\downarrow$$

$$\alpha_{23} = 14.6°, P_3/P_2 = 2.97 \tag{6.12}$$

$$\downarrow$$

$$\alpha_{13} = \alpha_{12} + \alpha_{23} = 38.8°, P_3/P_1 = P_3/P_2 \times P_2/P_1 = 60.74 \tag{6.13}$$

$$Ma_3 = 2.46 \tag{6.14}$$

①→⑤:

$$Ma_1 = 8.0,\ \beta_3 = 52.7° \tag{6.15}$$

$$\downarrow$$

$$\alpha_{15} = 38.9°,\ P_5/P_1 = 47.08 \tag{6.16}$$

$$Ma_5 = 1.68 \tag{6.17}$$

式中,Ma_i代表着区域 i 内的马赫数;α_{ij}代表着从区域 i 到区域 j 的气流偏转角;P_i代表区域 i 内的静压$(i, j = 1, 2, 3, 4, 5)$。通过推导可以得到

$$P_3 > P_4 = P_5 \tag{6.18}$$

可初步断定,从区域③到区域④,气流膨胀,压力降低,波结构 CF 为膨胀波结构。

为了验证推导结果的正确性,本节对 PSP 所测双楔模型表面的压力分布情况进行了分析。图 6.44 为通过温度场修正后的模型表面的压力分布云图,以及在展向 $y/w = 0.4$ 位置提取出来的压力沿流向的变化曲线。模型中心对称线上

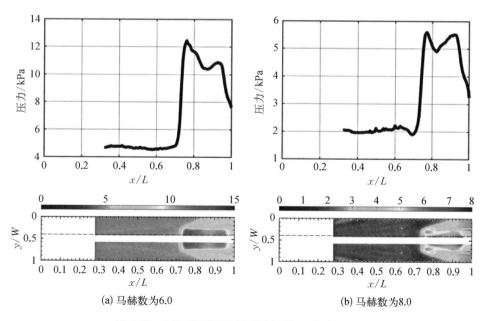

(a) 马赫数为6.0　　　　　　(b) 马赫数为8.0

图 6.44　PSP 所测双楔模型表面的压力分布云图

的数据缺失,是由于喷涂时为了将压敏/温敏涂料左右隔开,故意的留白所致,但并不影响对整体压力测试结果的把握。

从压力分布的二维云图可以看出,经过一级楔诱导的激波 AC 后,模型表面的实测压力值与理论推导值相近,说明了该 PSP 测量结果的准确性。随后,经过斜激波 BC,模型表面的压力值发生了跃升,二级楔表面压力增长了将近三倍,符合理论推导的压比结果。从压力沿流向变化的曲线可以看出,在二级楔表面压力存在波动,出现了两次峰值,分析是由二级楔宽度与一级楔不一致带来的三维激波特性所造成的。在 $x/L = 0.96$ 处,也就是波结构 CF 与壁面的相交位置,两种工况下都出现了明显的压力下降趋势,这证实了先前的推论,即同侧激波正规相交所产生的波结构 CF 为膨胀波结构。经过 CF 后气流膨胀降温,才导致了二级楔表面压力的显著降低。可以得出结论,该双楔模型在马赫数为 6.0 和马赫数为 8.0 来流条件下,所产生的同侧激波正规相交属于第Ⅵ类激波干扰问题。

为准确地掌握模型表面的温度分布情况,揭示更多的流动细节,本节利用 TSP 涂料对整个模型的表面进行了温度测量。图 6.45(a)为 TSP 所测双楔模型

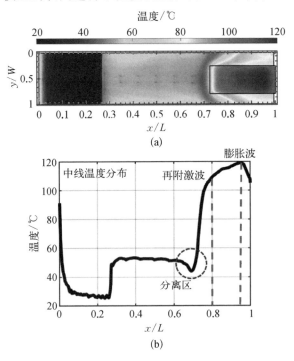

图 6.45　TSP 所测双楔模型表面的温度分布情况

表面的二维温度云图。由于一级楔头部材料的差异,该区域测量结果偏离实际值,但一级楔主体部分测量结果正常,模型表面温度大约为 50℃。随后,经过斜激波 BC,二级楔表面热载荷显著地提高,相对于一级楔表面被放大近 3 倍。如果在实际高超声速飞行器的高焓飞行情况下,3 倍的热流放大会给飞行器材料的耐温要求带来了极大的挑战。所以,如果能够有效调控二级楔诱导的激波结构,那么可以显著地降低其表面热载荷。

图 6.45(b)给出了模型中心线上的温度分布情况,可以看出,在二级楔前端的流向 $x/L = 0.7$ 处,出现了温度下降的趋势,这表明二级楔前可能发生了微弱的流动分离,但由于分离区域太小,并没有被纹影快照所捕获。进一步,流动分离的出现,意味着斜激波 BC 为分离激波结构,则二级楔表面可能会产生再附激波结构。虽然由于其强度太弱,并没有被纹影所显示,但其所带来的二次温度上升,被 TSP 所响应,这与 Running 和 Juliano[15] 给出的测量结果吻合较好。最后,在分离激波后,膨胀波系出现,使模型表面的温度有所降低。

6.3.3　马赫数为 6.0 来流下的流动控制效果分析

基于对双楔模型基准流场的研究可知,由于二级楔诱导斜激波 BC 的存在,其表面热载荷相对于一级楔表面放大了近三倍。若能够实现对二级楔诱导激波的有效控制,则能够在一定程度上减小热流放大效应,缓和二级楔表面的热载荷。为此,实验研究了在马赫数为 6.0 和马赫数为 8.0 来流条件下,高能阵列式等离子体激励调控双楔诱导复杂激波系结构的能力。

本节首先开展了马赫数为 6.0 来流条件下单路等离子体激励控制双楔诱导复杂激波系结构的实验研究,直流源充电电压 U_{DC} 设置为 1 kV,放电能量 Q 为 353 mJ。图 6.46 为通过瞬时纹影快照捕捉的在单路等离子体激励下的流场演化过程。在 $\Delta t = 0$ μs 时刻,观察到等离子体激励诱导的明显的热气团和前驱冲击波结构。在放电初始阶段,热气团强度较强。但随着其向下游传播,强度逐渐耗散,当 $\Delta t = 80$ μs 时,热气团到达激波脚位置,此时热气团尺寸已不足初始尺寸的 1/2。当 $\Delta t = 120$ μs 时,热气团与激波 BC 发生相互作用,使激波结构发生扭曲变形,但并没有有效地改变激波结构,分析此时激波 BC 后的二级楔表面热载荷没有获得有效的缓和。

本节进一步开展了三路阵列式等离子体激励的流动控制实验,直流源电压和放电能量保持不变,图 6.47 为捕捉到的三路阵列式等离子体激励下的纹影图像序列。很明显,阵列式等离子体激励所产生的热气团流动控制区域更广,其向

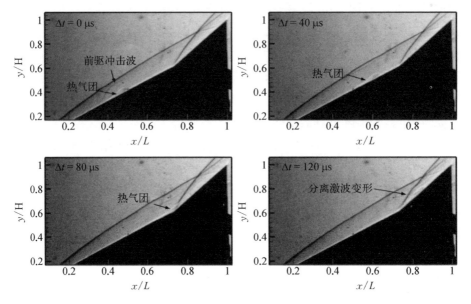

图 6.46 高超声速双楔 **SWBLI** 在单路等离子体激励下的
流场演化过程(马赫数为 **6.0**, $U_{DC} = 1\,\mathrm{kV}$)

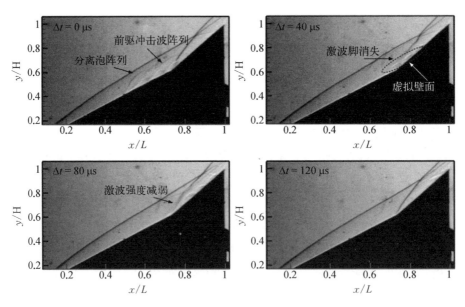

图 6.47 高超声速双楔 **SWBLI** 在阵列式等离子体激励下的
流场演化过程(马赫数为 **6.0**, $U_{DC} = 1\,\mathrm{kV}$)

下游传播过程中与激波 BC 的相互作用时间更长。当 $\Delta t = 40~\mu s$ 时,热气团阵列所产生的局部高温区,使二级楔诱导的激波结构从模型表面被抬起,激波脚出现了短暂的消失现象。分析是由于热气团阵列在二级楔处形成了局部的热阻塞虚拟型面,在一定程度上实现了对物面形状的修改,从而获得了对激波结构的有效控制,此时二级楔表面热载荷可能获得了短暂的缓和。当 $\Delta t = 80~\mu s$ 时,虽然仍观察到激波 BC 被削弱的现象,但很明显热气团效果正在逐渐减弱;当 $\Delta t = 120~\mu s$ 时,恢复到原有的激波干扰结构。因此,在相同的能量注入下,相比于单路激励器的弱流动控制效果,三路阵列式等离子体激励可以短暂地改变复杂的激波系结构。

6.3.4　马赫数为 8.0 来流下的流动控制效果分析

在验证了马赫数为 6.0 来流条件下高能阵列式等离子体激励的流动控制效果后,本节进一步开展了马赫数为 8.0 来流条件下的流动控制实验,旨在揭示更高来流马赫数下的流动控制效果。

图 6.48 给出了在相同放电能量下,马赫数为 8.0 高超声速双楔 SWBLI 在阵列式等离子体激励下的流场演化过程。在 $\Delta t = 0~\mu s$ 时刻,同样观察到了由等离

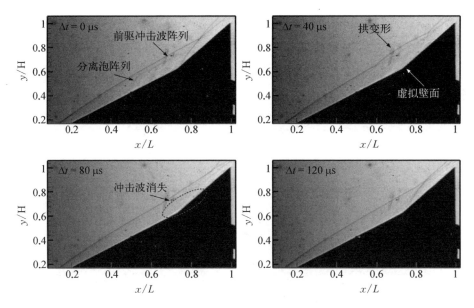

图 6.48　高超声速双楔 SWBLI 在阵列式等离子体激励下的
流场演化过程(马赫数为 8.0, $U_{DC} = 1~kV$)

子体激励诱导的热气团和前驱冲击波阵列。不同的是,由于在马赫数为 8.0 来流条件下,一级楔诱导的激波 AC 角度较低,导致在 $\Delta t = 40\ \mu s$ 时刻,前驱冲击波阵列就直接作用到激波 AC 上,使其发生了弓形变形。同时,热气团阵列在二级楔表面形成了热阻塞虚拟型面。在两者的共同作用下,双楔诱导的复杂激波系结构形态发生了彻底的改变。当 $\Delta t = 80\ \mu s$ 时,原本复杂的第 VI 类激波干扰结构,几乎已经变成了准单一的斜激波结构,分析此时二级楔形表面热载荷分布得到了较大的改善。这也说明当等离子体激励诱导结构可以直接作用于一级楔形诱导激波结构时,能够取得较好的流动控制效果。

为了验证上述的结论,本节通过增加放电能量沉积,使等离子体诱导的热气团和前驱冲击波结构强度更强,更容易作用于一级楔诱导的激波结构。图 6.49 为直流源充电电压 $U_{DC} = 2\ kV$,当放电能量 $Q = 1.1\ J$ 时,所捕获流场演化的纹影图像序列。在 $\Delta t = 0\ \mu s$ 时刻,观察到了能量沉积增加后,尺寸明显变大的热气团和前驱冲击波结构。此时,前驱冲击波阵列已经开始与一级楔诱导的激波结构相互作用。在 $\Delta t = 40\ \mu s$ 时刻,一级楔诱导激波结构产生了更为明显的弓形变形,而二级楔诱导的激波结构则完全消失,证明了更大能量的阵列式激励,确实能带来更好的流动控制效果。从 $\Delta t = 40 \sim 80\ \mu s$,原本复杂的激波干扰结构,都被调控为准单一的斜激波结构,分析模型表面热载荷分布获得了有效的缓和。

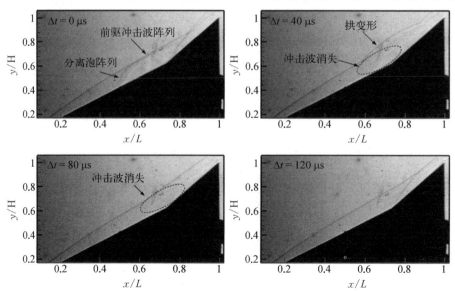

图 6.49 高超声速双楔 SWBLI 在阵列式等离子体激励下的流场演化过程
(马赫数为 8.0, $U_{DC} = 2\ kV$)

在 $\Delta t = 120\ \mu s$ 时刻,激波结构开始逐渐恢复为初始状态。综上所述,可以表明,高能阵列式等离子体激励在马赫数为 8.0 来流条件下,同样拥有调控双楔诱导复杂激波系结构的能力,且通过增加放电能量,使等离子体激励诱导结构直接作用于一级楔诱导激波结构时,可以取得更好的流动控制效果。

6.4　阵列式等离子体合成射流激励控制激波/边界层干扰

6.4.1　实验模型

选取圆柱绕流、压缩拐角两种典型流动情况开展等离子体流动控制实验研究。本节设计了两处激波发生器的安装位置,与平板前缘距离分别为 150 mm、250 mm。当激波发生器距前缘 150 mm 时,受空间限制,选择安装单腔多电极合成射流激励器。当激波发生器距前缘 250 mm 时,选用等离子体合成射流激励器阵列。

激励器与实验模型布局示意图如图 6.50 所示,所有射流孔都沿来流方向布置,使多个射流产生叠加效果。方腔型激励器为单射流腔多射流孔结构,第一个射流出口距离平板前缘 50 mm。激励器阵列由 10 个独立的激励器构成,位于平板中心沿来流方向依次布置。第一个激励器射流出口距离平板前缘同样为 50 mm,各个激励器射流孔间隔 20 mm。采用高度分别为 13 mm、23 mm 的两种圆柱突起用于产生不同强度的脱体激波;针对弱干扰和强干扰两种类型的激波边界层干扰问题,本节选取了角度为 20°、30° 的两种压缩拐角。

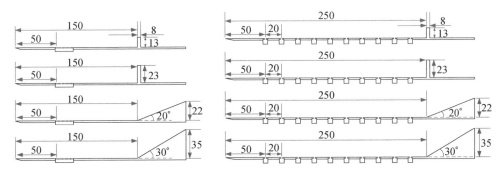

图 6.50　激励器与实验模型布局示意图

单位:mm

实验采用的方腔型激励器腔体尺寸为 42 mm×5 mm×5 mm,共插入 14 根电极,电极中心间距为 3 mm。当激励器工作时形成 13 个放电通道,相应地设计了13 个射流出口,分别位于相邻两电极之间。这种设计方案可减弱腔内能量衰减,提高激励器产生射流强度。

激励器阵列的组成单元为独立的两电极激励器,由于超声速风洞为负压吸气式,激励器工作时气压只有 13 kPa,相比于大气压放电,击穿电压显著地降低,因此,将激励器电极间距提高到 5 mm。为提高能量输入比,激励器腔体体积进一步缩小。同时,为使放电加热腔体更加均匀,将激励器腔体由圆形更改为方形,最终腔体尺寸为 7 mm×5 mm×5 mm。

图 6.51 为实验中所用激励器示意图。

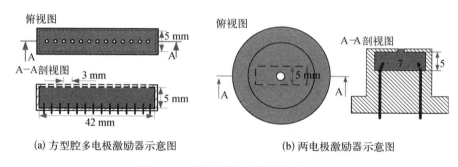

(a) 方型腔多电极激励器示意图　　　　　　(b) 两电极激励器示意图

图 6.51　实验中所用激励器示意图

6.4.2　激励方法与特性

图 6.52 为由 10 个激励器组成的激励器阵列一个工作周期内的工作过程。当施加触发信号时,多路放电电路工作,电源通过火花放电迅速给每个激励器释放能量。腔内气体加热升温升压。放电后的第 1 帧图像(13.32 μs),各个激励器都产生较强的前驱激波,激波后紧随射流结构。但是与大气压下不同,此时的射流整体灰度值趋于一致。放电后的第 5 帧图像(66.6 μs),各个激励器产生的射流灰度值出现差异。各个激励器产生的激波则相互叠加。由于各个激励器之间间隔达 20 mm,激波基本呈现独立特性,而不像图 6.48 中所示各个射流孔产生的激波融为一个整体。放电后的第 10 帧图像(133.2 μs)中激励器产生的射流图像还比较清晰,说明射流喷射阶段还没结束。放电后的第 20 帧图像(266.4 μs)中射流底部已经变得模糊,表明射流处于结束状态。放电后的第 40 帧图像(432.8 μs)中射流底部已经不可识别,射流喷射阶段结束。为

定量表征各个射流的强度,本节提取了不同射流的头部位置和速度,结果如图 6.53 和图 6.54 所示。激励器从左起依次编号。图像表明不同位置的激励器射流强度比较接近,最大速度都达到 200 m/s 以上。放电后的第 10 帧图像(133.2 μs)中各个激励器产生射流头部距离出口的位置如图 6.55 所示。射流头部距离出口位置并没有明显的分布趋势,呈现出一种随机特性。这表明,虽然各个激励器的击穿存在一定的先后顺序,但是激励器的射流激励强度与击穿顺序没有关系,各个激励器射流的差别主要来自激励器几何结构与电极间距的差别。

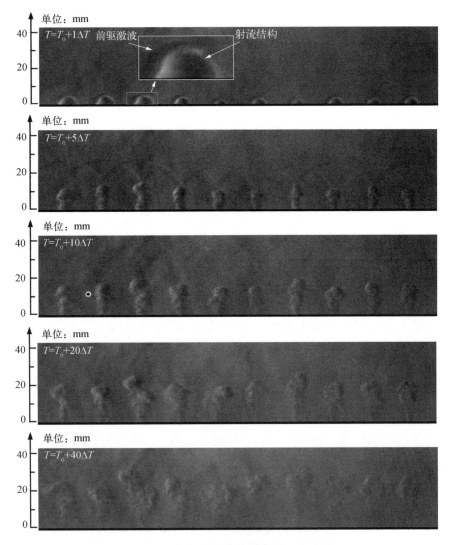

图 6.52　低气压下激励器阵列工作过程

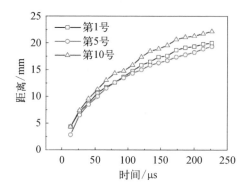

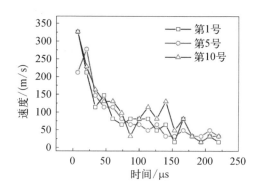

图 6.53　第 1、5、10 号激励器射流头部位置　　图 6.54　第 1、5、10 号激励器射流头部速度

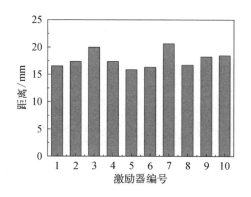

图 6.55　10ΔT 时刻激励器射流头部位置

在来流马赫数为 2.0 条件下,射流的演化过程如图 6.56 所示。从放电开始后的第 1 帧图像上已经明显地观察到前驱激波及射流结构。由于来流的影响,前驱激波与射流都往下游迁移。由于射流对来流的阻碍作用,射流在出口处诱导产生斜激波。斜激波与前驱激波相连。在第 3 帧图像中,已经可以看到诱导斜激波,但还不是很明显。在第 7 帧图像中,诱导斜激波已经清晰可见。在第 9 帧图像中,斜激波开始减弱,纹影图像变得模糊。观察射流的整个演化过程还可以发现,初始阶段各个射流相互独立,随后相互间隔逐渐减小。第 9 帧图像中除了第一个激励器产生的射流,其他射流已经融为一体。这种现象表明,当激励器产生的射流还没有结束时,上一激励器产生的射流已经传播至激励器出口处。整个激励器产生的射流气体完全连为一个整体,之间没有分隔。

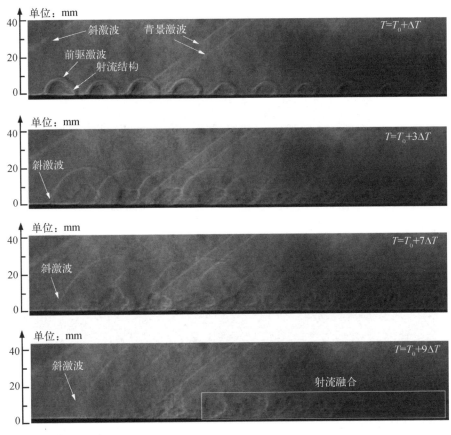

图 6.56　超声速来流条件下(马赫数为 2.0)激励器阵列射流的演化过程

6.4.3　阵列式激励控制圆柱突起诱导激波/边界层干扰

图 6.57 为未受到射流影响时,来流马赫数为 2.0 条件下圆柱突起诱导的初始流场结构,此时圆柱高度为 13 mm,圆柱离平板前缘距离 250 mm。激波结构由弓形激波、分离激波、脱体正激波构成。图 6.58 为激励器阵列工作后,整个流场的纹影图。从图 6.58 中可以清晰地看到各个激励器产生的前驱激波及射流,这些射流相互之间"首尾相连"。同样,选取激波附近区域观察,观察区域如图 6.58 中虚线框所示。

图 6.59 为激励器阵列控制脱体激波/边界层干扰的整个过程。在放电后的第 4 帧图像中,激励器产生的激波与弓形激波相交。但此时,弓形激波变化很小。在放电后的第 14 帧图像中,射流通过弓形激波底部。通过与白色虚线相比

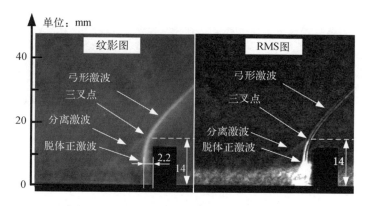

图6.57　圆柱绕流初始流场结构($h = 13$ mm)

图6.58　激励器阵列工作时圆柱绕流的流场结构($h = 13$ mm)

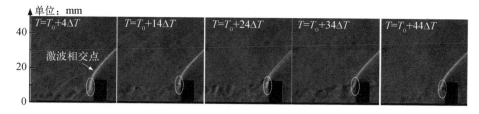

图6.59　激励器阵列对马赫数为2.0圆柱绕流流场的干扰演化过程($h = 13$ mm)

可知,此时弓形激波形态上变化很小。由于射流遮挡,柱前激波变化情况未知。随后的第24、34、44帧图像中,弓形激波激波都没有什么改变。但是,通过观察图中椭圆所标识的区域,可以看到当射流通过该区域时,柱前激波形态上有所变化。

图6.60为激励器未工作时,在来流马赫数为2.0条件下,圆柱($h = 23$ mm)绕流引起的激波结构,图6.60(a)为纹影图,图6.60(b)为RMS图。圆柱突起高度的增加引起激波强度的增强。图中三叉点距离圆柱突起的水平距离增加到

4.3 mm。激励器工作时整个流场的纹影如图 6.61 所示,取虚线框区域为观察区域,研究激励器阵列控制激波/边界层干扰的过程。

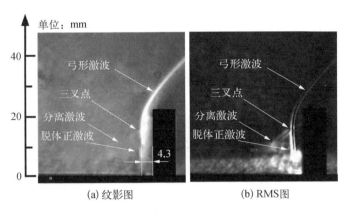

图 6.60　圆柱绕流的初始流场结构($h = 23$ mm)

图 6.61　激励器阵列工作时圆柱绕流的流场结构($h = 23$ mm)

图 6.62 为激励器阵列控制脱体激波的整个过程。弓形激波在整个过程中保持形态不变,表明在此能量条件下激励器阵列无法产生控制效果。柱前激波在射流通过该区域的过程中存在一定的变形,但变形量较小。这也表明,当激励器自身的激励强度较弱时,对于流场的影响较小。

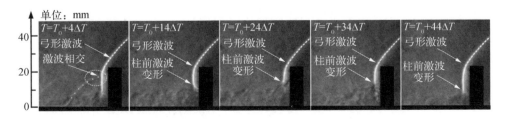

图 6.62　激励器阵列对马赫数为 2.0 圆柱绕流流场的干扰演化过程($h = 23$ mm)

6.4.4 阵列式激励控制压缩拐角激波/边界层干扰

图 6.63 为来流马赫数为 2.0 的条件下,20°压缩拐角的流场纹影图及 RMS 图。由于压缩拐角与平板前缘的距离增加到 250 mm,边界层湍流度增加。此时斜激波已经不再是一道强的压缩波,而变成多道压缩波组成的波系结构。第一道压缩波的激波角为 40.3°。图 6.64 为激励器工作时 20°压缩拐角流场的纹影图,仍然取虚线框所示范围为观察区域。

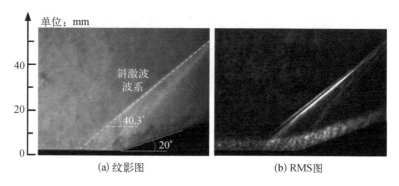

图 **6.63** 20°压缩拐角初始流场结构

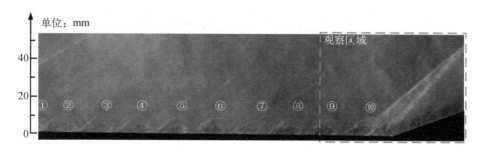

图 **6.64** 激励器阵列工作时 20°压缩拐角流场的纹影图

图 6.65 为激励器阵列对 20°压缩拐角诱导流场的干扰演化过程。在放电开始后的第 2 帧图像中,最后一个激励器诱导产生的激波已经与斜激波系相交,对激波施加作用。第一道斜激波与激励器诱导激波相互影响,两者都截止于交点处。在第 3 帧图像中,随着激励器产生的激波往四周扩张,其与斜激波的交点往主流方向移动。由此导致斜激波起点离壁面高度继续增加。在第 4 帧图像中,诱导激波与斜激波的相互作用更加明显。这三帧纹影图像清楚地表明当流场中斜激波较弱时,激励器诱导激波对斜激波具有干扰能力。随着时间增加,诱导激波消失,此时流场中只存在射流的影响。如第 20 帧图像所示,此时纹影图中已

经观察不到诱导激波,只能辨别出壁面射流的涡结构,此时第一道斜激波出现分叉减弱现象。由于激励器阵列多个激励器单元都能产生射流,多个射流依次通过压缩拐角区域,因此,激励器有效作用时间能够得到延长。在第 50~52 帧纹影图像中,依然可以看到明显的斜激波分叉现象。在第 60 帧纹影图像中,斜激波已经恢复到初始状态,激波角为 41.5°,与初始的 40.7°相差很小。整个作用时间持续接近 800 μs。

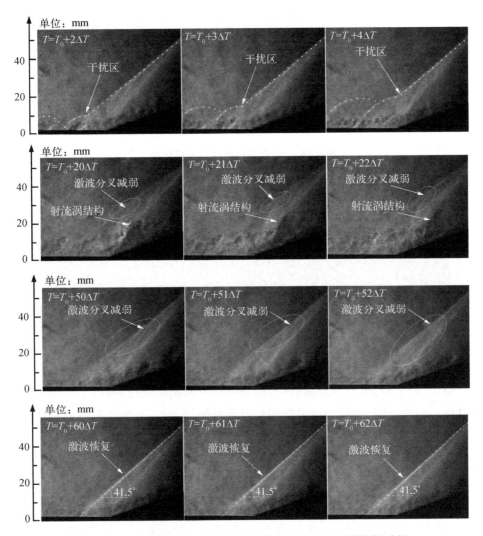

图 6.65　激励器阵列对 20°压缩拐角诱导流场的干扰演化过程

图 6.66 为来流马赫数为 2.0 条件下,30°压缩拐角的流场纹影图及 RMS 图,

此时压缩拐角距平板前缘 250 mm。随压缩拐角角度的增加,边界层受到的逆压梯度增加,引起边界层大尺度分离。此时流场中出现分离激波和再附激波。激励器阵列工作时的纹影图如图 6.67 所示,由于分离激波起点前移,10 号激励器产生前驱激波及射流都位于分离激波下游。

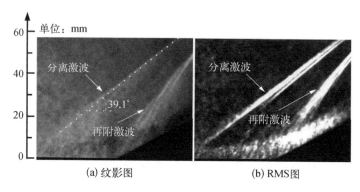

图 6.66　30°压缩拐角初始流场结构

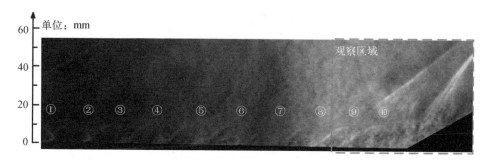

图 6.67　激励器阵列工作时 30°压缩拐角诱导流场纹影图

图 6.68 为 30°压缩拐角流动中,激励器阵列控制激波/边界层干扰的整个作用过程。初始时刻,激励器诱导激波与分离激波相互作用,促使初始的分离激波脱离壁面。第 2~4 帧纹影图像清晰地反映了这一作用过程。随后射流通过改变壁面边界层状态,初始分离激波出现分叉,由一道强斜激波转化为多道弱压缩波。第 12~14 帧纹影图像反映的正是这一作用机理。由于多股射流的累积效应,第 62~64 帧纹影图像中仍能观察到分叉的斜激波结构。在第 69 帧纹影图像中,斜激波分叉程度削弱,多道激波开始重新汇聚收缩。在第 73 帧纹影图像中,斜激波基本恢复,但其灰度梯度与初始时仍有不同。整个作用时间持续了932 μs。

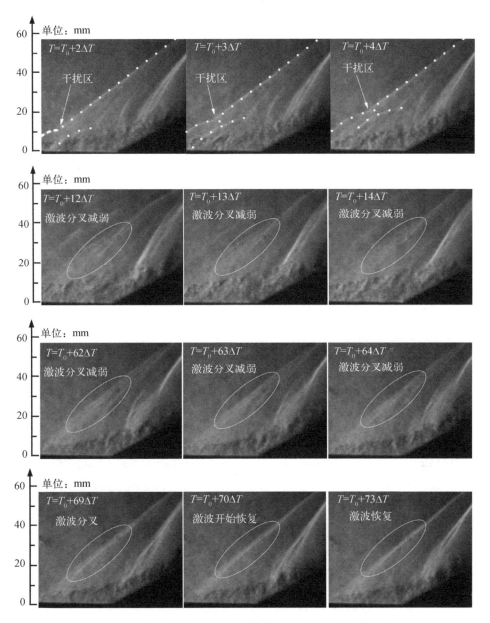

图 6.68　激励器阵列对 30°压缩拐角流场的干扰演化过程

分析表明：与单腔多电极激励器相比，在放电能量相同的情况下，增加激励器数量导致激励器喷出的单股射流强度减弱，实验中射流对于主流的穿透能力减小了 50%。由此导致，激励器阵列喷出射流无法有效地淹没实验中的圆柱体区域。激励器阵列对于两种不同高度的圆柱绕流都不能产生有效的作用,只是柱前激波形态上有所改变,弓形激波则基本没有影响。但是,对于压缩拐角流动,特别是对于存在大尺度分离的流场结构,激励器阵列有很好的控制效果。相比于圆柱产生的强激波,此时分离激波强度减弱,并且激波形态与边界层状态关系更为密切。当激励器阵列产生的多股射流通过激波/边界层干扰区域时,分离激波都呈现出分散减弱的特点,说明边界层的分离区被有效地抑制。同时,由于激励器阵列喷出的多股射流具有累积作用,延长了射流通过激波/边界层干扰区域的时间,从而增加了激励器的有效作用时间,提高了控制效果的持续性。

参考文献

[1] Laurence S J, Wagner A, Hannemann K. Schlieren-based techniques for investigating instability development and transition in a hypersonic boundary layer[J]. Experiment in Fluids, 2014, 55: 1782.

[2] Gan T, Wu Y, Sun Z Z, et al. Shock wave boundary layer interaction controlled by surface arc plasma actuators[J]. Physics of Fluids, 2018, 30(5): 055107.

[3] Im S, Do H, Cappelli M A. Dielectric barrier discharge control of a turbulent boundary layer in a supersonic flow[J]. Applied Physics Letters, 2010, 97(4): 041503.

[4] Sun Z Z, Miao X, Jagadeesh C. Experimental investigation of the transonic shock wave boundary layer interaction over a shock-generation bump[J]. Physics of Fluids, 2020, 32 (10): 106102.

[5] Dupont P, Haddad C, Debiève J F. Space and time organization in a shock-induced separated boundary layer[J]. Journal of Fluid Mechanics, 2006, 559: 255.

[6] Dupont P, Haddad C, Ardissone J P, et al. Space and time organisation of a shock wave/ turbulent boundary layer interaction[J]. Aerospace Science and Technology, 2005, 9(7): 561 - 572.

[7] Falempin F, Firsov A A, Yarantsev D A, et al. Plasma control of shock wave configuration in off-design mode of $M = 2$ inlet[J]. Experiments in Fluids, 2015, 56(3): 54.

[8] Song G X, Li J, Tang M X. Direct numerical simulation of the pulsed arc discharge in supersonic compression ramp flow[J]. Journal of Thermal Science, 2020, 29(6): 1581 - 1593.

[9] Greene B R, Clemens N T, Magari P, et al. Control of mean separation in shock boundary layer interaction using pulsed plasma jets[J]. Shock Waves, 2015, 25(5): 495 - 505.

[10] Pirozzoli S, Grasso F. Direct numerical simulation of impinging shock wave/turbulent boundary layer interaction at M = 2.25[J]. Physics of Fluids, 2006, 18(6): 065113.

[11] Zhao G Y, Li Y H, Liang H, et al. Phenomenological modeling of nanosecond pulsed surface dielectric barrier discharge plasma actuation for flow control[J]. Acta Physica Sinica, 2015, 64(1): 015101.

[12] Ganapathisubramani B, Clemens N T, Dolling D S. Low-frequency dynamics of shock-

induced separation in a compression ramp interaction ［J］. Journal of Fluid Mechanics，2009，636：397 - 425.

［13］吴子牛,白晨媛,李娟,等. 空气动力学［M］. 北京：北京航空航天大学出版社，2016.

［14］刘是成. 高超声速边界层转捩实验研究［D］. 南京：南京航空航天大学，2020.

［15］Running C L, Juliano T J. Global measurements of hypersonic shock-wave/boundary-layer interactions with pressuresensitive paint［J］. Experiments in Fluids，2021，62(5)：91.

第7章

阵列式等离子体冲击激励控制超声速凹腔流动

凹腔流动是超声速/高超声速飞行器及其动力系统的典型流动,凹腔流动控制也是前沿热点问题,但是国际上的超声速凹腔等离子体流动控制研究报道还比较少。本章主要开展阵列式等离子体冲击激励控制超声速凹腔流动的实验与仿真研究,对比分析流向阵列式激励、展向阵列式激励的流动控制效果,并揭示流动控制机理。

7.1　阵列式等离子体冲击激励控制超声速凹腔流动实验

图 7.1 展示了凹腔测试模型示意图,模型由丙烯腈-丁二烯-苯乙烯共聚物绝缘材料加工。模型长宽尺寸为 410 mm × 110 mm,凹腔前缘距模型前缘 220 mm。脉冲火花放电等离子体激励器由两个直径为 1 mm 的铜针构成放电的阴阳两极,电极间隙为 5 mm,5 个激励器沿模型展向和流向布置分别形成展向脉冲火花放电阵列激励(spanwise pulsed spark discharge array, SP - PSDA)和流向脉冲火花放电阵列激励(streamwise pulsed spark discharge array, ST - PSDA)。其中 SP - PSDA 距凹腔前缘 5 mm,相邻激励器的展向间距为 15 mm;ST - PSDA 布置在模型的展向中心截面,相邻激励器的流向间距为 10 mm。

表 7.1 为模型编号对应凹腔几何参数。

表 7.1　模型编号对应凹腔几何参数

模型编号	L/D	OR = D/H	$\theta/(°)$	D/mm
LD7.5 - O1 - 45	7.5	1	45	8
LD5 - O1 - 60	5	1	45	12

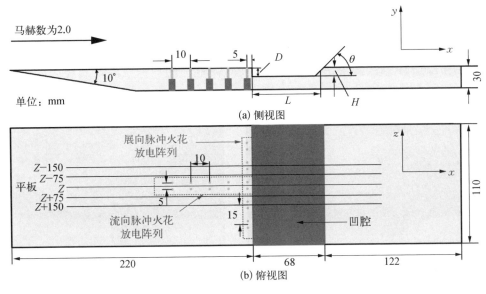

图 7.1　凹腔模型

7.1.1　不同激励器阵列布局对流场的控制效果对比

1. 不同阵列布局激励前后流场的演化和脉动特征

等离子体流动控制的关键是激励诱导的特征结构与流场的相互作用,而这些特征结构在流场中的发展与激励器的位置及阵列布局直接相关,所以选择合适的激励器布局是获得调控效果的关键。Samimy 发现凹腔剪切层对于靠近前缘处的扰动较敏感,将电弧等离子体激励器沿展向布置在凹腔前缘 5 mm 的位置时,高亚声速和超声速凹腔声学共振可以被抑制[1, 2]。Tang 等[3] 和 Lou 等[4] 分别发现沿流向布置的等离子体激励器阵列显著地抑制了压缩拐角与入射 SWBLI 的低频不稳定性。激励器沿流向和展向布置对流场的调控差异较大,所以考察阵列布局形式对流场控制效果的影响十分必要。

图 7.2 和图 7.3 分别展示了展向激励与流向激励下的流场演化特征。两种阵列式布局的激励频率均为 5 kHz,激励电压为 20 kV,实验模型采用 LD5－O1－60。在展向激励模式下,激励诱导的热气团和冲击波自模型前缘产生,而后热气团附着在剪切层上。在向下游传播的过程中与剪切层相互作用导致剪切层抬升,类似于波浪式的摆动,这与水平流动界面由上下两层不同速度和密度的局部扰动被放大产生的 K－H 涡结构类似,并且热气团导致剪切层抬升的实质就是

对剪切层的速度扰动,因此,剪切层的 K－H 不稳定性被激发。而冲击波和反射冲击波的传播过程对剪切层的调控效果不明显。凹腔内密度梯度随着冲击波和反射冲击波的扫掠而变得不均匀,这说明展向激励的脉冲式快速加热导致了剪切层的 K－H 不稳定性的激发,而冲击波对回流区的扫掠或许对凹腔内的燃料的掺混具有积极的作用。

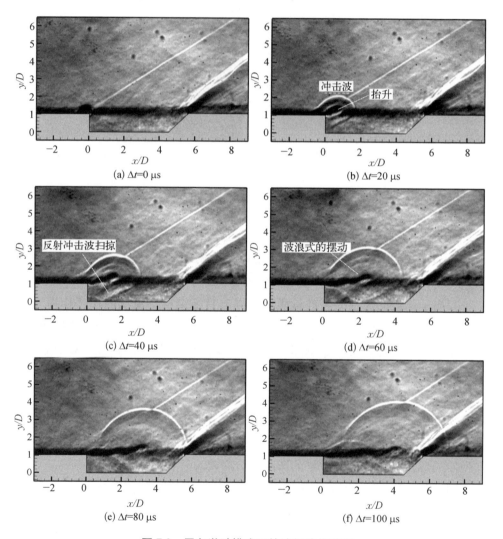

图 7.2　展向激励模式下的流场演化特征

　图 7.3(a)中的红色箭头标出了流向的激励位置,放电初始时刻边界层内产生了 5 个沿流向的豆状热气团阵列,同时产生了 5 个冲击波阵列相互重叠;

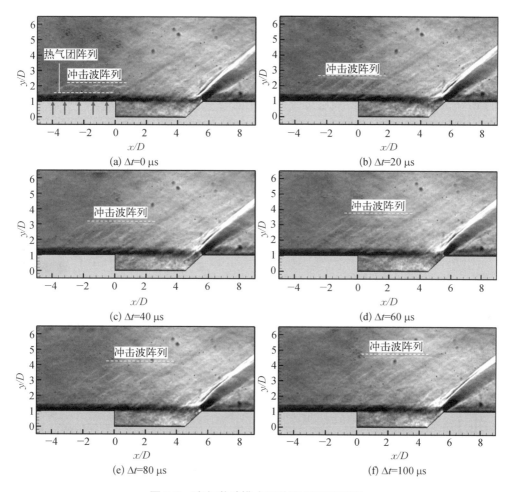

图 7.3　流向激励模式下的流场演化特征

图 7.3(b)显示,当 $\Delta t = 20~\mu s$ 时,热气团传播至凹腔前缘剪切层处,但是此后的热气团逐渐耗散,并且没有致使剪切层的状态发生改变。这是因为热气团产生后,很快淹没在边界层和剪切层内,展向影响范围有限。同时冲击波的扫掠也没有导致回流区的密度梯度发生改变。与两种阵列式布局相比,流向阵列激励诱导的冲击波和热气团强度明显地弱于展向激励,展向激励对流场的调控效果更好。

通过纹影快照反映了两种激励模式下流场的演化特点,本节进一步对快照序列做 RMS 计算,对比两种激励布局对流场脉动特征的调控效果。图 7.4 展示了不同阵列布局激励前后的 I_{RMS},为直观对比两种阵列布局在激励前后的流场脉动特征,将 I_{RMS} 的无量纲脉动强度统一至区间 $[1.0, 5.0]$。图 7.4(a)显示,基准流场中剪切层的 RMS 强度集中在上层和下层,这是主流区和回流区与剪切层的干扰和动量交换导致的,所以剪切层形似发卡。最大 RMS 强度位于撞击激波,说明流场中撞击激波的脉动强度最大,而剪切层的脉动水平较低。如图 7.4(b)所示,展向激励模式下流场中出现了激励诱导的冲击波结构,明显地增加剪切层的 RMS 强度,若干连接剪切层上下层的通道结构出现,同时剪切层的形态更饱满。撞击激波的 RMS 强度降低,说明展向激励抑制了撞击激波的不稳定性。对比之下,图 7.4(c)显示,在流向激励模式下,剪切层的 RMS 强度仅在上层靠近凹腔前缘位置有小幅度增加,而其他部位基本没有变化。这说明流向激励没有明显地改善剪切层的脉动特征。

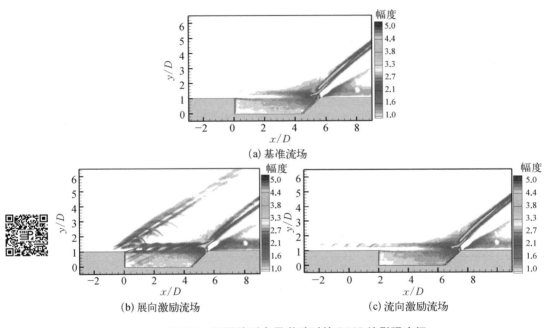

图 7.4　不同阵列布局激励时的 RMS 纹影强度场

为直观对比由等离子体冲击激励导致的流场 RMS 强度的变化,本节将激励前后的 I_{RMS} 做差值,可以获得单纯由激励诱导的流场改变。图 7.5 给出了展向和流向激励模式的差值 I_{RMS},将无量纲强度统一到区间[-1.0, 3.0]。展向激励诱导剪切层 RMS 强度增加,靠近激励位置的增量最大,撞击激波的 RMS 强度小幅度地降低;流向激励对剪切层的 RMS 强度没有影响,而撞击激波的 RMS 强度明显地降低,这一结果与 Tang 等[5]调控压缩拐角 SWBLI 的效果一致,这说明对激波的调控需要冲击波和热气团的接力扫掠,而对边界层和剪切层的调控需要展向范围的多点激励。

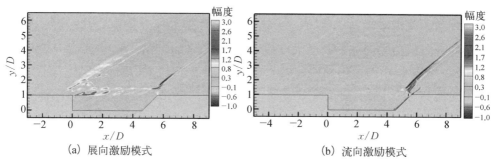

(a) 展向激励模式　　　　　　　　　(b) 流向激励模式

图 7.5　不同阵列布局激励时的差值 RMS 纹影强度场

　　图 7.6 为 3 个特征频率下基准状态、展向激励模式和流向激励模式流场的空间频谱。图 7.6(a) 中频谱强度集中在撞击激波和膨胀波,在 150 Hz 特征频率下,剪切层的强度较低,但是相较 1 kHz 和 5 kHz 剪切层形态相对完整,而撞击激波在三个不同频率范围内均有较高的频谱强度,这反映了剪切层的低频振荡和撞击激波的宽带振荡特征,同时激波振荡是流场不稳定性的主要来源。图 7.6(b)

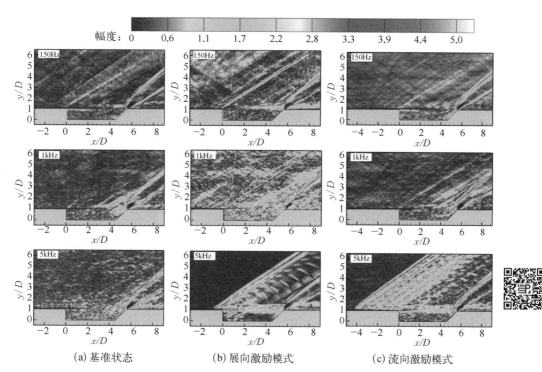

(a) 基准状态　　　　　　　　(b) 展向激励模式　　　　　　　　(c) 流向激励模式

图 7.6　不同阵列布局激励前后流场的空间频谱特征

显示,150 Hz 和 1 kHz 特征频率中剪切层的频谱强度有小幅度的增加;在 5 kHz 特征频率中出现了激励诱导的热气团,同时剪切层的频谱强度较基准流场显著地增加;相反,撞击激波的频谱强度减小。如图 7.6(c)所示,流向激励对 150 Hz 和 1 kHz 特征频率的流场调控效果不明显,到了 5 kHz 同样出现激励诱导的流向冲击波阵列,剪切层的频谱强度增加,但是与展向激励模式相比,增量小而且仅集中在剪切层上层。所以在展向激励模式下,剪切层的振荡频率完全转化为激励频率,并且在流场中频谱强度最高。

上述分析表明,流向布局阵列式等离子体冲击激励未能有效地提升剪切层的不稳定性,控制效果不佳,反而是对撞击激波产生了有效的控制作用,提升了激波的振荡频率,抑制了其低频不稳定性。因此,对于超声速流场中激波的控制,流向阵列式等离子体冲击激励可实现对激波的接力扫掠,表现出较好的控制效果;而对于剪切层和边界层,展向阵列激励效果较好,这是因为剪切层和边界层自身是一个展向范围较大的薄层,需要从展向拓宽其控制范围才有效,而流向激励诱导的冲击波和热气团会迅速湮没。

2. 不同阵列布局激励前后流场的非定常结构特征

采用本征正交分解(proper orthogonal decomposition, POD)方法,将流场中的非定常结构划分为若干模态,并且识别其中的主导结构。选用 LD7.5－O1－45 模型进行流场的 POD 分析。图 7.7 给出了基准流场、流向激励模式和展向激励

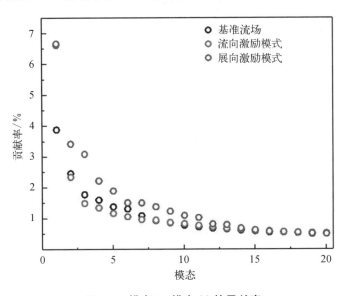

图 7.7　模态 1~模态 20 的贡献率

模式下模态 1～模态 20 的贡献率,相同的是模态 1 的贡献率最大,而后随模态阶数增加,贡献率快速下降。在流向激励模式下,仅模态 1 的贡献率增加;而在展向激励模式下,模态 1～模态 20 的贡献率均有不同程度的增加,说明展向激励显著增强了前 20 阶模态的贡献率。图 7.8～图 7.10 分别展示了基准流场、流向激励模式和展向激励模式前 9 阶模态的非定常流动结构,为直观比较三者的变化特点,这里将无量纲强度尺度统一至区间[−2.0, 0.8]。

　　图 7.8 展示的基准流场模态 1～模态 9 的流动结构中,大部分的强度集中在撞击激波和膨胀波,剪切层仅在模态 1 中出现,而且仅仅局限于靠近凹腔前缘的范围。超声速凹腔流场中剪切层趋向定常状态,撞击激波和激波后的膨胀波主导了流场的非定常特性。模态 1～模态 9 贡献率累计为 15.36%。

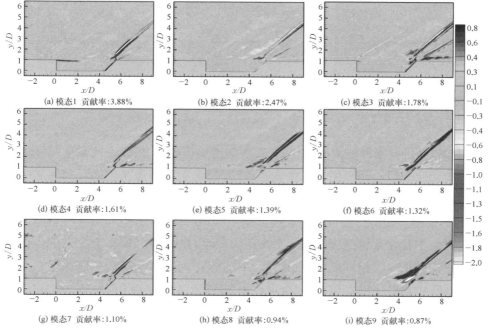

图 7.8　基准流场模态 1～模态 9 的流动结构

　　如图 7.9(a)所示,相较基准流场,施加流向激励后模态 1 的贡献率显著地增加,剪切层的强度也增加,尤其是贴近主流的剪切层上层,这是流向的热气团阵列在向下游传播的过程中掠过剪切层所致,但是并没有与剪切层产生干扰。而其他模态的贡献率在流向激励模式小幅度地下降,说明流向激励将代表激波和膨胀波非定常结构模态的贡献率削弱了,一定程度上抑制了激波和膨胀波的不稳定性。模态 1~模态 9 的贡献率累计为 16.86%。

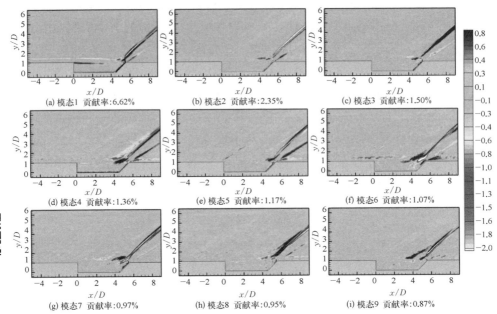

图 7.9 流向激励模式下流场模态 1~模态 9 的流动结构

相较基准流场和流向激励模式,在展向激励模式下,各模态的无量纲强度集中到剪切层和激励诱导的特征结构上,仅在模态 1 和模态 9 中能看到明显的波系结构。图 7.10(a)显示,模态 1 中出现激励诱导的冲击波结构;在模态 2~模态 5 中,低阶模态的剪切层呈现出大尺度相干结构特征,这是热气团与剪切层深度耦合产生干扰导致的;模态 6~模态 9 中大尺度结构破碎,较高阶模态的剪切层表现出交替出现且相位相反的小尺度结构,这是因为热气团在和剪切层相互作用的过程中与剪切层卷积,出现能量传递和耗散,大尺度相干结构逐渐破碎形成小尺度涡结构。因此,展向激励促使剪切层失稳,并且主导了流场的非定常特性。模态 1~模态 9 的贡献率累计为 22.97%,相比基准状态和流向激励模式主导模态的贡献率增加明显。

前面分析了模态 1~模态 9 激励前后的非定常结构特征,这些贡献率较高的前几阶模态代表了流场的主导结构,如果使用这些模态对流场进行重构,并将某个特征时刻的重构流场与瞬时流场进行对比,可以对主导模态的主导地位进行验证。表 7.2 和表 7.3 分别列出了流向激励模式和展向激励模式下模态 1~模态 9 在两个特征时刻的模态系数。

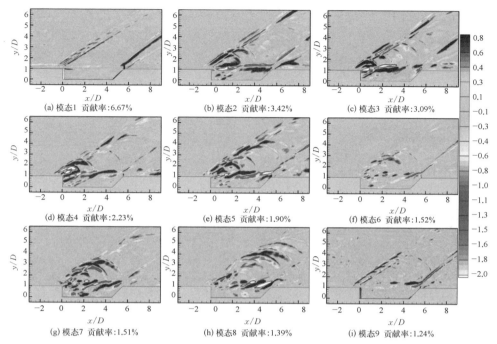

图 7.10　展向激励模式下流场模态 1～模态 9 的流动结构

表 7.2　流向激励模式下模态 1～模态 9 在两个特征时刻的模态系数

时刻	模 态								
	模态 1	模态 2	模态 3	模态 4	模态 5	模态 6	模态 7	模态 8	模态 9
$\Delta t =$ 0 μs	4.4×10^4	-1.2×10^5	1.1×10^5	6.8×10^4	-1.5×10^5	-4.6×10^4	-8.5×10^4	-1.9×10^5	5.4×10^4
$\Delta t =$ 40 μs	1.3×10^5	-2.0×10^5	2.7×10^4	7.8×10^4	-7.9×10^4	-8.4×10^4	-4.4×10^4	-1.3×10^5	7.6×10^4

表 7.3　展向激励模式下模态 1～模态 9 在两个特征时刻的模态系数

时刻	模 态								
	模态 1	模态 2	模态 3	模态 4	模态 5	模态 6	模态 7	模态 8	模态 9
$\Delta t =$ 20 μs	-2.6×10^5	-1.0×10^5	2.1×10^5	3.6×10^5	-9.6×10^4	4.6×10^3	1.9×10^4	-2.4×10^4	-1.4×10^5
$\Delta t =$ 60 μs	-2.4×10^5	-3.0×10^5	2.3×10^4	-4.8×10^4	5.9×10^4	-1.4×10^5	-2.8×10^5	-5.4×10^4	-2.0×10^5

图 7.11 和图 7.12 分别展示了流向激励模式与展向激励模式下两个特征时刻重构流场和瞬时流场的对比。由于流向激励诱导的特征结构强度很弱,同时

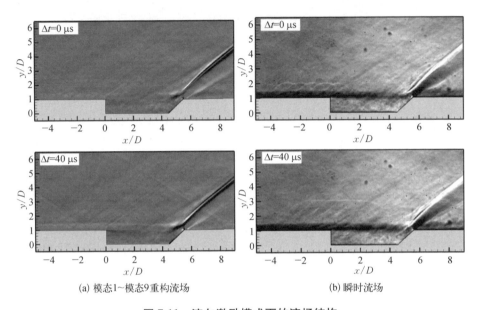

(a) 模态1~模态9重构流场　　　　　　　(b) 瞬时流场

图 7.11　流向激励模式下的流场结构

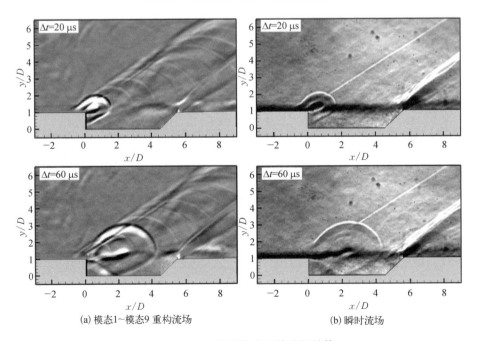

(a) 模态1~模态9 重构流场　　　　　　　(b) 瞬时流场

图 7.12　展向激励模式下的流场结构

也没有激发剪切层的振荡,所以图 7.11 的重构流场没有展现出清晰的激励诱导
的特征结构。图 7.12 显示了展向激励后两个特征时刻下重构流场与瞬时流场
的一致性较高,无论是冲击波的位置、剪切层的抬升状态还是波系结构两者都高
度一致。所以,模态 1~模态 9 能够正确全面地反映流场在激励前后的非定常结
构特点。

在进行 POD 模态分解时,每个瞬时时刻流场对某个模态的贡献率按照时序
组合,就构成了该模态对应的特征向量,因此,瞬时流场的流动结构的周期性特
点可以反映在特征向量的时序变化上,研究时对相应模态的特征向量进行 FFT
分析就可以获得频谱特征。图 7.13 给出了基准流场、流向激励模式和展向激励
模式时模态 2 和模态 5 特征向量的功率谱密度。基准流场的两个模态特征向量
的功率谱密度集中在 100 Hz 左右的低频位置;流向激励对功率谱的改变不明显,
仅在 5 kHz 出现一个小尖峰,低频仍然占主导;在 5 kHz 展向激励模式下,模态 2 和
模态 5 的低频部分功率谱密度下降,同时在 5 kHz、10 kHz 等位置出现密度峰值,
说明展向激励削弱了流场的低频振荡,并将剪切层的振荡频率转化为激励频率。

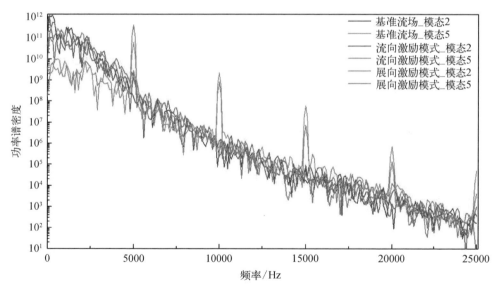

图例:
- 基准流场_模态2
- 基准流场_模态5
- 流向激励模式_模态2
- 流向激励模式_模态5
- 展向激励模式_模态2
- 展向激励模式_模态5

图 7.13　基准流场、流向激励模式和展向激励模式下两个模态特征向量的功率谱密度

7.1.2　不同激励频率对流场的控制效果对比

1. 激励频率对流动控制效果的影响

7.1.1 节结果显示激励器展向布置对剪切层的调控效果更好,所以后续研究

都基于展向激励模式开展。本节使用 LD7.5－O1－45 模型研究不同激励频率的调控效果。从流场时序演化的角度来看,在展向激励模式下不同激励频率对流场控制效果的区别仅在接力效果的迟缓上,因此,这里仅用 10 kHz 激励时的流场演化过程作为代表进行叙述。图 7.14(a)展示了凹腔在马赫数为 2.0 来流下的基准流场特点。Ⅰ 为远上游发展而来的边界层,Ⅱ 为凹腔前缘流道扩张生成的膨胀波,Ⅲ 为连接凹腔前后的剪切层,Ⅳ 为超声速气流在凹腔后壁面压缩形成的撞击激波,Ⅴ 是激波后的膨胀波,Ⅵ 为超声速气流扫掠过剪切层表面形成的压缩波系。图 7.14(b)~(i)是在 10 kHz 展向激励时流场演化过程,在热气团的作用下剪切层出现起伏和波浪式摆动;到了 $\Delta t = 100$ μs,如图 7.14(g)所示,上次激励诱导的热气团仍然与剪切层产生干扰,下一次激励已经开始;到了 $\Delta t = 120$ μs,图 7.14(h)显示,第一次激励对流场的调控还未消失,第二次激励的调控作用开始发挥。单脉冲对流场的有效调控时间约为 140 μs。同理,当激励频率为 20 kHz 时,类似地对流场调控的交接将会提前至 50 μs,而到了 $\Delta t = 120$ μs,将会出现三次激励诱导的热气团同时与剪切层耦合的情况。不同的是,5 kHz 和 2 kHz 激励

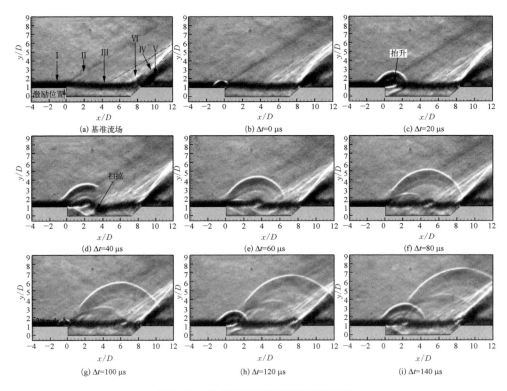

图 7.14　10 kHz 激励下流场演化过程

将持续保持单脉冲的控制效果,频率越低,剪切层处于无激励状态的时间越长。

图 7.15 为四个不同激励频率下的 I_{RMS}。四个激励频率下剪切层的 RMS 强度有不同程度增加。对比来看,5 kHz 激励频率下剪切层的 RMS 强度最高,在 2 kHz 和 5 kHz 激励频率下,发卡形剪切层上下层之间出现一些类似于通道的结构,这些结构的产生可能与热气团有关。相较 2 kHz 和 5 kHz,10 kHz 和 20 kHz 激励时的剪切层结构更加平滑饱满,同时没有上述类似通道结构的产生。

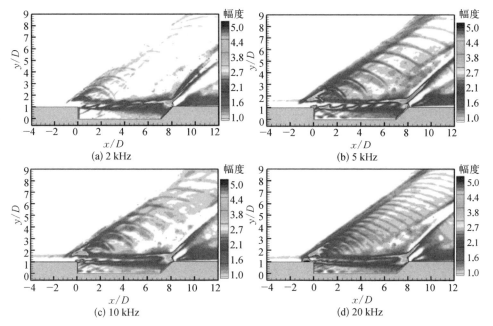

图 7.15　不同激励频率的 RMS 纹影强度场

图 7.16 展示了四个不同激励频率的差值 I_{RMS}。对比发现,5 kHz 激励时,激励导致剪切层的 RMS 强度增量最大。同时激励导致撞击激波和压缩波系的 RMS 强度降低,10 kHz 激励时降幅最大。因此,5 kHz 激励表现出对剪切层的调控效果最好,这是因为在 10 kHz 和 20 kHz 的高频激励模式下,相邻两个脉冲衔接紧密,导致多个激励诱导的热气团和剪切层产生干扰,而且这其中可能还存在多个热气团的对剪切层的控制效果相互抵消耗散的情况,限制了热气团作用的发挥。而 2 kHz 激励存在剪切层在基准状态暂歇的时间过长的问题,因此,5 kHz 激励表现出了最佳的调控效果。

2. 不同激励频率下的流场非定常结构特征

由于 10 kHz 激励与 20 kHz 激励对流场的调控效果基本一致,所以当本节进

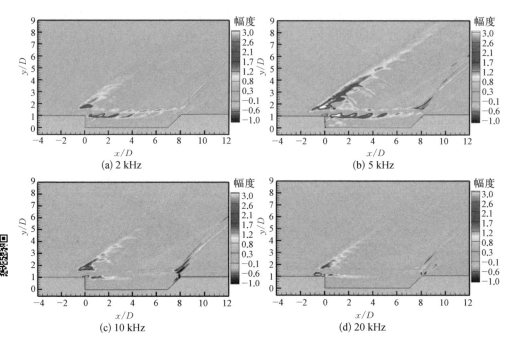

图 7.16　不同激励频率的差值 RMS 纹影强度场

行 POD 分析时，为精简呈现不同激励频率的非定常模态特征，选取 2 kHz、5 kHz 和 10 kHz 三个激励频率的流场进行 POD 模态分解。图 7.17 给出了基准流场和

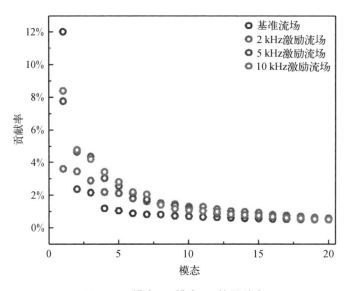

图 7.17　模态 1~模态 20 的贡献率

三个不同激励频率流场模态 1~模态 20 的贡献率,对比发现,基准流场模态 1 的贡献率最高,但是之后各模态的贡献率总体小于施加激励后各模态的贡献率。2 kHz 激励时,各模态的能量贡献率低于另两个激励频率时模态的贡献率。

图 7.18 给出了基准流场模态 1~模态 9 的非定常流动结构,图 7.18(a)显示模态 1 的贡献率高达 12.03%,并且强度集中在凹腔前缘膨胀波、压缩波系和撞击激波,而剪切层仅在模态 2、模态 3 和模态 4 中有部分显示。模态 1~模态 9 的贡献率累计为 22.15%。

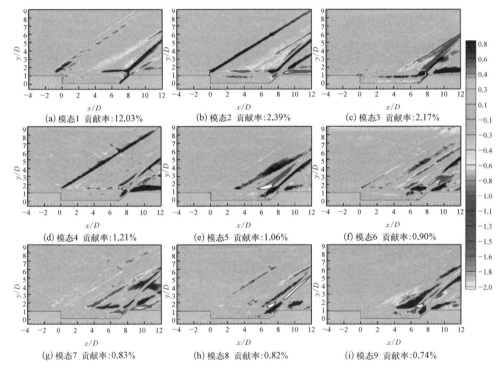

图 7.18　基准流场的模态 1~模态 9 的非定常流动结构

图 7.19 为 2 kHz 激励下流场模态 1~模态 9 的非定常流动结构,各模态剪切层的强度增加,模态 1~模态 5 剪切层呈现出大尺度结构特点,同时模态 1 中的剪切层形态完整。从模态 6 开始剪切层逐渐破碎成交替出现的相位相反的小尺度涡结构,模态阶数越高尺度越小,涡结构越多。模态 1~模态 9 的贡献率累计为 20.78%,较基准流场的累计贡献率下降,但是剪切层的贡献率增加。

进一步分析图 7.20 展示的 5 kHz 激励下流场模态 1~模态 9 的非定常流动结构,模态 1 的流动结构特点与基准流场的基本一致,但是贡献率从 12.03% 降至

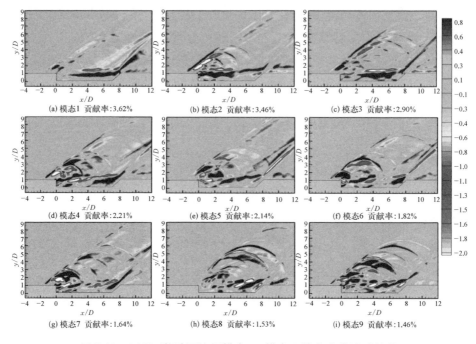

图 7.19 2 kHz 激励下流场模态 1~模态 9 的非定常流动结构

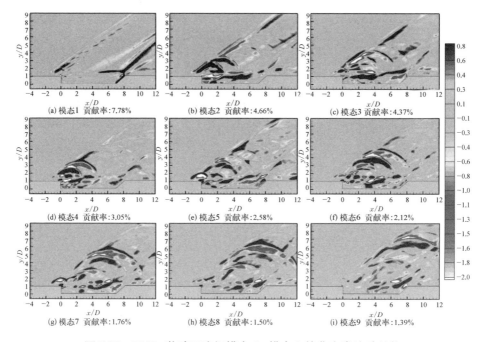

图 7.20 5 kHz 激励下流场模态 1~模态 9 的非定常流动结构

7.78%，说明激励具有抑制波系不稳定性的作用。剪切层在模态 2~模态 3 形态较完整，呈现出大尺度结构特征，模态 4~模态 9 结构逐渐破碎成小尺度涡结构。相比 5 kHz 激励，除模态 1 内仍然存在波系结构，剩余模态均不再具有明显的波系结构。模态 1~模态 9 的贡献率累计为 29.21%，较基准状态和 2 kHz 激励状态显著地增加。

图 7.21 是 10 kHz 激励下流场模态 1~模态 9 的流动结构，模态 1 的流动结构与基准状态和 5 kHz 激励状态一致，贡献率较前者降低，较后者增加；模态 2 显示的是激励诱导的热气团即将与剪切层产生干扰，因此，仅在凹腔前缘出现干扰产生的小尺度结构；而后一直到模态 9，在激励的作用下剪切层始终以小尺度涡结构为特征，这一点与基准状态和 5 kHz 激励时不同。可见随着激励频率的提高，展向激励对剪切层的作用机制发生变化，激励频率较低时剪切层与热气团的干扰以大尺度振荡为特点，激励频率较高时变为小尺度脉动。前 9 阶模态的贡献率累计为 30.49%。

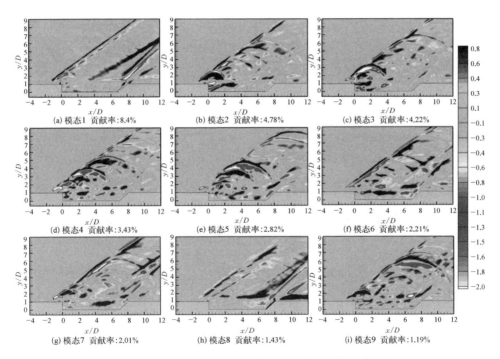

图 7.21　10 kHz 激励下流场模态 1~模态 9 的流动结构

然后使用上述三个不同激励频率的前 9 阶模态分别对三个特征时刻进行流场重构，并与瞬时流场进行对比。表 7.4 列出了三个激励频率下流场模态 1~模态 9 对应三个特征时刻的模态系数。

表 7.4　三个激励频率下流场模态 1~模态 9 对应三个特征时刻的模态系数

时刻	模 态 系 数								
	模态 1	模态 2	模态 3	模态 4	模态 5	模态 6	模态 7	模态 8	模态 9
$\Delta t =$ 20 μs	-1.3×10^5	4.7×10^5	-2.5×10^5	3.0×10^5	-3.4×10^5	-1.0×10^5	-3.7×10^5	-4.4×10^4	-1.4×10^5
$\Delta t =$ 60 μs	-2.7×10^5	7.0×10^4	3.7×10^5	-2.1×10^4	1.1×10^5	-2.9×10^5	-9.7×10^4	-1.7×10^4	-4.5×10^4
$\Delta t =$ 100 μs	-1.6×10^5	2.5×10^4	-1.0×10^5	-1.5×10^5	4.2×10^4	1.8×10^5	-4.1×10^4	3.2×10^5	1.8×10^5

图 7.22 为三个激励频率分别在三个特征时刻重构流场与瞬时流场的对比，

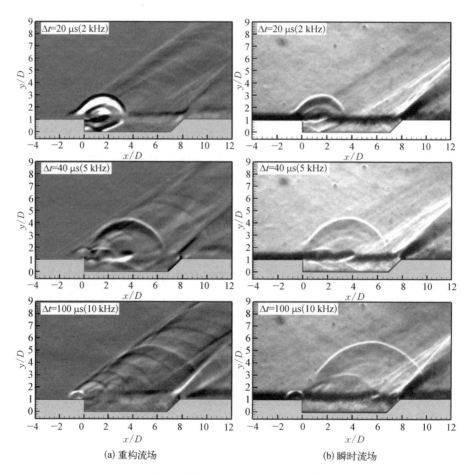

(a) 重构流场　　　　　　　　　　(b) 瞬时流场

图 7.22　重构流场与瞬时流场对比图像

2 kHz、5 kHz 和 10 kHz 激励重构的特征时刻分别是 $\Delta t = 20\ \mu s$、$\Delta t = 40\ \mu s$ 和 $\Delta t = 100\ \mu s$。重构流场和瞬时流场具有较高的一致性。图 7.23 展示了基准流场和三个不同激励频率下流场的两个模态特征向量的功率谱密度,基准流场两个模态的功率谱密度峰值在 100 Hz 附近,激励后功率谱密度峰值位于激励频率位置,同时在更高频率位置出现多个尖峰,低频范围的功率谱密度降低。这说明热气团与剪切层耦合后激发剪切层的 K-H 不稳定性,剪切层的振荡频率完全跟随激励的频率,剪切层的振荡随着热气团的消失而停止,调控的过程中不会导致反馈共振。

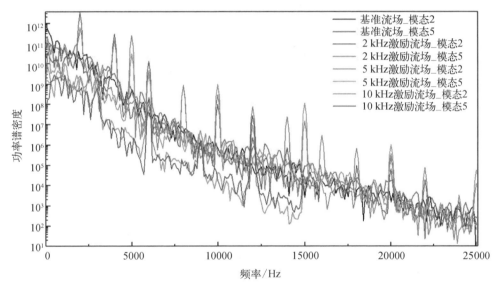

图 7.23　基准流场和三个不同激励频率下流场的两个模态特征向量的功率谱密度

7.2　阵列式等离子体冲击激励控制超声速凹腔流动模拟

图 7.24 给出了使用 ICEM 软件对 LD7.5-O1-45 测试模型进行剖分的网格拓扑结构和凹腔局部网格。结构化网格的第一层网格高度为 1×10^{-6} m,壁面网格增长率小于 110%。对剪切层区域的网格进行加密,网格总数为 2 106 万;根据 Georgiadis 等[6] 提出的精确解析大涡对网格的要求,分别对流向、法向和展向的网格进行了加密,使沿流向、法向和展向的无量纲化网格尺度严格位于 [50, 150]、(0, 1) 和 (15, 40) 区间。

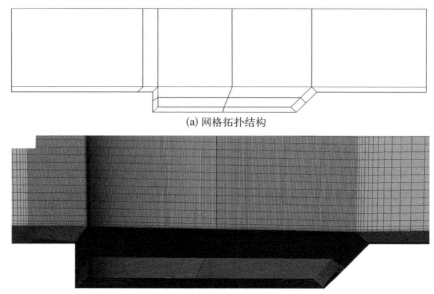

(a) 网格拓扑结构

(b) 凹腔局部网格

图 7.24　网格设置

纳秒脉冲等离子体激励的瞬间能量沉积导致的焦耳热效应主导了流场的调控效果[7, 8]。为模拟展向阵列等离子体激励,将单个激励器的放电模拟为半球形空间内的均匀放电,半径取决于实际激励器阴阳两极的放电间距,取为 2.5 mm。式(7.1)给出了模拟热功率密度函数 $Q(x, y, z, t)$:

$$
Q(x, y, z, t) = \begin{cases} \dfrac{Q}{t_d V}, & ((x - x_0)^2 + (y - y_0)^2 + (z - z_0)^2 \leqslant r^2, \ 0 \leqslant t \leqslant t_d) \\ 0, & \text{其他} \end{cases}
$$

$$(7.1)$$

式中,(x_0, y_0, z_0) 为单个激励器阴阳两极中点位置坐标;$t_d = 1\ \mu s$ 为放电的脉冲宽度;V 为半球形放电空间的体积。单个激励器的加热功率为 $2.6 \times 10^7\ \text{W/m}^3$。

7.2.1　激励前后的时均流场特性

1. 激励前后流场对比

通过提取展向中间截面的流场来展示调控效果。图 7.25 为激励前后时均速度场的对比,无激励时剪切层从前缘产生后一直到 $x/D = 4$ 附近厚度增长速率比较缓慢,此后由于剪切层与后壁的相互作用程度加深,剪切层厚度增加明显,同时在凹腔后壁拐角位置底层回流区速度最大接近 200 m/s;施加激励后,从 $x/D = 2$ 的位置开始,剪切层厚度快速增加,一度深入到凹腔底层,同时后壁拐角位置回流区的最大速度增加到 300 m/s。

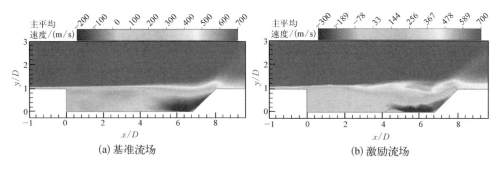

(a) 基准流场　　　　　　　　　　　(b) 激励流场

图 7.25　激励前后时均速度场的对比

进一步提取激励前后的 RMS 速度(RMS velocity,V_{RMS})来比较剪切层的脉动特征,图 7.26(a)中,基准流场剪切层的 V_{RMS} 处于较低水平,从 $x/D = 4$ 附近开始增加,后壁面剪切层撞击位置的 V_{RMS} 约为 250 m/s,为整个流场中 V_{RMS} 最大的位置。凹腔其他位置的脉动强度较小,尤其是靠近前缘处的 V_{RMS} 接近 0,反映了基准状态下回流区的稳定性。图 7.26(b)中,在激励的作用下剪切层的厚度增加,后壁撞击位置的 V_{RMS} 不再是极端峰值的状态,而是沿凹腔后壁面流场的 V_{RMS} 分布更加均匀,这说明等离子体激励使得剪切层由无激励时的撞击变成对后壁面的拍打,同时其他位置剪切层的 V_{RMS} 也有明显增加。

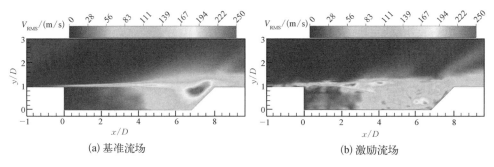

(a) 基准流场　　　　　　　　　　　(b) 激励流场

图 7.26　激励前后 RMS 速度场对比

图 7.27 给出了激励前后时均流场的速度流线,图 7.27(a)清晰地显示,无激励时流场回流区内产生了三涡结构,近后壁面的大涡结构几乎占据了凹腔

一半的尺寸,另两个较小的涡结构靠近凹腔前壁生成,而较大的涡结构才会促进掺混;同时,凹腔内较多的涡结构不仅对掺混无益,还会导致凹腔底部阻力的增加。图7.27(b)显示,施加激励后基准状态下的三涡结构被整合成横跨整个凹腔的大涡,这一方面能够有效地促进掺混,另一方面还能降低腔底的阻力[9, 10]。

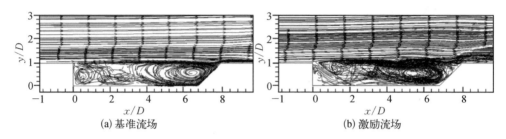

(a) 基准流场   (b) 激励流场

图 7.27　激励前后时均流线速度对比

2. 激励前后剪切层结构对比

上面通过对比时均流场激励前后的变化,展示了展向激励对流场的调控效果,在此基础上本节通过提取激励前后时均流场速度剖面和剪切层厚度来计算剪切层增长率,定量地描述流场和剪切层的变化特点。图7.28展示了7个流向位置前后的速度剖面,对比发现激励后凹腔0速度线上层和下层的速度均增加,0速度线下层回流区的速度增量最大。上层速度增加是因为展向激励的调控增强了剪切层的动量;同时 K-H 不稳定性被激发,在拍打后壁时不断产生压力波的前传,提升了回流区的回流速度,导致0速度线下层速度的增加。

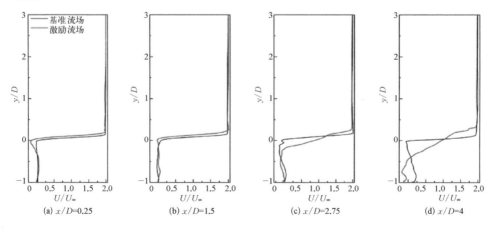

(a) $x/D=0.25$ (b) $x/D=1.5$ (c) $x/D=2.75$ (d) $x/D=4$

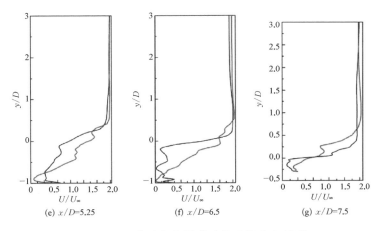

(e) x/D=5.25　　　　(f) x/D=6.5　　　　(g) x/D=7.5

图 7.28　7 个流向位置激励前后的速度剖面

剪切层的厚度与增长率是评估剪切层增长和掺混效率的关键参数[11]。直观上,剪切层的厚度可以通过对纹影图像进行边缘检测获取,但是随机误差的影响往往导致检测出的厚度偏大[12]。为此,本节使用涡量厚度的定义来提取展向中间截面剪切层的厚度,并对剪切层的厚度求一阶导,进一步获得了剪切层的增长率。依据剪切层边界的速度梯度定义的涡量厚度为

$$\delta_{\text{vorticity}} = \frac{U_\infty}{(\mathrm{d}u/\mathrm{d}y)_{\max}} \tag{7.2}$$

激励前后的剪切层厚度和增长率对比如图 7.29 所示,无激励时,在 $x/D = 4$ 之前剪切层处于线性增长状态,厚度增长速率较慢;之后剪切层厚度增长率升高,厚

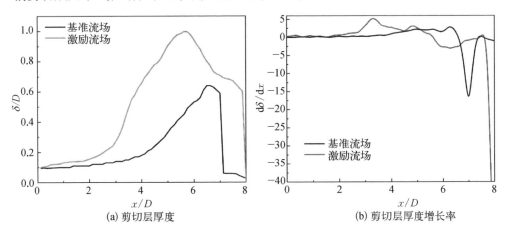

(a) 剪切层厚度　　　　　　　　　　(b) 剪切层厚度增长率

图 7.29　激励前后的剪切层厚度和增长率对比

度快速增长,在 $x/D = 6.5$ 附近剪切层厚度达到最大。施加激励后,剪切层在 $x/D = 2$ 之前处于线性增长阶段,之后剪切层厚度增长率升高,厚度快速增加;在 $x/D = 5.5$ 附近厚度达到最大,接近凹腔的深度,然后厚度开始减小。比较之下,等离子体激励缩短了剪切层的线性增长过程,使剪切层提前进入厚度快速增长模式,最大厚度接近凹腔深度且位置提前,整个剪切层范围内的厚度均大于基准状态。

7.2.2 流动控制机理分析

1. 热气团演化过程

7.2.1 节激励前后的时均流场和剪切层的定量特征展示了展向激励对流场的调控效果,本节通过分析热气团的演化及不同时刻和不同展向截面流场的瞬时演化来揭示内在控制机制。图 7.30 为通过温度识别的激励诱导热气团的演化发展过程。当 $\Delta t = 0\ \mu s$ 时,激励初始时刻诱导产生了半球状的热气团,底层温度为 1 400 K,然后向下游传递扩散;当 $\Delta t = 20\ \mu s$ 时,抬升机制[13]导致热气团的抬升隆起,同时,在壁面的强剪切作用下,热气团被拉长,而由于头部深入主流区,所以传播速度较快,

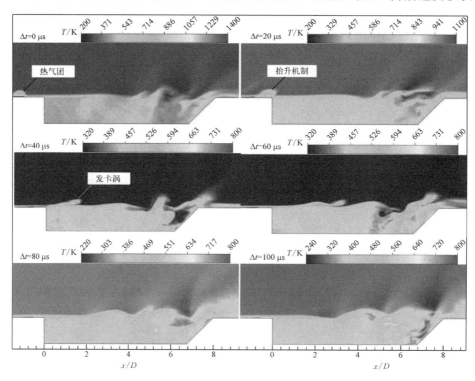

图 7.30　激励诱导热气团的演化发展过程

导致此时热气团呈现出底层细长而头部饱满的形状;继续发展到 $\Delta t = 40\ \mu s$,热气团此时变成了一个发卡涡的形状,这与 Tang 等[14]先前的实验结果一致,同时发现此发卡涡能够促使边界层失稳并提前转捩为湍流;当 $\Delta t = 60\ \mu s$ 时,此发卡涡与剪切层耦合被拉长卷曲,自身的 K–H 不稳定性显现;当 $\Delta t = 80\ \mu s$ 时,K–H 不稳定被激发。分析发现,整个过程中热气团的发展由于近壁面及主流的速度剪切,使热气团发展为发卡涡结构,继续被拉长后自身存在 K–H 不稳定性,而后与剪切耦合后产生 K–H 能量的传递,随后剪切层的 K–H 不稳定性被彻底激发。

2. 流场演化特性

上述热气团的发展体现了热气团的高温属性,图 7.31 所示的激励前后流场的

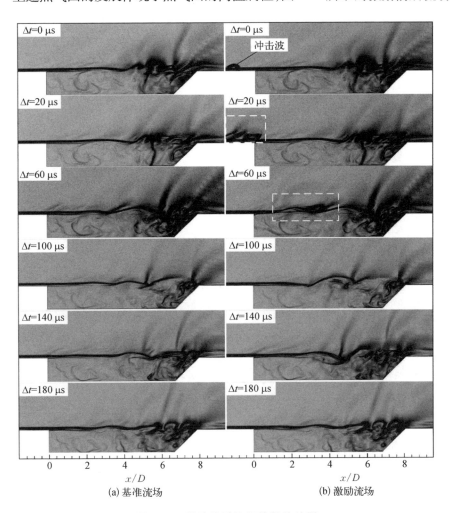

图 7.31　激励前后流场的数值纹影

数值纹影进一步展示了热气团的低密度特性。$\Delta t = 0\ \mu s$，由于能量在短时间内注入流场，半球形区域内温度上升后，密度降低；图7.31(b)白色虚线框内的热气团密度较低，在向下游传播时导致剪切层靠近主流和凹腔两侧形成密度差，密度差驱动剪切层产生摆动，所以 $\Delta t = 60\ \mu s$ 时刻剪切层向凹腔一侧凹陷，直到 $\Delta t = 180\ \mu s$ 热气团基本耗散，控制作用消失。由流体的 K-H 不稳定性得知，剪切层易遭受边缘密度差的扰动而失稳[15]，这也回答了为什么展向阵列激励比流向阵列激励效果好。

图7.32为激励前后展向中间截面的涡量云图，激励诱导的热气团具有高涡

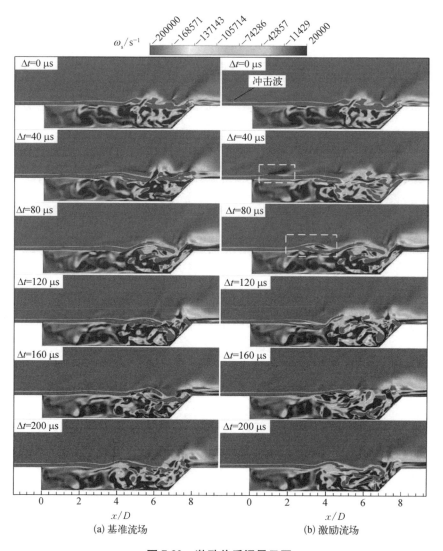

(a) 基准流场　　　　　　　　　　(b) 激励流场

图7.32　激励前后涡量云图

量特征,与剪切层相互作用,使剪切涡量增加;在 $\Delta t = 120~\mu s$,在靠近凹腔后壁面的位置,由于剪切层上翘涡结构尺度显著增加;然后到了 $\Delta t = 160~\mu s$ 随着剪切层向下拍打,涡流范围向凹腔上游延伸。热气团的高涡量属性,使其与剪切层相互作用时剪切层在后壁出现上翘和向下拍打,上翘会引起涡流范围的增加,向下拍打使得涡流向上游延伸,这种机制是导致凹腔回流区变大和多涡结构整合为一个大涡结构的主要原因。

3. 三维调控效果

上述展向中间截面的流场展示了热气团的高温度、低密度和高涡量特性,初步揭示了控制效果的内在机制,在此基础上本节进一步分析展向激励的三维调控效果。为更形象地展示涡结构的演化过程,图 7.33 和图 7.34 分别给出了由 Q 准则识别的激励前后的三维瞬态涡结构。图 7.33 显示在无激励时剪切层前半段由大尺度相干展向涡结构组成,这是剪切流的 K-H 不稳定性在发展早期的特点,对应 K-H 不稳定性的非线性阶段;而后这一结构会逐渐增长,到了靠近后壁面时被拉伸为小尺度的湍流结构,然后撞击后壁面,这与前人提出的剪切层在和后壁的干扰下产生二次失稳的不稳定性理论一致[16]。无激励时剪切层的大尺度展向涡与小尺度湍流结构由二次流向肋涡结构连接;靠近后壁面时剪切层的撞击产生了三维涡结构,由于剪切层的自然振荡,下游出现一些发卡涡。

如图 7.34 所示,激励的初始时刻凹腔前缘沿展向出现 5 个热气团阵列,在 $\Delta t = 40~\mu s$,热气团阵列与剪切层耦合,使无激励时的展向大尺度涡结构破碎,然后到 $\Delta t = 80~\mu s$ 发展为三维涡结构;随着热气团继续向下游发展,无激励时连接展向涡和三维涡结构的流向肋涡逐渐演化为流向涡。所以,等离子体激励诱导的热气团使剪切层的演化跨过非线性阶段,在热气团与展向涡的耦合扭曲下剪切层失稳,并迅速发展为三维涡和流向涡结构。这一机制与 Wang 等[17] 最近取得的结论类似。

为分析展向激励位置对调控效果的影响,我们提取了图 7.35 和图 7.36 所示的 5 个不同展向截面激励前后的瞬时涡量云图,对比发现,两两对称截面的涡量云图在各个时刻发展并不一致,反映了流场的三维特性;对比发现越接近两侧边缘,剪切层的摆动幅度越明显,说明靠近凹腔两侧位置剪切层的 K-H 不稳定性越强。$Z-150$、Z 和 $Z+150$ 三个截面由于在展向位于半球形能量沉积区的中间位置,所以更早地表现出调控效果;而另两个截面在展向距离能量沉积区较远,所以剪切层 K-H 不稳定性的激发存在时延。在 $\Delta t = 80~\mu s$,$Z-150$、Z 和 $Z+$ 150 三个截面的剪切层在调控的作用下向主流隆起,而 $Z-75$ 和 $Z+75$ 截面的

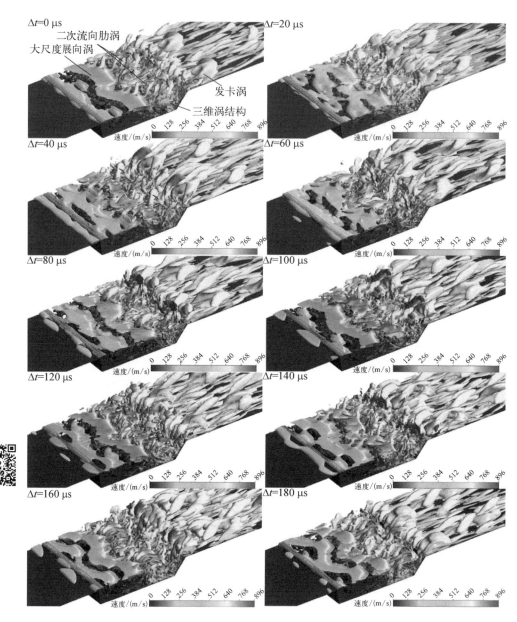

图 7.33 基准流场 Q 准则($Q = 0.02$)识别的三维瞬态涡结构 1

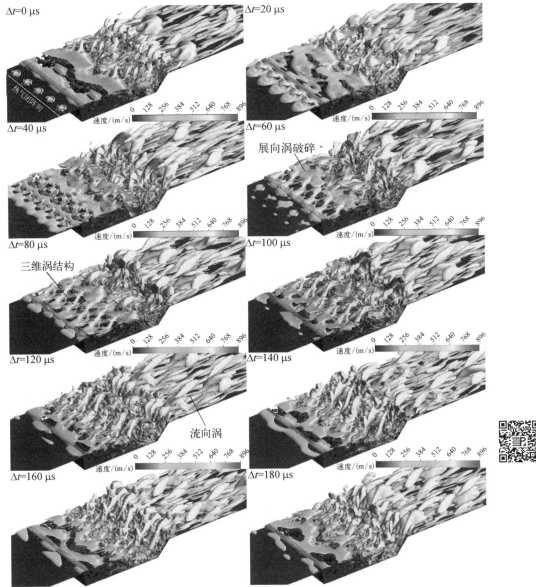

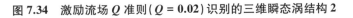

图 7.34　激励流场 Q 准则($Q = 0.02$)识别的三维瞬态涡结构 2

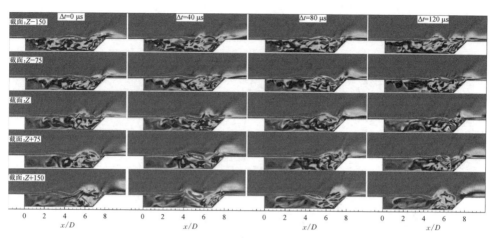

图 7.35 基准流场不同展向截面的瞬时涡量云图

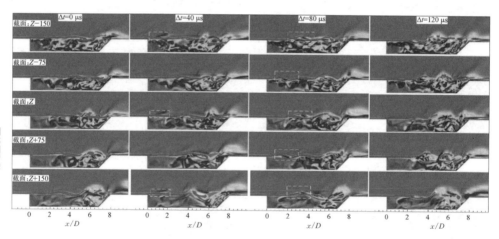

图 7.36 激励流场不同展向截面的瞬时涡量云图

剪切层向凹腔凹陷。展向激励对流场的三维调控效果,一方面,表现在不同展向位置剪切层 K-H 不稳定性的激发并不是同步发展的,各展向位置存在时延;另一方面,不同展向位置,剪切层的波浪起伏的状态不同,也就是说剪切层在展向也存在波浪起伏的状态。

参考文献

[1] Yugulis K, Hansford S, Gregory J W, et al. Control of high subsonic cavity flow using plasma actuators[J]. AIAA Journal, 2014, 52(7): 1542 – 1554.

［ 2 ］　Webb N, Samimy M. Control of supersonic cavity flow using plasma actuators［ J］. AIAA Journal, 2017, 55(10): 3346 - 3355.

［ 3 ］　Tang M X, Wu Y, Zong H H, et al. Experimental investigation on compression ramp shock wave/boundary layer interaction control using plasma actuator array［ J］. Physics of Fluids, 2021, 33(6): 066101.

［ 4 ］　Lou Y H, Liang H, Li J, et al. Experimental investigation of incident shock wave/boundary layer interaction controlled by pulsed spark discharge array［ J］. Experimental Thermal and Fluid Science, 2022, 132: 110515.

［ 5 ］　Tang M X, Wu Y, Guo S G, et al. Effect of the streamwise pulsed arc discharge array on shock wave/boundary layer interaction control［ J］. Physics of Fluids, 2020, 32 (7): 076104.

［ 6 ］　Georgiadis N J, Rizzetta D P, Fureby C. Large-eddy simulation: Current capabilities, recommended practices, and future research［ J］. AIAA Journal, 2010, 48(8): 1772 - 1784.

［ 7 ］　史志伟,杜海,李铮,等. 等离子体流动控制技术原理及典型应用［ J］. 高压电器, 2017, 53(4): 72 - 78.

［ 8 ］　Zhao G Y, Li Y H, Liang H, et al. Phenomenological modeling of nanosecond pulsed surface dielectric barrier discharge plasma actuation for flow control［ J］. Acta Physica Sinica, 2015, 64(1): 015101.

［ 9 ］　Vikramaditya N S, Kurian J. Effect of aft wall slope on cavity pressure oscillations in supersonic flows［ J］. The Aeronautical Journal, 2009, 113(1143): 291 - 300.

［10］　Trudgian M A, Landsberg W O, Veeraragavan A. Experimental investigation of inclining the upstream wall of a scramjet cavity［ J］. Aerospace Science and Technology, 2020, 99: 105767.

［11］　冯军红. 超声速混合层增长特性及混合增强机理研究［ D］.长沙: 国防科学技术大学,2016.

［12］　Brown G L, Roshko A. On density effects and large structure in turbulent mixing layers［ J］. Journal of Fluid Mechanics, 1974, 64(4): 775 - 816.

［13］　Kline S J, Reynolds W C, Schraub F A, et al. The structure of turbulent boundary layers［ J］. Journal of Fluid Mechanics, 1967, 30(4): 741 - 773.

［14］　Tang M X, Wu Y, Zong H H, et al. Experimental investigation of supersonic boundary-layer tripping with a spanwise pulsed spark discharge array［ J］. Journal of Fluid Mechanics, 2022, 931: A16.

［15］　吴介之,马晖扬,周明德. 涡动力学引论［ M］. 北京: 高等教育出版社,1993.

［16］　Pierrehumbert R T, Widnall S E. The two- and three-dimensional instabilities of a spatially periodic shear layer［ J］. Journal of Fluid Mechanics, 1982, 114: 59.

［17］　Wang Y Z, Zhang H D, Wu Y, et al. Compressor airfoil separation control using nanosecond plasma actuation at low Reynolds number［ J］. AIAA Journal, 2021, 60(2): 1171 - 1185.